“互联网 + 课程思政”新形态一体化系列教材

Visual Basic 程序设计基础教程

主　编　熊李艳　陈　健　郑风玉
副主编　杨　倩　吴　昊　雷莉霞

图书在版编目（CIP）数据

Visual Basic程序设计基础教程 / 熊李艳，陈健，郑风玉主编.—合肥：合肥工业大学出版社，2022.9

ISBN 978-7-5650-6016-8

Ⅰ.①V… Ⅱ.①熊… ②陈… ③郑… Ⅲ.①BASIC语言—程序设计—教材 Ⅳ.①TP312.8

中国版本图书馆CIP数据核字（2022）第161864号

Visual Basic程序设计基础教程

VISUAL BASIC CHENGXU SHEJI JICHU JIAOCHENG

熊李艳　陈　健　郑风玉　主编

责任编辑　何恩情
出版发行　合肥工业大学出版社
地　　址　（230009）合肥市屯溪路193号
网　　址　www.hfutpress.com.cn
电　　话　人文社科出版中心：0551-62903205
　　　　　营销与储运管理中心：0551-62903198
规　　格　787毫米×1092毫米　1/16
印　　张　19.25
字　　数　320千字
版　　次　2022年9月第1版
印　　次　2022年9月第1次印刷
印　　刷　廊坊市广阳区九洲印刷厂
书　　号　ISBN 978-7-5650-6016-8
定　　价　49.80元

计算机科学与技术学科的迅速发展，推动着大学计算机教育相关的课程体系、课程内容和教学方法不断更新。为了贯彻落实《教育部关于进一步深化本科教学改革全面提高教学质量的若干意见》，深入研讨和推广计算机课程的教育改革新成果，编者在和高校合作的基础上编写了《Visual Basic程序设计基础教程》和《Visual Basic程序设计基础实践教程》。本书的编写将进一步推动计算机教学改革，全面提升计算机教学质量，改进计算机教学课程体系，推动精品课程建设。

Visual Basic（以下简称VB）程序设计是实践性很强的课程。因此，根据编者多年的教学经验和教学体会，本书以案例分析为主，通过实际案例讲解实例的设计步骤，力图以案例驱动的方式引导学生学习程序设计的方法。本书对每个实验都给出了完整的实验过程，并提供了完整的程序代码，希望通过本书帮助学生掌握VB程序设计的方法，提高VB程序开发的能力。

本书共11章，包括引言、VB语言基础、VB程序设计基础、选择结构程序设计、循环结构程序设计、数组、过程、界面设计、图形技术、文件、数据库应用基础。

根据"立体化"教材体系的要求，除配套教材外，编者还提供了电子教案、习题答案等教材中涉及的相关教学资源。

由于编者水平有限，编写时间仓促，书中难免有欠妥之处，恳请广大读者提出宝贵意见。

编者

2022年7月

目录

第1章 引言……1

1.1 程序与程序设计语言……1
1.1.1 程序……1
1.1.2 程序设计语言……1
1.2 VB简介……2
1.2.1 VB的发展……2
1.2.2 VB的功能特点……3
1.2.3 VB的安装和启动……4
1.3 VB的集成开发环境……5
1.3.1 窗体窗口……6
1.3.2 属性窗口……6
1.3.3 工程资源管理器窗口……7
1.3.4 代码窗口……7
1.3.5 工具箱窗口……8
1.4 实现问题求解的过程……8
1.5 面向对象的程序设计语言……10
1.5.1 对象和类……10
1.5.2 对象的属性、事件和方法……10
1.6 建立简单的应用程序……12
1.6.1 建立用户界面的对象……13
1.6.2 对象属性的设置……13
1.6.3 对象事件过程及编程……14
1.6.4 调试和运行程序……14
1.6.5 保存窗体及工程……14
1.6.6 生成可执行文件……15

第2章 VB语言基础……16

2.1 语言基础……16
2.1.1 VB语言字符集……16
2.1.2 VB语言词汇集……17
2.1.3 VB编码规则与约定……18
2.2 数据类型……19
2.2.1 数值类型……20
2.2.2 字符类型……21
2.2.3 日期类型……22
2.2.4 逻辑类型……22
2.2.5 对象类型……22
2.2.6 变体类型……22
2.2.7 自定义类型……23
2.3 常量与变量……23
2.3.1 常量……23
2.3.2 变量……26
2.4 运算符和表达式……28
2.4.1 算术运算符及表达式……28
2.4.2 关系运算符及表达式……30
2.4.3 逻辑运算符及表达式……32
2.4.4 字符运算符及表达式……34
2.4.5 日期运算符及表达式……35
2.4.6 运算符的优先级……35
2.5 常用内部函数……36
2.5.1 数学函数……37
2.5.2 字符串函数……38
2.5.3 转换函数……39
2.5.4 日期时间函数……41
2.5.5 格式输出函数……42
2.5.6 其他函数……44
2.6 窗体……44
2.6.1 窗体常用属性……44
2.6.2 窗体常用方法……48

2.6.3 窗体常用事件 ……49

第 3 章 VB程序设计基础 …… 51

3.1 VB基本语句 ……51
3.1.1 赋值语句 ……51
3.1.2 注释语句 ……53
3.1.3 结束语句 ……53
3.2 数据输出和输入 ……54
3.2.1 Print方法及相关函数 ……54
3.2.2 InputBox函数 ……58
3.2.3 MsgBox函数 ……59
3.3 基本控件 ……62
3.3.1 标准控件 ……62
3.3.2 命令按钮 ……67
3.3.3 标签 ……68
3.3.4 文本框 ……69

第 4 章 选择结构程序设计 …… 73

4.1 条件语句 ……73
4.1.1 单分支结构 ……73
4.1.2 双分支结构 ……75
4.2 多分支语句 ……78
4.2.1 阶梯式多分支结构 ……78
4.2.2 情况分支结构 ……82
4.3 选择结构的嵌套 ……84
4.4 单选按钮 ……88
4.5 复选框 ……92
4.6 框架 ……97

第 5 章 循环结构程序设计 …… 103

5.1 For…Next循环结构 ……103
5.2 Do…Loop循环结构 ……105
5.2.1 DoWhile…Loop形式 ……105
5.2.2 Do…Loop While形式 ……107
5.2.3 Do Until…Loop形式 ……108
5.2.4 Do…Loop Until形式 ……109
5.2.5 Do…Loop形式 ……111
5.3 Exit Do或Exit For语句 ……111
5.4 While…Wend循环语句 ……113
5.5 其他辅助控制语句 ……115
5.5.1 With…End With语句 ……115
5.5.2 GoTo语句 ……116
5.6 多重循环（循环嵌套）……117
5.6.1 嵌套的规则 ……117
5.6.2 Exit For与Exit Do语句在循环嵌套时的作用 ……118
5.7 滚动条 ……123
5.7.1 常用属性 ……124
5.7.2 常用事件 ……124
5.8 计时器 ……126
5.8.1 常用属性 ……126
5.8.2 常用事件 ……126
5.9 图片框与图像框 ……128

第 6 章 数组 ……131

6.1 数组的概念 ……131
6.1.1 数组与数组元素 ……131
6.1.2 数组的维数 ……132
6.1.3 静态数组和动态数组 ……132
6.2 数组的声明与应用 ……132
6.2.1 一维数组 ……132
6.2.2 二维数组 ……135
6.2.3 Lbound与Ubound函数 ……137
6.3 动态数组 ……137
6.3.1 创建动态数组 ……137
6.3.2 Array函数与数组清除语句 ……138
6.3.3 For Each…Next结构 ……141
6.4 控件数组 ……142
6.4.1 控件数组的概念 ……142
6.4.2 控件数组的创建 ……143
6.4.3 控件数组的应用 ……143

6.5 列表框和组合框……147
6.5.1 列表框……147
6.5.2 组合框……151
6.6 数组的应用……153

第 7 章 过程……157

7.1 过程概述……157
7.2 Sub过程……158
7.2.1 事件过程和通用过程……158
7.2.2 Sub过程的定义……159
7.2.3 Sub过程的调用……161
7.3 Function过程……166
7.3.1 Function过程的定义……166
7.3.2 Function过程的调用……167
7.4 参数传递……168
7.4.1 按地址传递……168
7.4.2 按值传递……171
7.4.3 可变参数与可选参数……172
7.4.4 过程的递归调用……176
7.5 多模块程序设计……178
7.5.1 程序模块概述……178
7.5.2 窗体模块……178
7.5.3 标准模块……179
7.5.4 类模块……180
7.5.5 过程和变量的作用域……180
7.5.6 变量的生存期……187

第 8 章 界面设计……190

8.1 菜单设计……190
8.1.1 菜单编辑器(Menu Editor)·190
8.1.2 下拉式菜单……193
8.1.3 菜单的Click事件……195
8.1.4 运行时动态改变菜单属性……197
8.1.5 弹出式菜单……198
8.1.6 创建菜单控件数组……205
8.2 工具栏和状态栏……206
8.2.1 工具栏……206
8.2.2 状态栏……209
8.3 对话框……213
8.3.1 预定义对话框……213
8.3.2 通用对话框……213
8.3.3 自定义对话框……220
8.4 鼠标与键盘事件……220
8.4.1 键盘事件……220
8.4.2 鼠标事件……223

第 9 章 图形技术……226

9.1 VB的坐标系……226
9.1.1 默认坐标系……226
9.1.2 标准坐标系……226
9.1.3 自定义坐标系……227
9.2 图形的属性……228
9.3 图形控件……232
9.4 图形的方法和事件……235
9.4.1 PSet方法……235
9.4.2 Point方法……236
9.4.3 Line方法……236
9.4.4 Circle方法……237
9.4.5 Paint事件……239

第 10 章 文件……241

10.1 文件的概念……241
10.2 顺序文件……242
10.3 随机文件……248
10.3.1 用户自定义类型……248
10.3.2 随机文件操作……250
10.4 常用的文件操作语句和函数……255
10.4.1 文件操作语句……255
10.4.2 文件操作函数……257
10.5 文件系统控件……259
10.5.1 驱动器列表框……259
10.5.2 目录列表框……259

10.5.3 文件列表框……260
10.5.4 文件系统控件的联动应用……261

第11章 数据库应用基础……264

11.1 数据库概述……264
11.1.1 数据库的基本概念……264
11.1.2 关系数据库……267
11.1.3 VB数据库应用系统……269
11.2 数据管理器的使用……270
11.2.1 创建数据库……270
11.2.2 添加数据表……272
11.2.3 修改数据表结构……273
11.2.4 用户数据的修改……274
11.2.5 数据窗体设计器……277
11.3 数据库控件……278
11.3.1 数据控件……278
11.3.2 数据绑定控件……282
11.3.3 记录集Recordset对象……283
11.4 ADO数据访问对象……289
11.4.1 ADO控件使用基础……289
11.4.2 创建ADO控件……289
11.4.3 ADO控件的常用属性、方法与事件……290
11.4.4 ADO数据绑定控件……292

参考文献……299

第1章 引言

1.1 程序与程序设计语言

1.1.1 程序

计算机程序是为实现特定目标或解决特定问题而用计算机语言编写的命令序列的集合。程序由指令构成，由程序设计语言来实现。Visual Basic 语言就是一种程序设计语言。

为了满足各种特定的应用，计算机工作者开发了许多应用软件，例如文字处理、图像处理、多媒体管理、辅助设计及各种管理工具等。这些应用软件都是一些专用的程序集，用户在操作界面上与计算机进行交流，就是在调用程序集中的子程序。各种应用软件虽然完成的工作各不相同，但它们需要一些共同的基础操作，例如都要从输入设备取得数据，向输出设备送出数据，向外存写数据，从外存读数据，对数据的常规管理，等等。这些基础工作也要有一系列指令来完成，人们将这一系列指令集中组织在一起，形成专门的软件，用来支持应用软件的运行，这种软件称为系统软件。

1.1.2 程序设计语言

程序设计语言是用于书写计算机程序的语言。语言的基础是一组记号和一组规则。根据规则由记号构成的记号串的总体就是语言。在程序设计语言中，这些记号串就是程序。

从计算机发展历程来看，程序设计语言可以分为以下 3 类。

1. 机器语言

机器语言是由二进制 0、1 代码指令构成，不同种类的 CPU 具有不同的指令系统。机器语言程序难编写、难修改、难维护，需要用户直接对存储空间进行分配，编程效率极低。这种语言已经被渐渐淘汰了。

2. 汇编语言

汇编语言指令是机器语言的符号化，与机器语言存在着直接的对应关系，所以汇编语言依旧存在着难学难用、容易出错、维护困难等缺点。但是汇编语言也有自己的优点：可直接访问系统接口，汇编程序翻译成的机器语言程序的效率高。从软件工程的角度来看，只有在高级语言不能满足设计要求，或不具备支持某种特定功能的技术性能（如特殊的输入输出）时，汇编语言才被使用。

3. 高级语言

高级语言是面向用户的、基本上独立于计算机种类和结构的语言。其最大的优点是：形式上接近算术语言和自然语言，概念上接近人们通常使用的概念。高级语言易学易用，通用性强，高级语言的一个命令可以代替几条、几十条甚至几百条汇编语言的指令，因此高级语言应用广泛。

1.2 VB简介

VB是微软公司为简化Windows应用程序的开发，在原有的BASIC（beginners all-purpose symblolic instruction code）语言基础上开发出的新一代面向对象的程序设计语言。VB提供了编辑、测试和程序调试等各种程序开发工具的集成开发环境。无论是Microsoft Windows应用程序的专业开发人员还是初学者，都可以轻而易举地进行应用程序的界面设计、程序编码、测试和调试、编译，从而建立可执行程序及发行最终应用程序。

1.2.1 VB的发展

20世纪60年代，美国Dartmouth学院的两位教授共同设计了一种计算机程序设计语言BASIC，BASIC语言的含义是“初学者通用的符号指令代码”。因为它简单易学、人机对话方便、程序运行调试方便，所以很快得到了广泛的应用。20世纪80年代，随着结构化程序设计的需要，BASIC语言中新增了数据类型和程序控制结构。VB就是从BASIC发展而来的，对于开发Windows应用程序而言，VB是目前所有开发语言中最简单、最容易使用的语言。

Visual是指开发图形用户界面（graphical user interface，GUI）的方法。Visual的意思是“可视化的”，也就是直观的编程方法。在VB中引入控件的概念，如各种各样的按钮、文本框、复选框等。VB把这些控件模式化，并且每个控件都由若干属性来控制其外观、工作方法。这样，采用Visual方法无须编写大量代码去描述界面元素的外观和位置，而只要把预先建立的控件加到屏幕上。就像使用“画图”之类的绘图程序，通过选择画图工具来画图一样。

Basic是指VB使用了BASIC语言作为代码。VB在原有BASIC语言的基础上进一步发展，至今已包含数百条语句、函数及关键词，其中很多与Windows GUI有直接关系。VB与BASIC之间有着千丝万缕的联系，如果学过BASIC语言的话，看到VB的程序结构会感到很亲切。专业人员可以用VB实现其他任何Windows编程语言的功能，而初学者只要掌握几个关键词就可以建立能运行的应用程序。

随着微型计算机技术的飞速发展，美国微软公司的Microsoft Windows以其具有多任务性、图形用户界面、动态数据交换、对象链接与嵌入等强大功能，而成为当今微型计算机操作系统的主要产品，众多的软件开发者已从原来的DOS软件开发转向Windows。许多商用软件公司为适应这一趋势推出了不少Windows环境下的软件开发工具，如Visual C++、VB、Borland C++、Delphi、Powerbuilder等。但对于初学者希望在Windows环境中开发一般的应用程序，VB是较理想的。使用VB不仅可以感受到Windows带来的新技术、新概念和新的方法，而且它是众多软件开发工具中效率最高的一个。另外，VB系列产品得到了计算机工业界的承认，得到了许多软件开发商的大力支持。

1991年微软公司推出了VB 1.0，它是以结构化Basic语言为基础，以时间驱动为运行机制。它的诞生标志着软件设计和开发开始进入一个新的时代。在以后的几年里，VB的版本经历了2.0、…、6.0几次升级，其功能也更加强大，更加完善。

本书介绍的是VB 6.0。VB 6.0共有3个版本：学习版、专业版、企业版，其中学习版主要是为初学者了解基于Windows的应用程序开发而设计的；专业版主要是为专业人员创建客户/服务器应用程序而设计的；企业版则是为创建更高级的分布式、高性能的客户/服务器或Internet/Intranet上的应用程序而设计的。

1.2.2 VB的功能特点

1. 可视化的设计平台

在使用传统的程序设计语言进行编程时，一般需要通过编写程序来设计应用程序的界面（如界面的外观和位置等），在设计过程中看不见界面的实际效果。而在VB 6.0中，采用面向对象程序设计方法（object-oriented programming），把程序和数据封装起来作为一个对象，每个对象都是可视的。开发人员在界面设计时，可以直接用VB 6.0的工具箱在屏幕上“画”出窗口、菜单、命令按键等不同类型的对象，并为每个对象设置属性。开发人员要做的仅仅是对要完成事件过程的对象进行编写代码，因而程序设计的效率可以大大提高。

2. 事件驱动的编程机制

面向过程的程序是由一个主程序和若干个子程序及函数组成的。程序运行时总是先从主程序开始，由主程序调用子程序和函数，开发人员在编程时必须事先确定整个程序的执行顺序。而VB 6.0事件驱动的编程是针对用户触发某个对象的相关事件进行编码的，每个事件都可以驱动一段程序的运行。因此，开发人员只要编写响应用户动作的代码，这样的应用程序代码精简，比较容易编写与维护。

3. 结构化的程序设计语言

VB 6.0具有丰富的数据类型和众多的内部函数，其采用模块化和结构化程序设计语言，结构清晰，语法简单，容易学习。

VB 6.0还具有强大的数据库功能，其利用数据控件可以访问Access、FoxPro等多种数据库系统，也可以访问Excel、Lotus等多种电子表格。

4. ActiveX技术

ActiveX发展了原有的OLE（object linking and embedding）技术，使开发人员摆脱了特定语言的束缚，方便地使用其他应用程序提供的功能，使VB 6.0能够开发集声音、图像、动画、字处理、电子表格、Web等对象于一体的应用程序。

5. 网络功能

VB 6.0 提供的DHTML（动态HTML）设计工具可以使开发者动态地创建和编辑Web页面，使用户能开发出多功能的网络应用软件。

1.2.3 VB的安装和启动

1. 安装

安装VB之前，必须确认计算机满足最低的安装要求，并阅读安装盘根目录下的Readme文件。

我们可以在微软官方网站搜索VB 6.0 中文企业版，点击任意一条链接基本都可以下载到该软件。

打开下载好的压缩包，找到SETUP.exe进行安装，安装的过程比较简单，基本都是按下一步就可以解决问题，输入相应的序列号。

2. 启动

当安装完成后，单击任务栏上的“开始”菜单，选择“程序”，接着选取“Microsoft Visual Basic 6.0”，然后双击VB图标。

也可以创建一个VB快捷键，并双击该快捷键。

启动VB 6.0后，将首先显示版权屏幕，说明此份程序赋值的使用权属于谁。稍后，显示“新建工程”对话框，新建工程如图 1-1 所示。

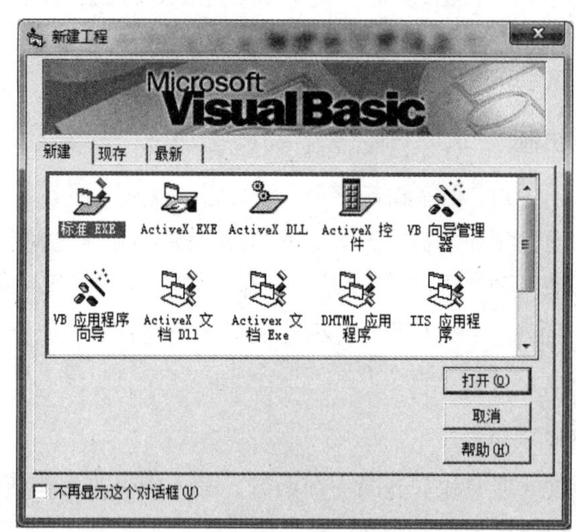

图 1-1　新建工程

对话框中显示出可以在VB 6.0 中使用的工程类型，主要有以下几种。

（1）标准EXE：该选项是建立标准Windows下的可执行文件（.EXE文件），它是“新建”选项卡中最基本的类型，也是默认类型。

（2）ActiveX EXE：该程序只能在专业版和企业版中建立，用于建立进程外的对象链接与嵌入服务器应用程序项目类型。这种程序可包装成可执行文件。

（3）ActiveX DLL：该程序与ActiveX EXE程序是一致的，只是包装不一样，ActiveX DLL只能包装成动态链接库。

（4）ActiveX控件：该选项只能在专业版或企业版中建立，用于开发用户自定义的ActiveX控件。

（5）VB应用程序向导：该选项用于在开发环境中建立新的应用程序框架。

（6）数据工程：该选项提供开发数据报表应用程序的框架，选中该图标后，将自动打开数据环境设计器和数据报表设计器。

（7）IIS应用程序：该程序是一个生存在Web服务器上并响应浏览器请求的应用程序，使用HTML来表示它的用户界面，使用编译的VB代码来处理浏览器的请求与响应事件。

（8）外接程序：该选项用于建立VB外接程序，并在开发环境中自动打开连接设计器。

（9）ActiveX文档EXE和ActiveX文档DLL：该选项建立可以在超链接环境中运行的VB应用程序，即Web浏览器。

（10）VB企业版控件：该选项不是用来建立应用程序的，而是用来在工具箱中加入企业版控件图标的。

在对话框中选择建立工程类型的这个步骤，初学者应选择“标准EXE”，然后单击“打开”按钮，就可以进入集成开发环境了。

3. 退出

以下四种方式，均可以退出VB 6.0应用程序。

（1）选择“文件”菜单中的“退出”。

（2）单击窗口右上角关闭按钮。

（3）双击窗口左上角的控制图标。

（4）按下Alt+Q快捷键。

在退出VB时，如果是新建立的程序或是已修改过的原有程序没有存盘，系统将显示一个对话框，询问用户是否将其存盘，可以选择“是”（存盘）或“否”（不存盘），这两个选择都可以退出VB。

1.3 VB的集成开发环境

打开VB6.0，进入进程集成开发环境主界面，如图1-2所示。集成开发环境主界面包含了标题栏、菜单栏和工具栏，子窗口有窗体窗口、属性窗口、工程资源管理器窗口、代码窗口、工具箱窗口等。

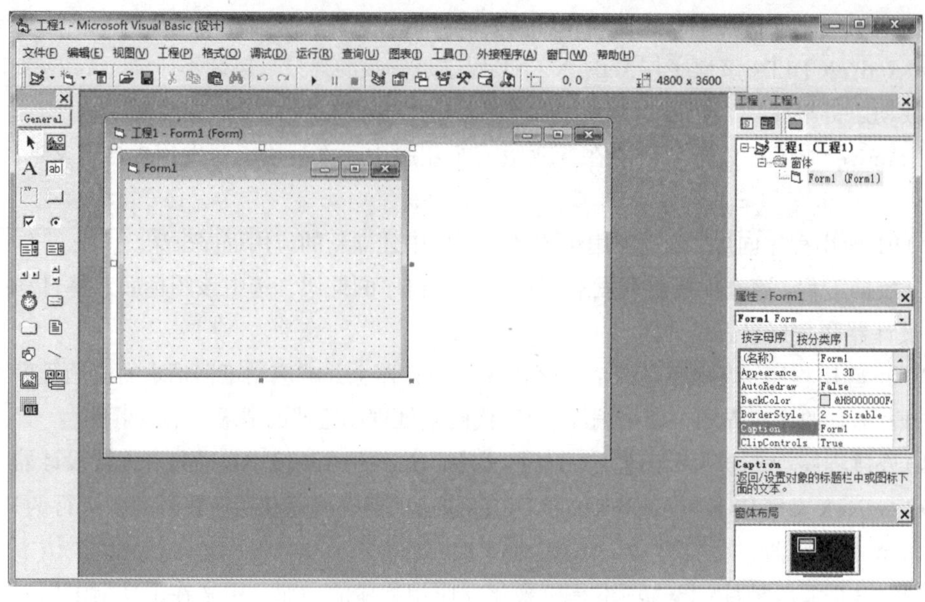

图 1-2 VB6.0 集成开发环境

1.3.1 窗体窗口

窗体窗口也称窗体设计器窗口，它既是设计应用程序时放置其他控件的一个容器，也是显示图形、图像和文本等数据的一个载体，如图 1-3 所示。窗体是应用程序最终面向用户的窗口，各种图形、图像、数据等都是通过窗体或窗体中的控件显示出来的。

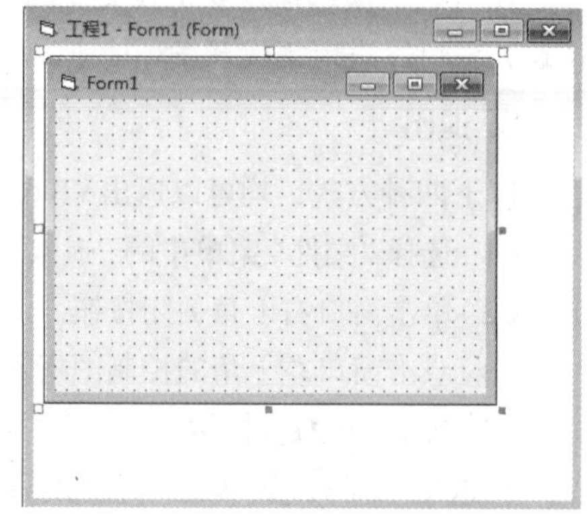

图 1-3 窗体窗口

一个程序可以拥有多个窗体，但它们必须有不同的名称。系统默认窗体分别以 Form1、Form2、Form3、…命名，程序员也可以根据需要创建新名称，以便识别和记忆各个窗体的功能和作用。

1.3.2 属性窗口

属性窗口通常位于工程资源管理器窗口的下方。单击工具栏上的“属性窗口”按钮，或按 F4 键，均可打开属性窗口，属性窗口如图 1-4 所示。

属性窗口用于列出所选窗体或控件的属性设置值，并允许用户设置或修改。这些属性值将作为程序运行时各对象属性的初始值。

属性窗口由 4 部分组成：对象列表框、属性排序方式、属性列表框和属性解释区。

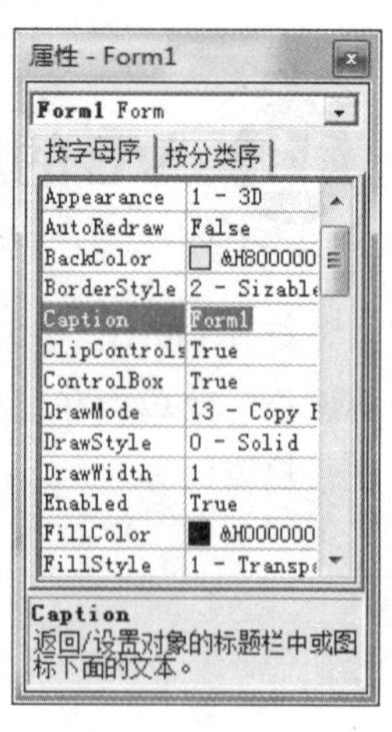

图 1-4 属性窗口

1. 对象列表框

处于标题的下方，用于列出当前所选定对象的名称及所属的类。

单击其下拉按钮，可列出当前窗体包含的全部对象的名称，用户可从中选择要更改其属性值的对象。

2. 属性排序方式

可以通过“按字母序”和“按分类序”选项卡分别显示所选对象的属性。

3. 属性列表框

列出当前选定的窗体或控件的属性设置值。左边显示所选对象的属性名称，右边列出对应的属性值。可选定某一属性，然后对该属性值进行设置或修改。

4. 属性解释区

选中某个属性后，这里会显示该属性的名称及功能。

1.3.3 工程资源管理器窗口

工程资源管理器窗口如图1-5所示，它保存一个应用程序所有属性及组成这个应用程序的所有文件。工程文件的扩展名为.vbp，工程文件名显示在工程文件窗口的标题框内。VB6.0改用层次化管理方式显示各类文件，而且也运行同时打开多个工程（这时以工程组的形式显示）。

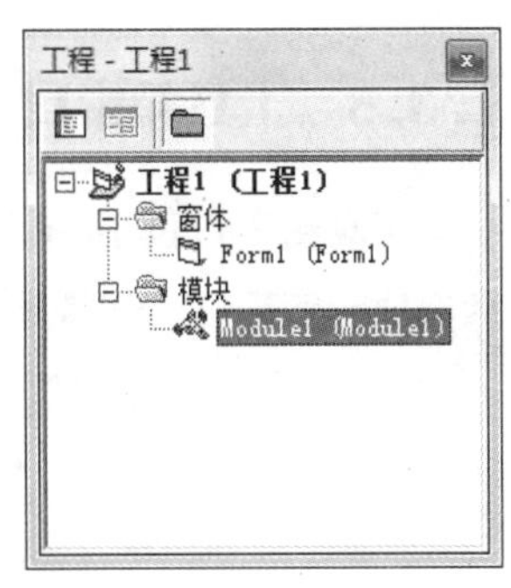

图1-5 工程资源管理器窗口

工程资源管理器窗口下面有三个按钮，分别为：

（1）“查看代码”按钮：切换到代码窗口，显示和编辑代码。

（2）“查看对象”按钮：切换到窗体窗口，显示和编辑对象。

（3）“切换文件夹”按钮：切换文件夹显示的方式。

工程资源管理器下面的列表窗口，以层次列表形式列出组成这个工程的所有文件。它主要包含以下两种类型的文件：

（1）窗体文件（.frm文件）：该文件存储窗体上使用的所有控件对象和有关的属性、对象相应的时间过程、程序代码。一个应用程序至少包含一个窗体文件。

（2）标准模块文件（.bas文件）：该文件存储所有模块级变量和用户自定义的通用过程。通用过程是指可以被应用程序各处调用的过程。

1.3.4 代码窗口

代码窗口是专门用来进行程序设计的窗口，可显示和编辑程序代码，如图1-6所示。每个窗体都有各自的代码窗口。打开代码窗口有以下三种方法：

（1）从工程窗口中选择一个窗体或标准模块，并选择“查看代码”按钮。

（2）从窗体窗口中打开代码窗口，可用鼠标双击一个控件或窗体本身。

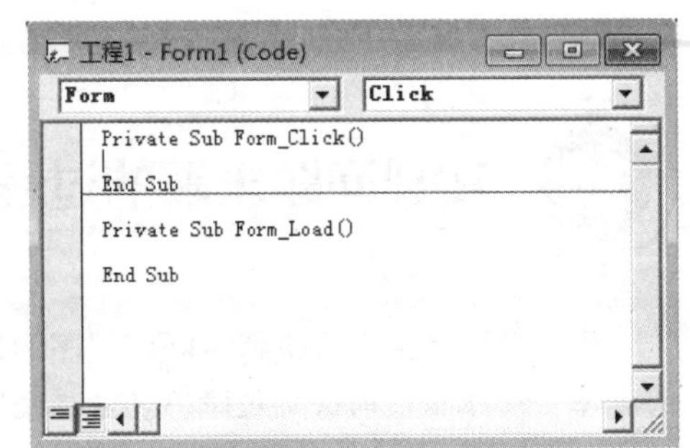

图1-6 代码窗口

（3）从“视图”菜单中选择“代码窗口”命令。

代码窗口主要包括：

（1）“对象”下拉式列表框：该区域能显示所选对象的名称，可以单击右边的下拉按钮，来显示此窗体中的对象名。其中“通用”表示与特定对象无关的通用代码，一般在此声明模块级变量或用户编写自定义过程。

（2）“过程”下拉式列表框：该区域能列出所有对应于“对象”列表框中对象的事件过程名称（还可以显示用户自定义过程名）。在对象列表框选择对象名，然后在过程列表框中选择事件过程名，即可构成选中对象的事件过程模板，用户可在该模板内输入代码。其中，“声明”表示声明模块级变量。

（3）“代码”框：该区域可以输入程序代码。

（4）“过程查看”按钮：单击该按钮只能显示所选的一个过程。

（5）“全模块查看”按钮：单击该按钮显示模块中全部过程。

1.3.5 工具箱窗口

工具箱窗口位于VB集成环境的左侧，其中含有许多可视化的控件，用户可以从工具箱中选取所需的控件，并将它添加到窗体中，以绘制所需的图形用户界面，如图 1-7 所示。

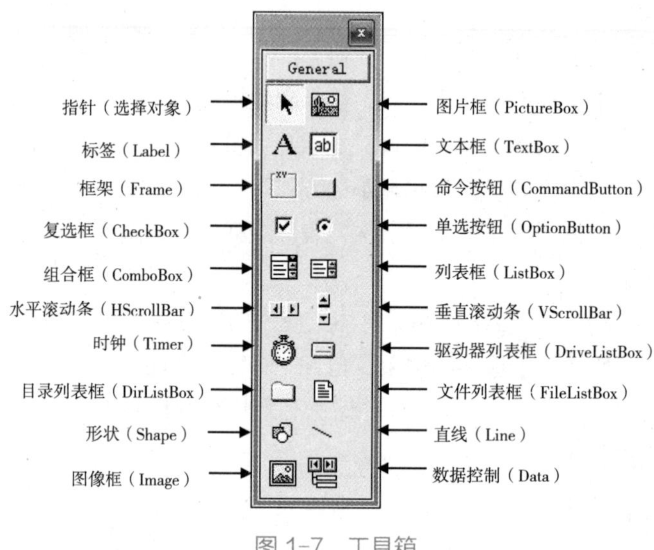

图 1-7 工具箱

1.4 实现问题求解的过程

程序设计是给出解决特定问题程序的过程，是软件构造活动中的重要组成部分。对于初学者来说，往往简单地认为程序设计就是编写一个程序。这种理解是不对的，程序设计是指利用计算机解决问题的全过程，利用计算机来解决实际问题，首先要根据实际问题将其在计算机中表达出来（建立模型）。在这个模型中，要用计算机内部的数据表示实际要处理的对象。处理这些数据的程序模拟要处理对象在显示中的求解过程，最后通过解释计算机程序的运行结果，得到实际问题的解。计算机求解问题的一般步骤如下：

1. 分析问题

分析问题阶段的主要任务是根据实际问题研究所给定的条件，进行认真的分析，得出最后应达到的目标，找出解决问题的规律。要弄清楚索要解决的问题是什么，准确地理解和描述问题是解决问题的关键。

2. 建立数学模型

数学模型是一种模拟，使用数学符号、数学式子、图形等对实际问题本质属性的抽象而又简洁的刻画。数学模型一般并非现实问题的直接反应，它的建立常常既需要对现实问题进行深入细致的观察和分析，又需要灵活巧妙地利用各种数学知识。这种应用知识从实际问题中抽象、提炼出数学模型的过程称为数学建模。

用计算机解决实际问题必须建立研究对象的数学模型。建立数学模型是计算机求解问题最关键且较困难的一步，涉及计算机处理数据要经历的3个阶段，即现实世界、信息世界和计算机世界。现实世界是指客观存在的现实世界中的事实及其联系；信息世界是现实世界在人们头脑中的反映，是对客观事务及其联系的一种抽象描述；计算机世界的数据处理是对信息世界的数据进行进一步抽象，使用的方法为数据模型的方法，其数据处理在数据库的设计过程中也称为逻辑设计。总之，在这一阶段要对现实世界的信息进行收集、分类，并抽象成信息世界的描述形式，然后再将其转换成计算机世界中的数据描述。

3. 算法设计

算法是求解问题的方法和步骤，算法设计是程序设计的核心。算法设计是指设计求解某一类型问题的一系列可以通过计算机的基本操作来实现的步骤。求解一个问题的算法可以有多种，目的是要找到一种时间和空间复杂度最小的算法，以提高程序执行的效率。

算法设计方法也称为算法设计技术。常用的算法设计方法有求值法、累加法、累乘法、递推法、递归法、穷举法、贪心算法、分治法、迭代法等。

4. 算法表示

算法确定后除了用自然语言描述外，对于复杂一点的算法，应该选择一些更专业的表示方法。算法的描述方法有自然语言、流程图、N-S图、伪代码等，其中应用最普遍的是流程图。

5. 算法实现

算法实现即编写计算机程序代码的过程，也就是我们平常所说的编程，也就是将算法“翻译”成符合某种计算机程序设计语言语法规则的程序代码。

虽然算法与计算机程序密切相关，但二者也存在区别：计算机程序是算法的一个实例，是将算法通过某种计算机程序设计语言表达出来的具体形式；同一个算法可以根据需要选择用任何一种计算机程序设计语言来实现。

6. 程序调试

程序调试是将编制的程序投入实际运行前，用手工或编译程序等方法进行测试，修正语法错误和逻辑错误的过程。程序调试的任务是根据测试时所发现的错误，进一步诊断，找出原因和具体的位置进行修正。

程序调试也称算法测试。算法测试的实质是对算法应完成任务的实验证实，测试方法一般有两种：白盒测试和黑盒测试。白盒测试对算法的各个分支进行测试，黑盒测试检验对给定的输入是否有指定的输出。

在VB程序设计语言中，常见的错误分为4类，即语法错误、编译错误、运行错误和逻辑错误。

7. 整理结果

程序运行后，要对运行结果进行分析，看是否符合实际问题的要求。如果不符合，说明前面的步骤存在问题，必须返回，从头开始逐步检查，找出错误并重新设计；如果符合，问题得到解决，还要编写程序文档。

1.5 面向对象的程序设计语言

传统的编程方法使用的是面向过程、按顺序进行的机制，其缺点是程序员始终要关注什么时候发生什么事情，处理Windows环境下的事件驱动方式工作量太大。VB采用的是面向对象、事件驱动编程机制，程序员只需编写响应用户动作的程序，如移动鼠标、单击事件等，而不必考虑按精确次序执行的每个步骤，编写代码相对较少。另外，VB提供的多种“控件”可以快速创建强大的应用程序而不需要涉及不必要的细节。

VB使用的“可视化编程”方法，是“面向对象编程”技术的简化版。在VB环境中所涉及的窗体、控件、部件和菜单项等均为对象，程序员不仅可以利用控件来创建对象，还可以建立自己的“控件”。

1.5.1 对象和类

对象是指要研究的任何事物。从一本书到一家图书馆，从单的整数到数据量庞大的数据库，复杂的工厂、航天飞机等都可看作对象，它不仅能表示有形的实体，也能表示无形的（抽象的）规则、计划或事件。对象由数据（描述事物的属性）和作用于数据的操作（体现事物的行为）构成一个独立整体。从程序设计者来看，对象是一个程序模块；从用户角度看，对象为他们提供所希望的行为。一个对象请求另一个对象为其服务的方式是通过发送消息。

类是对象的模板，即类是一组有相同数据和相同操作的对象的集合，一个类所包含的数据和方法描述一组对象的共同属性和行为。类是在对象之上的抽象，对象则是类的具体化，是类的实例。类可有其子类，也可有其他类，形成类层次结构。

1.5.2 对象的属性、事件和方法

在VB中，常用的对象有工具箱中的控件、窗体、菜单，以及应用程序的部件和数据库等。从可视化编程的角度来看，这些对象都具有属性（数据）和行为方式（方法）。简单地说，属性

用于描述对象的一组特征，方法为对象实施的一些动作，对象的动作则常常要触发事件，而触发事件又可以修改属性。一个对象建立以后，其操作就通过与该对象有关的属性、事件和方法来描述。

1. 对象的属性

属性是每个对象都有的一组特征或性质，不同的对象有不同的属性。如小孩玩的气球所具有的属性包括可以看到的一些性质，如其直径、颜色及描述气球状态的属性（充气的或未充气的）。还有一些不可见的性质，如寿命等。通过定义，所有气球都具有这些属性，当然这些属性也会因气球不同而不同。

在可视化编程中，每一种对象都有一组特定的属性。有许多属性可能为大多数对象所共有，如BackColor属性定义对象的背景色。还有一些属性只局限于个别对象，如只有命令按钮才有Cancel属性，该属性用来确定命令按钮是否为窗体默认的取消按钮。

每一个对象属性都有一个默认值，如果改变其相应的值，程序中对象的属性和默认值一致。通过修改对象的属性能够控制对象的外观和操作。对象属性的设置一般有两条途径。

（1）选定对象，然后在属性窗口中找到相应属性直接设置。这种方法的特点是简单明了，每当选择一个属性时，在属性窗口的下部就显示该属性的一个简短提示，确定是不能设置所有所需的属性。

（2）在代码中通过编程设置，格式为

```
对象名.属性名=属性值
```

如下述代码可以设置标签控件Label1 的标题为“Visual Basic 6.0”。

```
Label1.Caption="Visual Basic 6.0"
```

2. 对象的事件

事件（Event）就是对象上所发生的事情。比如一个吹大的气球，用针扎它一下，结果是圆圆的气球变成了一个瘪壳。把气球看成一个对象，那么气球对刺破它的事件响应是放气，对气球松开手事件的响应是升空。

在VB中，事件是预先定义好的、能够被对象识别的动作，如单击（Click）事件、双击（Dblclick）事件、装载（Load）事件、鼠标移动（MouseMove）事件等，不同的对象能够识别不同的事件。当事件发生时，VB将检测两条信息，即发生的是哪种事件和哪个对象接收了事件。

每种对象能识别一组预先定义好的事件，但并非每一种事件都会产生结果，因为VB只是识别事件的发生。为了使对象能够对某一事件做出响应（Respont），就必须编写事件过程。

事件过程是一段独立的程序代码，它在对象检测到某个特定事件时执行（响应该事件）。一个对象可以响应一个或多个事件。因此可以使用一个或多个事件过程对用户或系统的时间做出响应。程序员只需编写必须响应的事件过程，而其他无用的事件过程则不必编写，如命令按钮的“单击”（Click）事件比较常见，其事件过程需要编写，而其“按下鼠标按键”（MouseDown）或“松开鼠标按键”（MouseUp）事件则可有可无，程序员可根据需要选择。

3. 对象的方法

一般来说，方法就是要执行的动作。上面所述的气球本身就具有其固有的方法和动作，比如：充气方法（用氦充满气球的动作），放气方法（排出气球中的气体）和上升方法（放气让气球飞走）。用户对具体实现过程并不关心，关键是最终收到的效果。

VB方法与事件过程类似，它可能是函数，也可能是过程，它用于完成某种特定功能而不能响应某个事件。如对象打印（Print）方法、显示窗体（Show）方法、移动（Move）方法等。每个方法完成某个功能，但其实现步骤和细节用户既看不到，也不能修改，用户能做的工作就是按照约定直接调用它们。

方法只能在代码中使用，其用法依赖于方法所需的参数的个数及它是否具有返回值。当方法不需要参数并且也没有返回值时，可用下面的格式调用对象方法。

```
对象名.方法名
```

如图片框Picture1有刷新显示方法Refresh，在事件过程代码中调用该方法的代码为

```
Picture1.Refresh
```

1.6 建立简单的应用程序

用VB进行程序设计，除了设计界面外就是编写代码。对于简单的程序，编写的代码主要是事件过程中的代码。

由于VB的对象被表现为窗体和控件，所以程序设计大大简化，一般来说，用VB开发应用程序，分为以下几个步骤。

（1）建立用户界面的对象。

（2）对象属性的设置。

（3）对象事件过程及编程。

（4）调试和运行程序。

（5）保存窗体及工程。

（6）生成可执行文件。

下面通过一个例子来具体说明。

实例 1.1 编写一个求两个数相加的程序。界面设计如图 1-8 所示。运行时，当输入两个数据后，按下“求和”按钮时，显示两个数的相加结果。运行界面如图 1-9 所示。

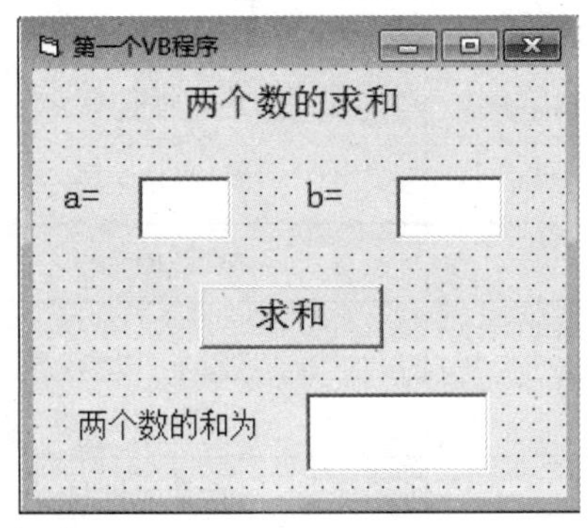

图 1-8　设计界面

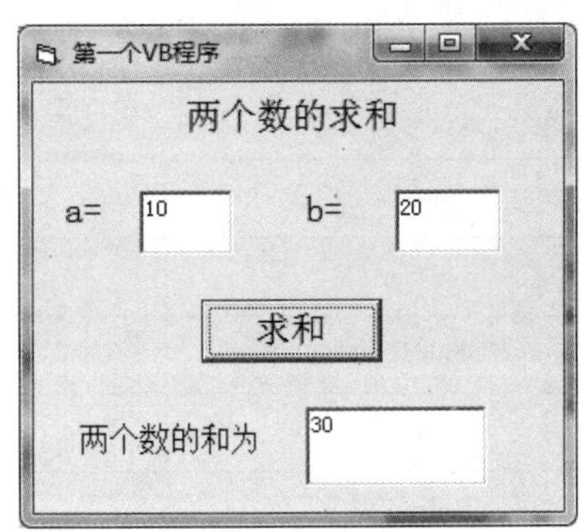

图 1-9　运行界面

1.6.1　建立用户界面的对象

根据实例 1-1 题意分析，此应用程序只需要一个工程和一个窗体即可，在窗体上要放置用来输入数据和显示结果的三个文本框TextBox控件，用来提示的标签Label控件，以及“求和”的命令按钮CommandButton控件。

操作步骤：

（1）启动Visual Basic 6.0，在“新建工程”对话框中选择默认的新建“标准EXE”选项后，单击“打开”按钮及新建了一个工程（工程 1）和一个窗体（Form1）。

（2）在工具箱上单击选中文本框TextBox控件，再到窗体Form1 上适当的位置按住鼠标左键不放，拖动画出文本框Text1，用同样的方法画出Text2，Text3，标签Label1、label2、label3、label4 及命令按钮Command1。将上述控件按上图的顺序排列好，如图 1-10 所示。

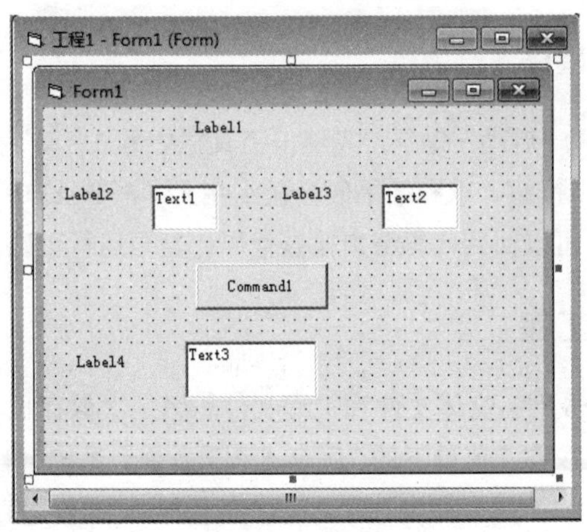

图 1-10　创建控件

1.6.2　对象属性的设置

在属性窗口设置窗体和其他控件的属性，选中某个控件，再在属性窗口的左侧选中要修改的属性名，然后修改属性值。对象属性的设置见表 1-1 所列。

表 1-1　对象属性的设置

控件名	属性名	属性值
Form1	Caption	第一个 VB 程序
Caption	Caption	两个数的求和
Label2	Caption	a=
Label3	Caption	b=
Label4	Caption	两个数的和为
Text1	Text	空
Text2	Text	空
Text3	Text	空
Command1	Caption	求和

1.6.3　对象事件过程及编程

编写命令按钮的单击（Click）事件过程，打开代码窗口，在代码窗口中编写以下代码：

```
Private Sub Command1_Click()
Text3.Text = Val(Text1.Text) + Val(Text2.Text)
End Sub
```

编写好程序后，要知道程序正确与否，需要通过运行、调试之后才能确定。

1.6.4　调试和运行程序

选择“运行”菜单中的“启动”命令，或单击工具栏中的“启动”按钮，在文本框中输入数据，然后鼠标单击“求和”按钮，求和结果便会显示在文本框 Text3 中。求解正确可以关闭窗口结束运行，如果不正确，可以回到代码窗口检查代码，直至运行正确。

1.6.5　保存窗体及工程

完成后需要保存两个文件：窗体文件和工程文件。第一次保存程序文件可以单击工具栏的“保存工程”按钮或选择“文件”菜单下的“保存工程”命令，系统会自动先弹出“文件另存为”对话框保存窗体，后弹出“工程另存为”对话框保存工程。“文件另存为”对话框如图 1-11 所示，默认的保存位置为 VB 6.0 的安装路径 VB98，保存时要将保存的位置更改为自己需要的文件夹，将文件名修改成自己需要的文件名（如 Li1_1.frm）后单击“保存”按钮，保存完窗体后会自动弹出如图 1-12 所示的“工程另存为”对话框，将文件名（如 Li1_1.vbp）修改好后单击“保存”按钮。

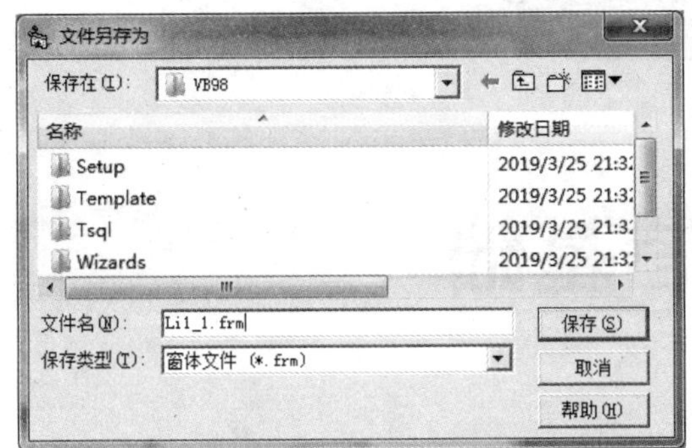

图 1-11　文件另存为对话框

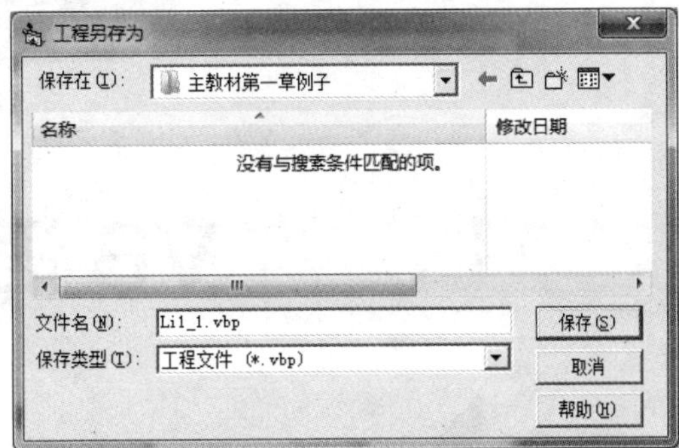

图 1-12　工程另存为对话框

保存好之后，若已将该程序关闭，再次打开时双击工程文件即可打开该程序。

除了使用“保存工程”命令自动保存程序外，也可以选择“文件”菜单下的“保存Form1”或“Form1另存为”命令保存窗体，后选择“保存工程”或“工程另存为”命令保存工程，也将分别弹出“文件另存为”对话框和“工程另存为”对话框。

1.6.6　生成可执行文件

保存程序文件之后，单击“文件”菜单，会出现“生成Li1_1.exe”子菜单，在弹出的“生成工程”对话框中，单击“确定”按钮即可。

第2章

VB语言基础

2.1 语言基础

要使计算机按使用者的意图运行，就必须使计算机懂得使用者的意图，接受使用者的命令。人要和机器交换信息，就必须要解决一个语言问题。为此，人们给计算机设计了一种特殊语言，这就是程序设计语言。程序设计语言是一种形式语言，语言的基本单位是指令，而指令又是由确定的字符串和一些用来组织字符串成为有确定意义的组合的规则所组成。

2.1.1 VB语言字符集

字符（Character）是各种文字和符号的总称，包括各国家文字、标点符号、图形符号、数字等。字符集（Character set）是多个字符的集合，字符集种类较多，每个字符集包含的字符个数不同，常见字符集名称：ASCⅡ字符集、GB2312字符集、BIG5字符集、GB18030字符集、Unicode字符集等。计算机要准确的处理各种字符集文字，就需要进行字符编码，以便计算机能够识别和存储各种文字。每一种程序设计语言都有相对应的字符集。VB使用Unicode存储和操作字符串。

为了实现跨语言、跨平台的文本转换和处理需求，ISO国际标准化组织提出了Unicode的新标准，这套标准中包含了Unicode字符集和一套编码规范。Unicode字符集涵盖了所有的文字和符号字符，Unicode编码方案为字符集中的每一个字符指定了统一且唯一的二进制编码，这就彻底解决之前不同编码系统的冲突和乱码问题。

VB的字符集包含以下字母、数字和专用字符。

（1）字母：大写英文字母A~Z；小写英文字母a~z。

（2）数字：0、1、2、3、4、5、6、7、8、9。

（3）专用字符：共27个，见表2-1所列。

注意：VB中的符号要在英文半角状态下输入，双引号和单引号没有左右之分。

表 2-1 VB中的专用字符

符号	说明	符号	说明
+	加号	@	AT号（货币数据类型说明符）
-	减号	_	下划线（续行号）
*	星号（乘号）	(	左圆括号
/	斜杠（除号）	)	右圆括号
\	反斜杠（整除号）	‘	单引号
^	上箭头（乘方号）	“	双引号
>	大于号	,	逗号
<	小于号	;	分号
=	等于号（关系运算符、赋值号）	:	冒号
%	百分号（整型数据类型说明符）	.	实心句号（小数点）
&	和号（长整型数据类型说明符）	?	问号
!	感叹号（单精度数据类型说明符）	Space	空格符（Space表示空格键)
#	磅号（双精度数据类型说明符）	<CR>	回车键
$	美元号（字符串数据类型说明符）		

2.1.2 VB语言词汇集

VB的词汇集主要包括用于表示关键字、标识符、界符、运算符、各类型常数等的单词。

1. 关键字

在程序语言中，很多指令是由具有某种特殊意义的文字所组成的，这些文字就是所谓的“关键字”，或称“保留字”。关键字主要是留给程序语言指令使用的。因此不能用这些保留字来作为变量名，以免编译器在解读程序代码时发生错乱。在VB中，当用户在编辑窗口中输入关键字时，系统会自动识别，并将其首字母自动改为大写。关键字常用于表示系统的内部函数、过程、运算符、常量等。

下面给出了VB中系统保留的关键字，读者在实际编程时要注意避免使用它们来作为变量名。

```
Abs、AddItem、And、As、ByVal、Call、Chr、Circle、Clea、Close、Cls、
Command、Const、Cos、Currency、Date、Day、Dim、Dir、Do、Double、
Else、End、Eof、Eqv、Error、Exit、Exp、False、For、Function、GoTo、
Hide、Hour、If、InputBox、Integer、Left、Len、LenB、Line、Load、
LoadPicture、Long、Loop、LBound、Month、Move、MsgBox、Name、New、
Next、Not、Now、Open、OptionBase、Or、Print、QBColor、ReDim、
```

```
Refresh、Rem、RemoveItem、RGB、Right、Rnd、Second、SetFocus、Sgn、
Shell、Show、Sin、Single、Space、Spc、Sqr、Static、Step、String、
Tan、Then、Time、Timer、True、Type、UBound、Ucase、UnLoad、Val、
Variant、While、Width、Write、Xor、Year
```

2. 标识符

简单地说，标识符就是一个名称，用来表示变量、常量、函数、类型，以及控件、窗体、模块和过程等的名字。标识符的命名规则如下：

（1）只能由字母或汉字开头，后面可以跟字母、汉字、数字或下划线组成。

（2）VB语言是不区分大小写的，所以，ABC和abc代表相同的标识符。

（3）VB中规定，标识符的长度≤255个字符。

（4）不能使用关键字。

（5）给标识符取名时，最好能做到“见名知义”。例如：我们可以用score，age，name等分别代表成绩、年龄和姓名。

3. 运算符和界符

运算符是用来表示各种运算的符号。界符也称为间隔符，它们决定了单词之间的分隔。有些运算符也能起到间隔作用。

比如：Print A该语句有两个单词：“Print”和“A”，界符是空格符。

有关这部分内容将在本章后面的小节中介绍。

2.1.3 VB编码规则与约定

与其他程序设计语言一样，在VB语言中编写程序代码必须符合一定的书写规则，其主要规定如下：

1. 代码中，除汉字外，各字符应在英文状态下输入，字母不区分大小写

（1）VB基本字符集：数字、英文字母、一些特殊符号。

其中英文字母不区分大小写。系统保留字自动转换每个单词的首字母大写。

（2）除了双引号内和单引号后的字符外，其余符号(包括双引号、单引号、分号、冒号等)都是构成语言成分的字符。

2. 语句书写自由

（1）在程序中一行可书写多条语句，语句之间用冒号分隔。

（2）如果语句太长，一条语句可分若干行书写，可用续行符“ _”（空格+下划线）连接。

（3）一行最多允许编写1024个字符。

3. 注释的作用

注释是对程序的注释或说明，每个程序员都要养成良好的编程习惯，及时准确地添加注释。注释有利于程序阅读，也更方便系统维护。

注释语句有以下两种方式：

（1）以Rem 开始的注释。若整行都是注释，可以用Rem注释，但是Rem不能接在语句的

后面。

例如：

```
Rem 欢迎学习Visual Basic程序
print "Visual Basic！ "
```

（2）以西文状态的单引号 '开始的注释。单引号和Rem一样可以用在一行的开头作为一整行注释，也可以用在语句的后面。

例：

```
Text1.Text= "Visual Basic！ "      '在文本框中显示"Visual Basic！ "
```

当需要将一条或多条连续的语句作为注释时，可以在"编辑"工具栏中选择"设置注释块"，取消注释块时选择"解除注释块"。

要注意的是：注释可以和语句在同一行并写在语句的后面，也可单独占据一行，但不能在同一行上将注释接在续行符之后。

4. 使用缩进反映代码的逻辑关系和嵌套关系

在编写代码时，对过程、条件结构及循环结构的书写最好是进行缩进。使用缩进，代码的嵌套关系、层次关系和逻辑关系将变得清晰，使代码的可读性更好。

例如：

```
If a > b Then
    Print a
Else
    Print b
End If
```

2.2 数据类型

不同类型的数据，在计算机中的存储方式和处理方式都不相同。因为计算机不能自动识别某个数据是属于哪种类型的，所以只好事先对在计算机中使用到的各种数据进行分类定义，这样不同类型的数据便属于不同的数据类型。在这种情况下，计算机在遇到一个数据时，根据它所属的数据类型就可以采取相应的处理方式而不会发生错误。

数据是计算机处理的对象，有型与值之分，型是数据的分类，值是数据的具体表示。现实生活中常常会遇到不同类型的数据，在VB程序设计语言中使用不同的表示形式来记录这些数据，即数据类型。

VB提供了系统定义的数据类型，即基本数据类型，并允许用户根据需要定义自己的数据类型。

VB提供的基本数据类型有数值型、字符型、日期型、逻辑型、变体型和对象型，见表2-2。

表 2-2　基本数据类型表

类型	关键字	占用字节	值的有效范围	类型声明符
整型	Integer	2	-3276~32767	%
长整型	Long	4	-2147483648~2147483647	&
单精度型	Single	4	负数：-3.402823E38 ~ -1.401298E-45 正数：1.401298E - 45~3.402823 E 38	!
双精度型	Double	8	负　数：-1.79769313486232D308~-4.94065645841247D-324 正　数：4.94065645841247D-324~1.79769313486232 D 308	#
货币型	Currency	8	-922337203685477.5805~922337203685477.5807	@
字符型	String	1（每字节）	0~65535 个字符	$
字节型	Byte	1	0 ~ 255	
逻辑型	Boolean	2	True 或 False	
日期型	Date	8	1/1/100 至 12/31/9999	
对象型	Object	4	任何对象引用	
变体型	Variant		上述所有的有效范围之一	

2.2.1　数值类型

Visual Basic 中用于保存数值的数据类型有 6 种：整型（Integer）、长整型（Long）、单精度型（Single）、双精度型（Double）、字节型（Byte）和货币型（Currency）。

1. 整型

整型是不带小数点、范围-32768 到 32767 之间数，在内存中用 2 个字节(1 6 位) 来存储一个整数。其类型声明符为%，如 1345%，-67%。

2. 长整型

长整型是超过一 32768~32767 范围，而在-2147483648~2147483647 之间的不带小数点的数，一个长整数在内存中占 4 个字节(32 位)。在-2147483648~2147483647 之间的数字在尾部带一个“&”符号，也表示为一个长整数。

整型和长整型有三种表示形式：十进制、八进制和十六进制。

十进制整数由数字 0~9 和正负号构成。

八进制由数字 0~7 构成，以&O 或&开头，可带正负号。

十六进制由数字 0~9，A~F（或 a~f）构成，以&H(或&h)开头，可带正负号。

3. 单精度型

单精度型是带小数点的实数，有效值为 7 位。在内存中用 4 个字节(32 位)存放一个单精度数。通常以指数形式(科学记数法)来表示，以“E”或“e”表示指数部分。

单精度浮点数有多种表示形式：

± n.n(小数形式)、± n!(整数加单精度类型符)、± nE ± m(指数形式)、± n.nE、± m (指数形式)。

例如：123.45、0.12345E+3、123.45！都是同值的单精度数。

4. 双精度型

双精度型也是带小数点的实数，有效值为 15 位。在内存中用 8 个字节(64 位)存放一个双精度数。双精度数通常以指数形式(科学记数法)来表示，以“D”或“d”表示指数部分。

双精度型也用来表示带有小数部分的实数，在计算机中占用 8 个字节存储。

用科学计数法表示：± aD ± c 或 ± ad ± c

例如：314.159265358979D-2 表示 3.14159265358979。

双精度浮点数最多可有 15 位有效数字。如果某个数的有效数字位数超过 15 位，当把它赋给一个单精度变量时，超出的部分会自动四舍五入。

5. 字节型

字节型是一种数值类型，以 1 个字节的无符号二进制数存储，取值范围为 0~255。

6. 货币型

货币型是为计算货币而设置的定点数据类型，它的精度要求高，规定精确到小数点后 4 位。在内存中占 8 个字节(64 位)。取值范围在-922337203685477.5805 到 922337203685477.5807 之间。

如果变量已定义为货币型，且赋值的小数点后超过 4 位，那么超过的部分自动四舍五入。

例如，将 3.14159 赋给货币型变量 aa，在内存中 aa 的实际值是 3.1416。

2.2.2 字符类型

字符类型(String)用以定义一个字符序列，在内存中一个字符用一个字节来存放，其类型声明符为 $。需要说明的是：

(1) 字符串是由一对双引号括起来的字符、汉字序列。

(2) 字符串长度是指双引号中包含字符个数。在 VB 中，采用的是 Unicode 编码(国际标准化组织 ISO 字符标准)来存储和操作字符串。Unicode 编码全部用两个字节表示一个字符。字符串分为定长字符串和不定长字符串。定长字符串的最大长度为 $2^{31}-1$ 个字符，不定长字符串的最大长度为 65535 个字符。

(3) 双引号起界定作用，不计算为字符串长度，输出时不显示。

(4) 字符串是以 ASC Ⅱ码存放的，所以字母有大小写区分。如：“ABC” < “abc”

(5) 空字符串：“”，长度为 0；空格字符串：“ ”有一个空格字符，长度为 1。

2.2.3 日期类型

日期类型（Date）用以表示日期，在内存中一个日期型数据用 8 个字节来存放。

表示日期范围在公元 100 年 1 月 1 日 - 9999 年 12 月 31 日。表示时间范围在 0：00：00 - 23：59：59。

任何在字面上可以被认作日期的文本都可以赋值给日期变量，且日期文字必须用符号“#”括起来，如#January 15,2017#，#1985-10-1 9：45：00 PM# 都是合法的日期型数据。

除上述表示之外，还可以用数字序列表示日期。

用数字序列表示是，整数部分代表日期，负数代表 1899 年 12 月 30 日之前的日期和时间。比这个日期前 *n* 天，就用 -*n* 表示，比这个日期后 *n* 天，就用 *n* 表示；小数部分代表时间，0 为午夜，0.5 为中午 12 点，以此推算。

2.2.4 逻辑类型

逻辑类型（Boolean）是一个逻辑值，也称布尔型数据，用两个字节存储，它只取两种值，即 True（真）或 False（假）。当逻辑值转换为数值型，True 成为 -1，False 成为 0。

2.2.5 对象类型

对象类型（Object）数据以 4 个字节（32 位）地址来存储，该地址可引用应用程序中的对象。随后可以用 Set 语句指定一个被声明为 Object 的变量，去引用应用程序所识别的任何实际对象。

2.2.6 变体类型

变体类型（Variant）又称为万用数据类型，它是一种特殊的、可以表示所有系统定义类型的数据类型。变体类型数据对数据的处理可以根据上下文的变化而变化，除了定长的 string 数据及用户自定义的数据类型之外，可以处理任何类型的数据而不必进行数据类型的转换，如上所述的数值类型、日期类型、对象类型、字符类型的数据类型。变体类型是 VB 对所有未定义的变量的缺省数据类型的定义。我们通过 VarType 函数，可以检测变体类型变量中保存的具体的数据类型。

假设定义 A 为通用型变量。

```
Dim A As Variant
```

在变量 A 中可以存放任何类型的数据，例如：

```
A="BASIC"                    '存放一个字符串
A=10                         '存放一个整数
A=200.5                      '存放一个实数
A="08/15/2003"               '存放一个日期型数据
```

系统会根据赋给 A 的值的类型不同，变量 A 的类型不断变化，这就是称之为变体类型的由来。当一个变量未定义类型时，VB 自动将变量定义为变体类型。不同类型的数据在变体类型数据变量中是按其实际类型存放的(例如将一个整数赋给A，在内存区中按整型数方式存放)，用户不必做任何转换的工作，VB自动完成。

2.2.7 自定义类型

自定义类型在模块级别中使用，用于定义包含一个或多个元素的用户自定义的数据类型。格式如下：

```
Type 自定义类型名
    元素名 [(下标)] As 类型名
    元素名 [(下标)] As 类型名
              ...
     [元素名 [(下标)] As 类型名]
EndType
```

例如：对于一个学生的“学号”“姓名”“性别”、8门功课成绩(用数组表示)、“总成绩”，“政治面貌”等数据，为了处理数据的方便，常常需要把这些数据定义成一个新的数据类型(如Student类型)。

```
Type Student
   intno    As Integer
   strname  As String * 20
   strsex   As String * 1
   sngmark(1 To 8)   As Single
   sngtotal  As Single
   blntag   As Boolean
 End Type
```

(1) 自定义类型必须在标准模块(.bas)中定义，默认是public。

(2) 自定义类型中元素类型可以是字符串，但必须是定长字符串。

(3) 不要将自定义类型名和该类型的变量名混淆。

2.3 常量与变量

常量是指在程序运行过程中，其值不能被改变的量。而变量在程序运行过程中，其值是可以改变的。

2.3.1 常量

常量是指在程序运行中其值不可以改变的量。分为：文字常量、符号常量和系统常量。

1. 文字常量

文字常量实际上就是常数，数据类型的不同决定了文字常量的表现不同。

（1）数值型常量。

①整型、长整型、字节型常量

通常我们说的整型常量指的是十进制整数，但VB中可以使用八进制和十六进制形式的整型常量。因此整型常量有如下三种形式：

十进制整数。如 125，0，-89。

八进制整数。以 & 或 &O（字母 O）开头的整数是八进制整数，如 &O25 表示八进制整数 25，等于十进制数 21。

十六进制整数。以 &H 开头的整数是十六进制整数，如 &H25 表示十六进制整数 25 等于十进制数 37。

可以在整型常量后面加类型符“%”或“&”来指明该常量是整型常量还是长整型常量；如不加类型符，VB系统会根据数值大小自动识别，将选择需要内存容量最小的表示方法。

②浮点型常量。分为单精度浮点型常量和双精度型常量

日常记法：包括正负号、0~9、小数点。如果整数部分或小数部分为 0，则可以省略这一部分，但要保留小数点。例如：3.1415、-21.7、54.、-.87。

指数记法：用mEn来表示 $m\times10^n$，其中m是一个整型常量或浮点型常量，n必须是整型常量，m和n均不能省略。例如：1.23E4 表示 1.23×10^4。“E”可以写成小写“e”，如果双精度常量，则需要用“D”或“d”来代替“E”。

可以在浮点型常量后面加类型符“!”或“#”来指明该常量是单精度浮点型常量还是双精度浮点型常量；如不加类型符，VB系统会根据数值大小自动识别，将选择需要内存容量最小的表示方法。

（2）字符串常量。在VB中字符串常量是用双引号括起来的一串字符。例如：“ABC”“123”等。

字符串的字符可以是西文字符、汉字、标点符号等。“”表示空字符串，而“ ”表示一个空格的字符串。

（3）布尔型常量。布尔型常量也称逻辑型常量，只有两个值，即True和False。

注意，它们没有定界符。“True”和“False”不是布尔型常量，而是字符型常量。

（4）日期型常量。日期型常量使用“#”作为定界符。只要用两个“#”将可以被认作日期和时间的字符串括起来，都可以作为日期常量。

例如：

```
# 1949-10-1 # ,#2017-9-1 10: 00: 00 AM#
```

2. 符号常量

我们经常会发现代码包含一些常用数值，它们一次又一次地反复出现。代码要用到很难记住的数字，而那些数字没有明确意义。

在这些情况下，可用常数大幅度地改进代码的可读性和可维护性。常数是有意义的名字，取代永远不变的数值或字符串。尽管常数有点像变量，但不能像对变量那样修改常数，也不能对常数赋以新值。

例如：定义一个常量PI来存储圆周率，显然圆周率是不会发生变动的。在VB中，可以借助Const关键字来声明一个常量。

定义符号常量的格式：

```
[Public|Private] Const 符号常量名[As类型]=表达式
```

说明：符号常量名的命名规则与标识符相同。[As类型]用以说明常量的数据类型。

下面的代码中，把3.1415定义为Pi，在程序代码中，可以在使用圆周率的地方用Pi代替。

```
Private Sub cmdC_Click()
Const Pi=3.1415
Dim r As Double,c As Double
r=val(Text1.text)
c=2*Pi*r
Print c
End Sub
```

和变量声明一样，Const语句也有范围，也使用相同的规则：

为创建仅存在于过程中的常数，那就要在这个过程内部声明常数。

为创建一常数，它对模块中所有过程都有效，但对模块之外任何代码都无效，那就要在模块的声明段中声明常数。为创建在整个应用程序中有效的常数，请在标准模块的声明段中进行声明，并在Const前面放置Public关键字。在窗体模块或类模块中不能声明Public常数。

3. 系统常量

除了用户定义的符号常量外，为了方便数据的引用和程序的阅读，VB6.0定义了一些与控件相关的系统常量：vbOKOnly、vbCancel、vbYesNo、vbNormal等。内部的或系统定义的常数是应用程序和控件提供的，在"对象浏览器"中的Visual Basic（VB）、和Visual Basic for applications（VBA）对象库中列举了VB的常数。其他提供对象库的应用程序，如Microsoft Excel和Microsoft Project，也提供了常数列表，这些常数可与应用程序的对象、方法和属性一起使用。在每个ActiveX 控件的对象库中也定义了常数。如类ColorConstants对应的系统常量有8个，分别是：vbBlack、vbBlue、vbCyan、vbGreen、vbMagenta、vbRed、vbWhite和vbYellow，用来表示8种颜色。系统常量可以直接使用，比较常用的系统常量见表2-3，比如vbCrLf，表示回车换行符。

表2-3　常用系统常量

成员	常数	等效	说明
CrLf	vbCrLf	Chr(13) + Chr(10)	回车/换行组合符
Cr	vbCr	Chr(13)	回车符
Lf	vbLf	Chr(10)	换行符
NewLine	vbNewLine	Chr(13) + Chr(10)	换行符
NullChar	vbNullChar	Chr(0)	值为0的字符

续表

成员	常数	等效	说明
Tab	vbTab	Chr(9)	Tab 字符
Back	vbBack	Chr(8)	退格字符

2.3.2 变量

程序中数据最基本的存储单位就是变量，程序执行时会在计算机内存中开辟空间存储变量。而计算机程序的执行基本就是通过读取或操作这些变量来实现的，所以恰当地使用变量对整个程序的实现是至关重要的。

1. 变量的命名规则

（1）变量名以字母或汉字开头，后可跟字母、数字或下划线组成，长度小于等于 255 个字符。

（2）变量名不能使用VB中的关键字。

（3）VB中不区分变量名的大小写。

（4）变量名在有效的范围内必须唯一。例如：在同一过程内不能有同名变量。

（5）为了增加程序的可读性，可在变量名前加一个缩写的前缀来表明该变量的数据类型。如：strmy等。

2. 声明格式

```
Dim 变量名 [As 数据类型]
```

说明：

（1）关键字Dim还可以是Static、Private、Public，它们的区别是声明的变量的作用范围不同。

（2）变量名需符合标识符的命名规则。

（3）变量名的尾部可以加上类型符，用来标识不同的数据类型。用类型符定义变量，在使用时可以省略类型符。例如：用Dim a$定义了一个字符串变量，则引用这个变量时既可以写成a$，也可以写成a。

（4）数据类型决定了该变量所占内存空间的大小，若未指定数据类型且变量名末尾也没有类型说明符，则默认为变体型。

（5）在定义语句里可以定义多个变量。

例如：我们要定义了a，b，c，d都是字符变量。可以用以下代码。

```
Dim a As String, b As String, c As String, d As String
```

但是如果这么写Dim a, b, c, d As String

这是完全错的。在这里，逗号的优先级要高于As，也就是说，上面语句相当于：

```
Dim a
```

```
Dim b
Dim c
Dim d As String
```

也就是：

```
Dim a As Variant
Dim b As Variant
Dim c As Variant
Dim d As String
```

（6）用Dim可以定义变长字符串变量，也可以定义定长字符串变量。

定义定长字符串变量的格式为：Dim 变量名 As String *正整数

例如：

```
Dim stu As String *4
```

这里，变量stu是长度为4的定长字符串。如果实际赋值给变量的字符串长度小于4个字符，则不足的部分用空格补充，反之，如果超出4个字符，则超出的部分被忽略。

（7）所定义的变量根据不同的数据类型有不同的默认初值。数值型变量默认初值为0，字符串型变量默认初值为空串，布尔型变量默认的初值为False。

变量名称是在程序生命周期内用来指代变量值的别称。变量的数据类型其实是定义了变量在系统中（或内存里）被存储的格式，也定义了变量的具体行为规范。

一般用Dim表达式声明的局部变量，只会存在于其程序的执行期间；当程序结束时，所有在该程序内的局部变量就会全部消失。

正如前面所说的，变量的数据类型定义了变量在系统中被存储的格式及变量的具体行为规范。因此，适当地使用不同数据类型的变量来储存数据，理应是作为程序开发人员的一项必备技能。同样是一个数值类型，如果选择精度过长的数据类型来储存，可能会导致资源上的浪费，但如果选择精度过短的数据类型来储存，又可能会导致数据溢出。所以，恰如其分地使用数据类型，既能考察开发人员对于编程语言的理解程度，也对实际开发意义重大。VB中提供了相当丰富的数据类型。

3. 隐式声明

VB允许使用未经声明语句声明的变量，这种方式成为隐式声明，隐式声明的变量默认为变体型。

例如：

```
Private Sub Form_Click()
X1=100
Print x1
End sub
```

单击窗体运行后，将在窗体上显示100运行该程序时，系统会自动创建一个变量x1，使用变量时，可以认为它是隐式声明的。

对于初学者，为了调试程序方便，对所有使用的变量最好进行显式声明，也可以通过在通用声明段加语句“Option Explict”来强制所有变量都必须进行显式声明。强制变量声明后，所有的变量必须显式声明后才能使用。若不显示声明，运行时将产生“变量未定义”的错误。

2.4 运算符和表达式

在程序设计语言中，操作符（operator）主要用于执行某种特殊的操作，而且这里所谓的“操作”都是针对一个及以上的操作数项目来进行的。数学运算是最常见的操作，所以操作符更多地被称为运算符。例如，对于一个加法运算 9 + 6 而言，这里的“+”就是一个运算符，而被执行加和操作的具体对象 9 和 6 就是所谓的操作数。VB 中提供的运算符可以分为五种：算术运算符、连接运算符、关系运算符、赋值运算符和逻辑运算符。

有的运算符要求左右两边都要连操作数，这样的运算符称为双目运算符，如“+”(加法)、“*”（乘法）等；有的运算符只能连一个操作数，这样的运算符称为单目运算符，如表达式“-1”中的“-”（取负运算）。

2.4.1 算术运算符及表达式

算术运算符（arithmetic operators）是最为常用的一类运算符，它的主要功能就是进行通常意义上的数学运算，例如：加法、加法、乘法和除法等。相信读者对于数学运算是再熟悉不过了，经过数学运算所得之结果将是一个具体的数字。VB 中提供的算术运算符及其说明见表 2-4 所列。

表 2-4 算术运算符（假设 ia=3）

运算符	优先级	例	结果
∧（指数运算）	1	ia^2	9
-(负号)	2	- ia	-3
*（乘）	3	ia*ia*ia	27
/（除）	3	10/ia	3.3333333333
\（整除）	4	10\ia	3
Mod（取余）	5	10 Mod ia	1
+（加）	6	10+ia	13
-（减）	6	ia-10	7

我们注意到表 2-4 中还给出了各种算术运算符的优先级，其中优先级 1 表示最高，2 表示次之，其余类推；如果表示优先级的数字相同，即表示拥有相同的优先级。优先级与我们在初等数学中学习的运算法则是一致的。例如对于算式 9 + 6 - 5 = 10 而言，因为加法和减法的优先

级相同，所以计算是只要从左到右依次执行即可。但对于算式 9 + 6 * 5 = 39 而言，因为乘法的优先级更高，所以要先执行乘法计算，然后再做加法。

1. 运算符介绍

(1)加法运算符(X + Y)。

功能:用来求X和Y两个数值表达式之和。

注意：+运算符除可用于求两数之和外，还可以用于两字符串的连接。

(2)减法运算符(X - Y)。

功能：用来求X和Y两个数值表达式之差。

(3)乘法运算符(X * Y)。

功能：用来求X、Y两个数值表达式的乘积。

(4)除法运算符(X / Y)。

功能：用来进行X除以Y的运算并返回一个浮点数。

(5)整除运算符(X\Y)。

功能:用来进行X除以Y的运算并返回一个整数。

注意：在进行\运算时，若X、Y中有浮点数则先按四舍五入成整数后再求Mod运算。

(6)求模运算符(X Mod Y)

功能：用来进行X除以Y的运算并且只返回余数。

注意：在进行Mod运算时，若X、Y中有浮点数则先按四舍五入成整数后再求Mod运算。

(7)乘方运算符(X^Y)

功能:乘方运算，用来求X的Y次方。

注意：X、Y都可以是任何数值表达式；只有当X为整数值时，Y才可以为负数。

2. 算术表达式

组成：由数值型数据和算术运算符构成的式子。它的运算结果是数值型数据。

在运算的过程中我们应注意以下几点：

(1)书写VB表达式时，应注意与数学中表达式写法的区别。VB表达式不能省略乘法运算符。例如，数学表达式 $b^2 - 4ac$，写成VB表达式应为 b^2 - 4 * a * c。

(2)VB表达式中所有的括号一律使用圆括号，并且括号左右必须配对。例如：数学表达式 2[x / (a + b) - c]，写成VB表达式应为 2 * (x / (a + b) - c)。

(3)一个表达式中各运算符的运算次序由优先级决定，优先级高的先算，低的后算，优先级相同的按从左到右的顺序运算。圆括号可以改变优先级顺序，即圆括号的优先级最高。如果表达式中含有圆括号，则先计算圆括号里表达式的值；有多层圆括号，先计算内层圆括号。

(4)在算术运算中，当操作数具有不同的精度时，运算结果采用精度高的数据类型。精度的高低排列如下：Integer<Long<Single<Double<Currency，如果Integer和Long数据进行运算时，结果为Long型。但也有例外，当Long型数据与Single数据运算时，结果为Double型数据。

（5）乘方运算结果通常为Double类型。

（6）逻辑型参加算术运算，True转换成-1，False转换成0。

（7）整除运算时，先四舍五入为整数然后相除，结果为整数或长整数。

（8）取模运算中，如果左右操作数为实数，先四舍五入为整数然后求模。运算结果的符号与左操作数的符号相同。

例如：求下列表达式的值，结果在注释语句里进行了说明。

```
Private Sub Command1_Click()
Cls
'1、乘方运算
Print 2 ^ 3                              '结果为 8
'2、取负值运算
Print -1                                 '结果为 -1
'3、乘法、除法运算
Print 7 * 5                              '结果为 35
Print 7 / 5                              '结果为 1.4
Print 19 / 6.7                           '结果为 2.83582089552239
Print 0 / 2                              '结果为 0
Print Empty / 2                          'empty 是变体类型 0，所以结果为 0
Print 7 \ 2                              '结果为 3
Print 32.7 \ 4.16                        '结果为 8
'4、取模运算
Print 7 Mod 4                            '结果为 3
Print 31.77 Mod 5.88                     '结果为 2
Print -7 Mod 2                           '结果为 -1
Print -7 Mod -3                          '结果为 -1
Print 7 Mod -2                           '结果为 1
'5、算术综合运算
Print 5 + 10 Mod 10 \ 9 / 3 + 3 ^ 2              '结果为 15
Print (5 + 10) Mod 10 \ 9 / 3 + 3 ^ 2            '结果为 9
'6、其他运算
Print 10 + True                          '结果为 9
Print 10 + False                         '结果为 10
Print False + 6 + "3"                    '结果为 9
End Sub
```

2.4.2 关系运算符及表达式

关系运算符（relational operators）又称为比较运算符，它给出了用于比较的两个数值之间的大小关系。这种比较关系最终是由一个布尔值来作为结果的。例如，对于大小关系9> 6，我们知道9确实是大于6的，所以该表达式的结果就是一个True。

1. 运算符介绍

比较运算符用来反映两个数值或字符串表达式之间的关系。关系成立，返回True；关系不成立，返回False；两个表达式中若有Null，则返回Null。

VB 中提供的关系运算符及其说明见表 2-5 所列。

表 2-5　关系运算符

关系运算符	含义	实例	结果
=	等于	"abc"="ABC"	False
>	大于	"abc">"ABC"	True
>=	大于等于	"abc">="甲乙丙"	False
<	小于	2<3	True
<=	小于等于	"12"<="3"	True
<>	不等于	"abc"<>"ABC"	True
Like	字符串匹配	"ABCDE" Like"*CD*"	True
Is	对象引用比较		

（1）等于（A=B）。

功能：如果左边的值A与右边的值B相等，则结果为True，否则为False。

（2）大于（A>B）。

如果左边的值A大于右边的值B，则结果为True，否则为False。

（3）大于或等于（A>=B）。

如果左边的值A大于或等于右边的值B，则结果为True，否则为False。

（4）小于（A<B）。

如果左边的值A小于右边的值B，则结果为True，否则为False。

（5）小于或等于（A<=B）。

如果左边的值A小于或等于右边的值B，则结果为True，否则为False。

（6）不相等（A<>B）。

功能：如果左边的值A与右边的值不相等B，则结果为True，否则为False。

（7）字符串匹配（A Like B）。

左边的字符串A与右边的模式字符串B匹配。常与通配符？（表示任意单个字符）、*（表示任意多个字符）、#（表示任意 0—9 的数字）等一起使用。

2. 关系表达式

关系表达式是用关系运算符和圆括号将各种表达式、常量、变量、函数、对象属性等连接成的一个有意义的运算式子。关系表达式的结果是一个逻辑型的值，即True或False。

在运算的过程中我们应注意以下几点：

（1）关系运算也称比较运算，用来比较两个操作数大小，结果为逻辑值。即True或False。

（2）关系运算符比较单个字符时，按字符的ASCⅡ码值的大小进行比较。对于多个字符，按从左到右依次比较每个字符的ASCⅡ码值的大小，如果对应位置的字符ASCⅡ码值相等，则继续比较下一个字符，直到遇到第一个不相等的字符为止，然后得出结果。例如：

```
"ABCDE" > "ABRA"结果为False
```

（3）如果两个操作数都是数值型，关系运算符按值的大小进行比较，值大的数据比较大。

（4）比较日期型的数据按日期先后进行，日期离现在近的数据大。

（5）关系运算符的优先级相同。

（6）当对单精度或双精度数据比较，运算可能得不到希望的结果。

（7）Like运算符用来比较字符串表达式，主要用于数据库查询。Is运算符用来比较两个对象的引用变量，主要用于对象操作。

例：求下列表达式的值，结果在注释语句里进行了说明。

```
Private Sub Command1_Click()
Dim x%, y!, z!
x = 3: y = 2: z = 5
'关系运算
Print " ABCDE " > " ABRA "              '结果为 False
Print " ABCDE " > " aBRA "              '结果为 False
Print "abcde" Like "*c*"                '结果为 true
x = 8
Print x + 2 = 10                        '结果为 true
Print 100 < 50                          '结果为 false
'单精度和双精度数据的关系运算
Print x + y = 5                         '结果为 false
Print x + y = z                         '结果为 false
Print 3 + 2 = 5                         '结果为 true
End Sub
```

2.4.3 逻辑运算符及表达式

逻辑运算符（logical operators）是根据布尔代数的计算规则，计算两个逻辑表达式的逻辑结果，并返回一个布尔值。特别地，在逻辑运算符中的Not运算符的操作数都只有1个，其余逻辑运算符都要求有2个操作数。逻辑运算符包括：Not（非）、And（与）、Or（或）、Xor（异或）、Equ（逻辑等于）和Imp（逻辑蕴涵），用于表达两个逻辑表达式之间的关系。在进行逻辑运算时，只要参与运算的表达式中有一个为Null，则将返回Null。

VB中提供的逻辑运算符及其说明见表2-6所列。

表 2-6 逻辑运算符

运算符	含义	优先级	说 明	实例	结果
Not	非	1	当操作数为假时，结果为真，当操作数为真时，结果为假	Not True Not False	False True
And	与	2	两个操作数都为真时，结果为真	True And True False And False True And False False And True	True False False False
Or	或	3	两个操作数之一为真时，结果为真	True Or True True Or False False Or True False Or False	True True True False
Xor	异或	3	两个操作数为一真一假时，结果为真	True Xor False False Xor False	True False
Eqv	等价	4	两个操作数相同时，结果为真	True Eqv True True Eqv False	True False
Imp	蕴含	5	第一个操作数为真，第二个操作数为假时，结果为假，其余结果为真	True Imp True F Imp F	T T

1. 运算符介绍

（1）非运算符（Not A）。功能：非（Not）是单目运算符，操作数与结果反相关。当操作数为假时，结果为真；当操作数为真时，结果为假。

（2）与运算符（A And B ）。功能：与（And）是双目运算符。当操作数都为真时，结果才为真。否则结果为假。

（3）或运算符（A Or B）。功能：或（Or）是双目运算符。当操作数中有一个为真时，结果就为真。否则结果为假。

（4）异或运算符（A Xor B）。功能：异或（Xor）是双目运算符。两个操作数相反时，结果为真。否则结果为假。

（5）等价运算符（A Eqv B）。功能：两个操作数相同时，结果为真

（6）蕴含运算符（A Imp B）。功能：第一个操作数为真，第二个操作数为假时，结果为假，其余结果为真

2. 逻辑表达式

逻辑表达式是用逻辑运算符和圆括号将关系表达式、逻辑型常量、变量、函数等连接成的一个有意义的运算式子。逻辑表达式的结果是一个逻辑型的值，即True或False。

在运算的过程中我们应注意以下几点：

（1）逻辑运算符有优先级，Not优先，其次And，然后是（Or，Xor），Eqv，Imp。

（2）当操作数都为逻辑值，逻辑运算结果是逻辑值。

（3）当操作数都为整型值时，即进行“按位逻辑运算”，结果也是一个整型值。按位逻辑运算先把操作数用二进制补码形式表示，然后把二进制位 1 当作True，把二进制位 0 当作False，按位进行逻辑运算。

（4）逻辑型和数值型数据进行逻辑运算时，将逻辑值True转换为-1，False转换成 0 的原则进行按位逻辑运算。

（5）数学上判断某变量x是否在区间[a,b]是时，表示为a <= x <= b,但在VB中不能写成：a <= x <= b,而应该写成：a <= x And x <= b

例：求下列表达式的值，结果在注释语句里进行了说明。

```
Private Sub Command1_Click()
'1、逻辑值的逻辑运算
Print Not False                    '结果为 true
Print True And False               '结果为 false
Print True Eqv False               '结果为 false
Print True Imp False               '结果为false
'2、整数的按位逻辑运算
Print 12 And 8   '结果为 8,转换成二进制进行位运算,二个都为 1 才为 1
Print 8 Or 5  '结果为 13,转换成二进制进行位运算,二个只要有一个为 1 就为 1
Print Not 8                 '结果为 -9
'3、其他按位逻辑运算
Print Not False And 8       '结果为 8,都转换为整数,然后按位逻辑运算
End Sub
```

2.4.4 字符运算符及表达式

上面介绍的几类运算符所针对的操作数都是数字（也可以把一个非数值类型的值赋给一个变量）。而连接运算符（concatenation operators）所针对的操作数则变成了字符串，它的作用就是把多个字符串连接成一个新的字符串。

1. 运算符介绍

（1）“+”：两个操作数均为字符串时，做字符串连接运算；若均为数值型，则进行算术加运算；若一个为数字字符，另一个为数值型，则自动将数字字符转换为数值，然后进行算术加运算；若一个为非数字字符型，另一个为数值型，则出错。

（2）“&”：连接符两边的操作数不管是字符串还是其他数据类型，进行操作前，系统先将操作数转换成字符型，然后再连接。

2. 字符串表达式

字符串表达式是用字符串运算符和圆括号将一些常量、变量、函数等连接成的一个有意义的运算式子。字符串表达式的结果是一个字符串。

在运算的过程中，我们应注意以下几点：

因为符号“&”同时还是长整型的类型符，所以在使用是要格外注意，“&”在用作运算符时，操作数与运算符“&”之间应加一个空格，否则会出错。

例：求下列表达式的值，结果在注释语句里进行了说明。

```
Private Sub Command1_Click()
'字符串运算
'1、+ 运算
Print "123" + "456"                    '结果为 "123456"
Print 123 + 456                        '结果为 579，是算术运算
Print "123" + 456                      '结果为 579
Print " abcdef " + 123                 '出错
'2、& 运算
Print "123" & "456"                    '结果为 "123456"
Print 123 & 456                        '结果为 "123456"
Print "123" & 456                      '结果为 "123456"
Print "abcdef" & 12345                 '结果为 "abcdef12345"
End Sub
```

2.4.5 日期运算符及表达式

日期型数据是一种特殊的数值型数据，只能有下面 3 种情况：

(1)两个日期型数据可以相减，结果是一个数值型整数，表示两个日期相差的天数。

(2)一个日期型数据与一个数值型数据可作加法运算，结果是一个日期型数据。

(3)一个日期型数据与一个数值型数据可作减法运算，结果是一个日期型数据。

在运算的过程中我们应注意以下几点：

时期型数据也可作算术运算，比如，VB 中时间的分界点是 1899 年 12 月 30 日，则 0 表示 1899-12-30，1 表示 1899-12-31，-1 表示 1899-12-29。

例：求下列表达式的值，结果在注释语句里进行了说明。

```
Private Sub Command7_Click()
Dim a As Date, b As Date
Print #5/3/2021# - #5/1/2021#      '结果为 2
Print #5/3/2021# + 2               '结果为 2021-5-5
Print #5/3/2021# - 2               '结果为 2021-5-1
a = 1
b = -2
Print a, b                         '结果为 1899-12-31   1899-12-28
End Sub
```

2.4.6 运算符的优先级

在表达式中，当运算符不止一种时，要先处理算术运算符，接着处理比较运算符，然后再处理逻辑运算符。所有比较运算符的优先顺序都相同，从左到右进行处理。算术运算符和逻辑运算符按下列优先顺序处理：

(1)算术运算符优先级由高至低是：指数运算(^)、负数(-)、乘法和除法(*和/)、整数

除法（\）、求模运算（Mod）、加法和减法（+和-）、字符串连接（&）。

（2）逻辑运算符优先级由高至低是：Not，And，Or，Xor，Eqv，Imp。

乘法和除法或加法和减法同时出现在表达式中，按照从左至右进行计算，但是括号可改变优先顺序，括号内的运算总是优先于括号外的运算符。

VB中各类运算符优先级见表2-7。

表2-7　各类运算符优先级

运算符类型	优先顺序	运算符
算术运算符	1	^指数运算
	2	-取负数
	3	*、/乘法和除法
	4	\整除运算
	5	Mod求模（余）运算
	6	+、-加法和减法
字符串运算符	7	+、&字符串连接
关系运算符	8	=、<>、>、<、>=、<=
逻辑运算符	9	Not
	10	And
	11	Or、Xor
	12	Eqv
	13	Imp

2.5 常用内部函数

在VB6.0中，为了方便用户进行一些常见操作或运算，VB将其定义为内部函数。在程序中要使用一个函数时，用户只要知道该函数的名称和使用格式，就可以方便地使用。VB6.0常用内部函数根据功能可以分为：数学函数、字符串函数、转换函数、日期函数、格式输出函数、其他函数等。

函数调用格式：

<函数名>([参数1][,参数2]······)

系统通过函数名调用函数，函数的运算结果称为“返回值”，每个函数返回值的数据类型也是固定的，函数返回值可以出现在相应的表达式中，可以直接输出，也可以赋值给某个变量。

VB 6.0 约定：n表示数值表达式，c表示字符串表达式，d表示日期表达式。若函数名后有$符号，则表示该函数返回值为字符串。

2.5.1 数学函数

数字函数包括平方根函数、三角函数、对数函数、指数函数及其他数学函数，主要用来完成一些基本的数学运算。常见的数学函数见表 2-8 所列。

表 2-8 常见的数学函数

函数	说明	实例	结果
Sin	返回弧度的正弦	Sin(1)	.841470984807897
Cos	返回弧度的余弦	Cos(1)	.54030230586814
Atn	返回用弧度表示的反正切值	Atn(1)	.785398163397448
Tan	返回弧度的正切	Tan(1)	1.5574077246549
Abs	返回数的绝对值	Abs(-2.4)	2.4
Exp	返回e的指定次幂	Exp(1)	2.71828182845905
Log	返回一个数值的自然对数	Log(1)	0
Rnd	返回小于 1 且大于或等于 0 的随机数	Rnd	0~1 之间的随机数
Sgn	返回数的符号值	Sgn(-100)	-1
Sqr	返回数的平方根	Sqr(16)	4
Int	返回不大于给定数的最大整数	Int(3.6)	3
Fix	返回数的整数部分	Fix(-3.6)	-3

在使用数学函数的过程中，我们应该注意以下几个方面。

（1）在三角函数中，N表示弧度。

（2）Rnd(N) 函数返回一个大于或等于 0 且小于 1 的值，其中：

N < 0：每次都将N作为种子，得到结果相同。

N > 0：默认值。以上一个随机数作为种子，产生下一个随机数，每次得到结果不同。

N = 0：产生与最近生成的随机数相同的数。

通过Int表达式可产生任意指定范围内的随机数，比如要产生［A，B］之间的随机整数，可以使用公式：

```
Int ( ( B-A+1 )*Rnd + A )          '产生任意随机整数
```

（3）用Randomize语句，即初始化随机数发生器语句，可以产生不同的随机数，否则程序每次执行将产生相同的随机数。

格式：

```
Randomize [数值表达式]
```

例：

```
Randomize  Timer    '用Timer函数返回的秒数作为种子
```

（4）sgn(x)叫作x的符号函数，sgn是sign的缩写，它的定义是sgn(x) = 1 (x > 0)；0 (x = 0)；-1 (x < 0)。返回一个数的正负。

（5）IsNumeric（参数）。用来判断参数是否是一个数值。当参数是数值型或数字字符串时，返回True，否则返回False。

例如：

```
IsNumeric(18)          '值为True
IsNumeric("57")        '值为True
```

2.5.2 字符串函数

字符串函数主要包括字符串整理函数、取子串函数、测长度函数、字母大小写转换函数等。常见的字符串函数见表2-9所列。

表2-9 常见的字符串函数

函数	说明	实例	结果
Ltrim$(C)	返回删除字符串左端空格后的字符串	LTrim$(" MyName")	"MyName"
Rtrim$(C)	返回删除字符串右端空格后的字符串	RTrim$("MyName ")	"MyName"
Trim(C)	返回删除字符串前导和尾随空格后的字符串	Trim$(" MyName ")	"MyName"
Left$(C,N)	返回从字符串左边开始的指定数目的字符	Left$("MyName",2)	"My"
Right$(C,N)	返回从字符串右端开始的指定数目的字符	Right$("MyName",4)	"Name"
Mid$(C,N1[,N2])	返回从字符串指定位置开始的指定数目的字符	Mid $("MyName",2,3)	"yNa"
Len(C)	返回字符串的个数	Len("MyName=张三")	9
LenB(C)	返回字符串所占字节数	LenB("MyName=张三")	18
Instr([N1,]C1,C2[,M])	返回字符串在给定的字符串中出现的开始位置	InStr(7,"ASDFDFDFSDSF", "DF")	7
InstrRev(C1, C2[,N1][,M])	与Instr函数不同的是从字符串的尾部开始查找	InStrRev("ASDFDFDFSDSF", "DF",7)	5
Replace(C,C1, C2[,N1][,N2][,M])	在C字符串中从1或N1开始将C2替换C1（有N2，替换N2次）	Replace("ASDFDFDFSDSF", "DF", "*", 2)	S***SDSF

续表

函数	说明	实例	结果
Join(A[,D])	将数组A各元素按D（或空格）分隔符连接为字符串变量	A=Array("ABC", "DEF","GH") Join(A, "/")	ABC/DEF/GH
Space$(N)	返回由指定数目空格字符组成的字符串	Space$(5)	" "
Split(C[,D])	与Join函数作用相反，将字符串C按分隔符D（或空格）分隔成字符数组。	A =Split("ABC*DEF*GH","*")	A(0)= "ABC" A(1)= "DEF" A(2)="GH"
String$(N,C)	返回包含一个字符重复指定次数的字符串	String$(2, "ABCD")	"AA"
StrReverse(C)	将字符串反序排列	StrReverse("ABCD")	"DCBA"
Lcase(C)	返回以小写字母组成的字符串	LCase("ABCabc")	"abcabc"
Ucase(C)	返回以大写字母组成的字符串	UCase("ABCabc")	"ABCABC"

在使用函数过程中，我们应该注意以下几方面：

Len函数对字符串是测量长度，对数值是测量所占的字节数。字符串以字为单位，每个汉字和西文字符一样都算一个字，占两个字节。Lenb函数对字符串是测量所占字节数。

```
Print Len("VB程序")          '结果为 4
Print LenB("VB程序")         '结果为 8
```

其他函数说明在表中已注解中说明。

2.5.3 转换函数

1. 类型转换函数

（1）数据类型转换函数。常见的数据类型转换函数见表2-10所列。

表2-10　常见的数据类型转换函数

函数	返回类型	参数范围
Cbool	Boolean	任何有效的字符串或数值表达式
Cbyte	Byte	0~255
Ccur	Currency	-922337203685477.5808~922337203685477.5807
Cdate	Date	任何有效的日期表达式
Cdbl	Double	负数:-1.79769313486232EE308~-4.94065645841247E-324 正数:4.94065645841247E-324~1.79769313486232E308
Cint	Integer	-32768~32767，小数部分四舍五入

续表

函数	返回类型	参数范围
CLng	Long	-2147483648~2147483647，小数部分四舍五入
Csng	Single	负数:-3.402823E38~-1.401298E-45；正数：1.401298E-45~3.402823E38
CStr	String	依据参数返回CStr
Cvar	Variant	若为数值，范围与Double相同；若不为数值，则范围与C相同

（2）求ASC Ⅱ码值。Asc函数用来求一个字符串首字符的ASC Ⅱ码值，其语法格式为：

```
Asc(C)
```

参数C可以是任何有效的字符串表达式。如果C中没有包含任何字符，则会产生运行时错误。

例：

```
Print  Asc("A")        '结果为65
```

（3）求ASC Ⅱ码对应字符。Chr函数求一个ASC Ⅱ码值所对应的ASC Ⅱ码字符。其语法格式为：

```
Chr(N)
```

参数N是一个用来识别某字符的Long型数。N的正常范围为0~255。

0到31之间的数字与标准的非打印ASC Ⅱ代码相同。用Chr函数可以得到不可显示的控制字符。例如，Chr(13)表示回车符，Chr(13) +Chr(10)表示回车换行符。

（4）字符串转换为数值。Val函数的作用是返回包含于字符串内的数字，字符串中是一个适当类型的数值。其语法格式为：

```
Val(C)
```

例如：

```
Print Val("123")           '结果为123
Print Val("123E2")         '结果为12300
Print Val("123A2")         '结果为123
Print Val("A123A2")        '结果为0
```

（5）数值转换为字符串。Str函数的作用是将一个数值表达式转换为一个字符串，且表达式的类型不变。其语法格式为：

```
Str(N)
```

参数N为一个Long型数值表达式，其中可包含任何有效的数值表达式。

当一数字转成字符串时，总会在前头保留一空位来表示正负。如果n为正，返回的字符串包含一前导空格暗示有一正号。

2. 取整函数Int和Fix

Int和Fix函数的作用都是返回参数的整数部分，其语法格式为：

```
Int(N) 和 Fix(N)
```

参数n是Double或任何有效的数值表达式，如果n包含Null，则返回Null。

3. 数制转换函数

Hex函数返回代表十六进制数值的字符，Oct函数返回代表一数值的八进制值，它们的语法格式为：

```
Hex(n) 和 Oct(n)
```

参数n为任何有效的数值表达式或字符串表达式。如果n不是一个整数，那么在执行前会先被四舍五入成最接近的整数。

2.5.4 日期时间函数

日期函数主要用于对日期和时间的操作，常见的日期时间函数见表2-11所列。

表2-11 常见的日期时间函数

函数	说明	实例	结果
Now	返回系统日期和时间(yy-mm-dd hh:mm:ss)	Now	2021-5-1 16：19：10
Date[$][()]	返回当前日期(yy-mm-dd)	Date$()	2021-5-1
DateSerial(年,月,日)	返回一个日期形式	DateSerial(21,5,3)	2021-5-3
DateValue(C)	返回一个日期形式，自变量为字符串	DateValue("21,5,3")	2021-5-3
Day(C|N)	返回月中第几天(1~31)	Day("2021-5-5")	5
WeekDay(C|N)	返回是星期几(1~7)	WeekDay("2021-5-4")	3(星期二)
WeekDayName(C|N)	返回星期代号(1~7)转换为星期名称，星期日为1	WeekDayName(3)	星期二
Month(C|N)	返回一年中的某月(1~12)	Month("2021-5-5")	5
Monthname(N)	返回月份名	Monthname(12)	十二月
Year(C|N)	返回年份(yyyy)	Year("2021-5-5")	2021
Hour(C|N)	返回小时(0~23)	Hour(Now)	16(由系统决定)
Minute(C|N)	返回分钟(0~!59)	Minute(Now)	31(由系统决定)
Second(C|N)	返回秒(0~59)	Second(Now)	42(由系统决定)
Timer[$][()]	返回从午夜算起已过的秒数	Timer	49623.46(由系统定)

续表

函数	说明	实例	结果
Time[$][()]	返回当前时间(hh:mm:ss)	Time	06: 36: 38(由系统定)
TimeSerial(时,分,秒)	返回一个时间形式	TimeSerial(1,2,3)	1: 02: 03
TimeValue(C)	返回一个时间形式，自变量为字符串	TimeValue("1: 2: 3")	1: 02: 03

2.5.5 格式输出函数

使用格式化函数Format()可以使数值、日期或字符型数据按指定的格式输出，Format函数的语法格式为：

```
Format(表达式[,格式字符串])
```

1. 数值型格式说明字符

常用的数值型格式说明字符见表2-12所列。

表2-12 常用的数值型格式说明字符

字符	说明	举例	结果
#	数字占位符，显示一位数字或什么都不显示。如果表达式在格式字符串中#的位置上有数字存在，那么就显示出来，否则，该位置什么都不显示	Format(123.45," ####.###")	"123.45"
0	数字占位符，显示一位数字或是零。如果表达式在格式字符串中0的位置上有一位数字存在，那么就显示出来，否则就以零显示	Format(123.45," 0000.000")	"0123.450"
.	小数点占位符	Format(123," 00.00")	"123.00"
,	千分位符号占位符	Format(1234.5," #,###.##")	"1,234.5"
%	百分比符号占位符，表达式乘以100。百分比字符(%)会插入到格式字符串中出现的位置上	Format(0.123," ###.#%")	"12.3%"
$	在数字前强加$	Format(1234," $000")	"$1234"
+	在数字前强加+	Format(-123," +000")	"-+123"
-	在数字前强加-	Format(-123," -000")	"--123"
E+	用指数表示	Format(-1234," 0.00E+0")	"1.23E+3"
E-	用指数表示	Format(-0.1234," 0.00E-0")	"-1.23E-1"

2. 时间日期型格式说明字符

常用的时间日期型格式说明字符见表2-13所列。

表 2-13 常用的时间日期型格式说明字符

符号	作用	符号	作用
D	显示日期（1~31），个位前不加 0	dd	显示日期（01~31），个位前加 0
ddd ddddddww	显示星期缩写（Sun~Sat）星期为数字（1~7，1 是星期日） 显示完整日期（yy/mm/dd）	dddd dddddww	显示星期全名（Sunday~Saturday） 显示完整长日期(yyyy 年 m 月 d 日) 一年中的星期数(1~53)
M	显示月份（1~12），个位前不加 0	mm	显示月份（01~12），个位前加 0
mmm	显示月份缩写（Jan~Dec）	mmmm	月份全名（January~December）
Y	显示一年中的天（1~366）	yy	两位数显示年份（00~99）
Yyyy	四位数显示年份（0100—9999）	q	季度数（1~4）
H	显示小时（0~23），个位前不加 0	hh	显示小时（0~23），个位前加 0
M	在 h 后显示分（0~59），个位前不加 0	mm	在 h 后显示分（0~59），个位前加 0
S	显示秒（0~9），个位前不加 0	ss	显示秒（00~59），个位前加 0
tttt	显示完整时间（小时、分和秒）默认格式为 hh:mm:ss	AM/PMam/pm	12 小时的时钟，中午前 AM 或 am，中午后 PM 或 pm
A/P,a/p	12 小时的时钟，中午前 A 或 a，中午后 P 或 p		

3. 字符型格式说明字符

常用的字符型格式说明字符见表 2-14 所列。

表 2-14 常用的字符型格式说明字符

字符	说明	实例	结果
@	字符占位符，显示字符或是空白。如果字符串在格式字符串中“@”的位置有字符存在，那么就显示出来；否则就在那个位置上显示空白。除非有惊叹号字符（！）在格式字符串中，否则字符占位符将由右到左被填充	Format(“ABCD”,“@@@@@@”)	” ABCD”
&	字符占位符，显示字符或什么都不显示，如果字符串在格式字符串中和号“&”的位置有字符存在，那么就显示出来否则就在那个位置上显示空白。除非有惊叹号字符（！）在格式字符串中，否则字符占位符将由右到左被填充	Format(“ABCD”,“&&&&&&”)	“ABCD”
<	强制小写，将所有字符以小写格式显示	Format(“ABCD”,“<&&&&&&”)	“ abcd”
>	强制大写，将所有字符以大写格式显示	Format(“abcd”,“>&&&&&&”)	“ ABCD”

字符	说明	实例	结果
!	强制由左至右填充字符占位符，缺省值是由右至左填充字符占位符	Format("ABCD" , "!&&&&&&")	"ABCD "

2.5.6 其他函数

VB中不但提供了可调用的内部函数，还可以通过Shell()函数调用其他应用程序。

Shell()函数的格式为：

```
Shell(命令字符串[,窗口类型])
```

其中：

(1)命令字符串：表示执行的应用程序名，包括其路径，它必须是可执行文件。

(2)窗口类型：表示执行应用程序的窗口大小，可以是0~4、6的整型数值。一般取1，代表正常窗口状态。默认值为2，表示窗口会以一个具有焦点的图标来显示。

Shell()函数的作用是在VB中调用一个可执行文件，返回一个Variant（Double），如果成功调用的话，该值代表这个程序的任务标识ID，若不成功，则会返回0。

例如：利用Shell()函数运行Windows的画图软件，命令如下。

```
i = Shell("C:\WINDOWS\system32\mspaint.exe", 1)
```

2.6 窗体

窗体是窗体设计器窗口的简称，是应用程序面向用户的最终窗口。窗体也是一种对象，由其属性定义外观，用方法定义其行为，通过事件设定与用户实现交互。因此，设计窗体也就是设计一个应用程序的操作界面。

当启动一个新的工程文件时，VB自动创建一个带图标的新窗体，命名为“Form1”。窗体内带有网点（称为网格）的窗口，这就是用户的窗体，它的外观大致与Windows中记事本窗口一样，窗体右上角也有最小化、最大化、关闭三个按钮。

2.6.1 窗体常用属性

窗体属性决定了窗体的外观，如大小、颜色和标题等，对窗体属性设置还可以改变窗体的结构。窗体常用属性有以下几种。

1. 名称

“名称”（Name）是任何对象（窗体、控件）都具有的标识名，在属性窗口定义对象（窗体、控件）名称，以便在程序中引用。对于任何一个可以在属性窗口设置其属性的对象，必须设置该属性的值。VB自动为每一个对象给定一个缺省值。

窗体名称“Name”，是窗体的标识名，其属性的缺省值为FormX（X为编号，从1，2，…依次顺延）。给VB中所有对象（窗体、控件）“名称”命名，都应遵循变量的命名规则。

“名称”只具有只读属性，它只能在程序设计阶段设置，不能在运行期间改变。名称不会显示在窗体上。

2. AutoRedraw

AutoRedraw（自动重画）决定窗体被隐藏或被另一窗口覆盖之后，是否重新还原该窗体被隐藏或覆盖以前的画面，即是否重画如Circle、Line、Pset和Print等方法的输出。

该属性可以通过属性窗口设置，其属性值为True时，可以重新还原该窗体以前的画面；若为False时，则不重新还原。该属性的默认属性为False，常用于多窗体程序设计中。该属性的设置也可以在运行时通过代码进行设置，语句格式为：

```
窗体名称.AutoRedraw[=Boolean]
```

3. BackColor与ForeColor

BackColor（背景色）属性用于设置窗体的背景颜色，ForeColor（前景色）属性用于设置在窗体里显示的图片或文本的颜色，即用来指定图形或文本的前景色。

4. BorderStyle属性

BorderStyle 属性用于设置窗体的边框样式，通过改变BorderStyle属性设置，可以控制窗体如何调整大小。Form对象的BorderStyle属性设置值见表2-15所列。

表2-15　BorderStyle属性设置

常数	设置值	描述
vbBSNone	0-None	无边框
vbFixedSingle	1-FixedSingle	单线边框，不可以改变窗口大小
vbSizable	2-Sizable	（缺省值）双线边框，可以改变窗口大小
vbFixedDouble	3-FixedDouble	双线框架，不可以改变窗口大小
vbFixedToolWindow	4-FixedToolWindow	窗体外观与工具条相似，只有关闭按钮，不可以改变窗口大小
vbSizableToolWindow	5-SizableToolWindow	窗体外观与工具条相似，只有关闭按钮，可以改变窗口大小

常与BorderStyle属性配合使用是ControlBox属性。

5. Height、Width、Top与 Left属性

这四个属性决定窗体（或控件）的大小和在容器中的位置。

（1）Height（高度）、Width（宽度）。这两个属性用来指定窗体的高度与宽度（包括边框宽度和标题栏高度），其度量单位是twip。（1 twip=1/20 点=1/1440 英寸=1/567 厘米）

例如：要让窗体的宽度变为3000 twip，高度变为6000twip，具体如下。

```
Form1.Width = 3000
```

```
Form1.Height = 6000
```

（2）Top（顶部）、Left（左边距）。通过这两个属性可以控制窗体的坐标（左上角）位置，其度量单位是twip。

注意：随着对象的不同，这个Top与Left的意义不同。当对象是窗体时，Top指的是窗体顶部与屏幕顶部的相对距离，Left指的是窗体左边界与屏幕左边界的间距；当对象是其他控件时，它们分别表示控件顶部、左边与窗体顶部、左边之间的距离。

例如：把Form1窗体移动到距屏幕顶部200 Twip，距屏幕左边距300 Twip的地方，程序如下。

```
Form1.Top =200
Form1.Left =300
```

例如：让窗体加载时，窗体的大小为屏幕的50%且居中显示，程序如下。

```
Private Sub Form_load()
  Form1.Width = Screen.Width * 0.5
  Form1.Height = Screen.Height * 0.5
  Form1.Left = (Screen.Width - Form1.Width) / 2   '居中显示
  Form1.Top = (Screen.Height - Form1.Height) / 2
End Sub
```

（3）Screen.Height属性是指屏幕的高度，即整个Windows桌面高度。

（4）Screen.Width属性是指屏幕的宽度，即整个Windows桌面宽度。

6. Caption标题属性

该属性用来设置对象上或标题栏上的显示内容，在外观上起到提示和标志的作用。当创建一个新窗体时，窗体的Caption标题属性值，为缺省的Name属性设置值，即Form1。

Caption属性可以在运行时中通过代码改变。语句格式为：

```
[窗体.]Caption[=字符串]
```

例如：

```
Form1.Caption = "test"  '窗体的标题为"test"
```

7. 字型Font属性组

字体属性用来设置输出字符的各种特性，包括字体、大小等，这些属性适用大部分控件。字体属性可以通过属性窗口设置，也可以在程序运行中通过代码改变。字体属性的设置操作及字型等概念与使用Word的设置字体格式基本一样。

（1）字体类型。FontName属性是字符型，决定对象上正文的字体（缺省为宋体）。语句格式为：

```
[窗体.]FontName[=字体类型]
```

例如：

```
form1.fontname="隶书"          '在屏幕上显示的字体为"隶书"
```

（2）字体大小。FontSize属性是整型，决定对象上正文的字体大小，语句格式为：

```
[窗体.] FontSize[=字号]
```

例如：

```
Text1.FontSize t=20          '设置文本框中的字体大小为20
```

（3）粗体字。FontBold属性是逻辑型，决定对象上正文是否是粗体，语句格式为：

```
[窗体.]FontBold[=Boolean]   'Boolean为逻辑值 True(真) / False(假)
Form1.FontBold = True         '让打印字体加粗
```

（4）斜体字。FontItalic属性是逻辑型，决定对象上正文是否是斜体，语句格式为：

```
[窗体.] FontItalic [=Boolean]
```

（5）加删除线字。FontStrikeThru属性是逻辑型，决定对象上正文是否加一删除线，语句格式为：

```
[窗体.] FontStrikeThru [=Boolean]
```

（6）加下划线字。FontUnderLine属性是逻辑型，决定对象上正文是否带下划线，语句格式为：

```
[窗体.]FontUnderLine [=Boolean]
```

注意：如果省略对象名称，则指的是当前窗体；设置一种属性后，该属性立即生效，并且不会自动撤销，可以利用上述方法重新设置，才能改变该属性值。

8. Enabled（允许）（逻辑值）

每个对象都有一个Enabled属性。该属性用来激活对象或禁止使用对象，即决定对象是否可操作。当一个对象的Enabled属性设置为True（真）时，允许用户进行操作，并对操作出响应（缺省值为True）；当一个对象的Enabled属性设置为False（假）时，控件呈暗淡色，禁止用户进行操作。

窗体Enabled属性决定运行时窗体是否响应用户事件。在程序运行时可以看到改变Enabled属性的效果。若Enabled已设为False，则点击按钮窗体不会有反应。

该属性可以通过属性窗口设置，也可以在运行时通过代码进行设置，语句格式为：

```
[窗体.]Enabled[=Boolean]
```

9. Visible（可见）属性（逻辑值）

当一个对象的Visible属性设置为False时，程序运行时不能看见；只有当Visible属性值变为True时，才能被看见。

窗体Visible属性决定程序运行时窗体是否可见。当Visible为False时，窗体是不可见的；若值改为True，运行时窗体则可见。

该属性可以通过属性窗口设置，也可以在运行时通过代码进行设置，语句格式为：

```
[窗体.]Visible[=Boolean]
```

10. Icon控制图标属性

使用该属性返回或设置窗体左上角显示或最小化时显示的图标。该属性设置可以在设计时通过属性窗口加载指定图标，所加载的文件是图标(.ico)文件。如果不指定图标，窗体会使用VB缺省图标。该属性也可以在运行时通过代码进行设置，语句格式为：

```
[窗体.]Icon
Form1.Icon = LoadPicture("D:\PLANE2.ICO")   'P2.ICO图标必须在
                                             "D:\目录中"
```

11. Picture图片属性

设置窗体中要显示的图片。加载图片操作同Icon控制图标属性。

12. WindowState属性

设置一个窗体窗口运行时，窗体最小化、最大化和原形这三种可见状态。该属性设置可以在设计时由属性窗口设置，WindowState属性设置如表2-16所示。

表2-16　WindowState属性设置

常数	设置值	含义
vbNormal	0-Normal	(缺省值)正常窗口状态，有窗口边界
VbMinimized	1-Minimized	最小化状态，以图标方式运行
VbMaximized	2-Maximized	最大化状态，无边框，充满整个屏幕

WindowState属性设置也可以在运行时通过代码进行设置，语句格式为：

```
[窗体.]WindowState = [常数或设置值]
```

2.6.2　窗体常用方法

1. 显示窗体Show方法

Show方法用于在屏幕上显示一个窗体，调用Show方法与设置窗体Visible属性为True具有相同的效果。如果要显示的窗体事先未装入，该方法会自动将窗体先装入内存再显示。其语句格式为：

```
[窗体名称.] show [模式]
```

如果省略[窗体名称.]参数，则表示显示当前窗体。

“模式”用来确定窗体的状态，其值有0和1，其中：

"0"表示"非模式型"(系统默认值),在此模式下,不但可以对本窗体进行操作,而且允许同时对其他窗体进行操作。

"1"表示"模式型",在此模式下,只有关闭本窗口后,才允许对其他窗体进行操作。

2. 隐藏窗体

用Hide方法可以隐藏指定的窗体,即窗体不在屏幕上显示,但该窗体仍驻留在内存。因此,它与UnLoad语句的作用不一样。另外,当一个窗体从屏幕上隐去时,其Visible属性被设置成False,并且该窗体上的控件也变得不可访问,但对运行程序间的数据引用无影响。利用Hide方法会装入指定窗体,但并不显示。其语句格式为:

```
[窗体名称.] Hide
```

如果省略[窗体名称.]参数,则表示隐藏当前窗体。例如:

```
Form1.Hide    '使Form1窗体隐藏
```

3. Cls方法

Cls方法用来清除运行时在窗体或图片框中显示的文本或图形。语句格式为:

```
[窗体名称.] Cls
```

使用Cls方法后,图形坐标中两坐标轴的x与y值均被置为0;不能清除窗体在设计时添加的控件及用Picture属性装入的图形;"对象"选项省略时指窗体。

> 注意:清屏后坐标当前回到原点,即对象的左上角0,0。

4. Move方法

Move方法用于移动窗体或控件,并改变其大小。其语句格式为:

```
[对象.]Move <左边距离>[,上边距离[,宽度[,高度]]]
```

若省略"对象",则默认"对象"为窗体,"对象"可以是除时钟、菜单外的所有控件。左边距离、上边距离、宽度、高度等数值表达式,以twip(缇)为单位。如果对象是窗体,则"距离"以屏幕为参照;若为"控件",则以窗体为参照。

2.6.3 窗体常用事件

1. Load(装入)事件

Load事件常用在启动程序时,对控件属性和程序中所用变量进行初始化。Load事件的语句格式为:

```
Load <窗体名称>
```

> 注意:用Load语句只是把窗体装载到内存,该窗体不会自动成为可视窗体。此时若在对装载到内存中窗体上已存在的控件设置焦点,则会提示有错误。因此必须使用窗体的Show方法进行配合,让窗体变为可视窗体。

例如：执行下面程序观察窗体上的显示结果。

```
Private Sub Form_Load()      '窗体装载
Dim x As Integer, y As Integer
x = 1: y = 1                  '数据初始化
End Sub
```

2. UnLoad(卸载)事件

用Unload语句，其功能与Load语句相反，清除内存中指定的窗体。Unload事件的语句格式为：

```
UnLoad <窗体名称>
```

注意：窗体卸载后，如果要重新装入窗体，则新装入窗体上的所有控件都被重新初始化。

3. Click事件

Click事件是在一个对象上按下一个鼠标按钮然后释放时发生，它也会发生在一个控件的值改变时。

对一个Form对象来说，该事件是在单击一个空白区或一个无效控件时发生。

Click事件语句格式为：

```
Private Sub Form_Click( )
```

4. DblClick事件

对于窗体而言，当双击被禁用的控件或窗体的空白区域时，DblClick 事件发生。

5. Activate事件

当对象窗体成为活动窗口时，Activate事件发生。

6. Deactivate事件

当对象窗体成为非活动窗口时，Deactivate事件发生。

当一个窗体启动(被加载)时，就发生Activate 事件。当对多个窗体操作时，即从一个窗体切换到另一个窗体，每次切换一个窗体时，就发生Activate事件，而前一个窗体发生Deactivate事件。

7. Resize事件

当一个对象第一次显示或当一个对象的窗口状态改变时Resize事件发生。例如，一个窗体被最大化、最小化或被还原。此事件发生必须在ControlBox属性设置为Ture时才有效。

第3章

VB程序设计基础

VB中的语句是执行具体操作的指令。顺序结构就是程序的各语句按出现的先后次序执行。在VB中构成顺序结构的主要由赋值语句、输入语句、输出语句等组成。输入语句、输出语句可以通过文本框控件、标签控件、Print方法、InputBox函数、MsgBox函数和过程等来实现。

3.1 VB基本语句

3.1.1 赋值语句

给变量赋值和设定属性是VB编程中常见的两个任务，赋值语句时程序设计中最基本的语句，也是为变量和事件的属性赋值的主要的方法。

1. 格式

```
<变量名>=<表达式>
或：[<对象名>].<属性名>=<表达式>
```

2. 功能

首先计算“=”号(称为赋值号)右边的表达式的值，然后将此值赋给赋值号左边的变量或对象属性。表达式可以是任何类型的表达式，一般应与变量名的类型一致，当表达式的类型与变量的类型不一致时，强制转换成“=”号左边的类型。

例如：

```
A=100                          '把数值常量100赋给变量A
N=N+3                          '将变量N的值加1后再赋给N
Text1.Text="hello!"            '为文本框显示字符串
Text1.Text=""                  '清除文本框的内容
```

3. 说明

<变量名>应符合VB的变量命名约定。

<表达式>可以是常量、变量、表达式及带有属性的对象。

<对象名>缺省时为当前窗体。

4. 注意事项

（1）赋值号“=”与数学中的等号意义不同。

例如：语句x = x + 1表示将变量x的值加1后的结果再赋给变量x，而不是表示等号两边的值相等。

（2）赋值号与关系运算符等于都用“=”表示，但系统不会产生混淆，会根据所处的位置自动判断是何种意义的符号。也就是说，在条件表达式中出现的是等号，否则是赋值号。

（3）赋值号左边只能是变量，不能是常量、常数符号、表达式。

下列语句均为正确的赋值语句：

```
X=4
Ms="Good"
Command1.Caption="求和"
```

下列语句均为错误的赋值语句：

```
sin(x)=x+y            '左边是表达式，即标准函数的调用
6=x+z                 '左边是常量
x+y=5                 '左边是表达式
```

（4）变量名或对象属性名的类型应与表达式的类型相容。所谓相容是指变量名或对象属性名能够正确存取赋值号右边的表达式的值。例如：

```
Dim A As Integer,B As Single
Dim C As Double,S As String
A=100          '将整型数100赋给整型变量A
S="123.45"     '将字符串"123.45"赋给变量S
A=S            '将数字字符串变量赋给整型变量，变量A中存放123
S=A            'S中存放字符串"123"
B=1234.56
A=B            '将单精度变量赋值给整型变量，先四舍五入后取整，A中存放1235
C=123456.789
B=C            '将双精度变量赋值给单精度变量，变量B中存放123456.8
S="abc"
A=S            '错误，类型不匹配
```

（5）变量未赋值时，数值型变量的值为0，字符串变量的值为空串。

（6）不能在一条赋值语句中，同时给多个变量赋值。

例如：要对x、y、z三个变量赋初值1，下面语句语法上没错，但结果不正确。

```
Dim x%,y%,z%
x=y=z=1
```

执行该语句前变量x、y、z的值默认是0，VB在编译时，将右边两个“=”作为关系运算符

处理，先进行y=z比较，结果为True（-1）；接着True=1比较结果为Flase（0）；最后将False赋值给x。因此最后三个变量中的值任为0，正确书写应用三个赋值语句来完成。

3.1.2 注释语句

为了提高程序的可读性，通常在程序的适当位置加上必要的注释。在VB中用单引号或Rem来标识一条注释语句。其格式为：

```
'|Rem <注释内容>
```

例如：

```
Rem 2021年完成
Prinate Sub Form_click( )
Dim a$                          '定义一个字符串变量
a=" Visual Basic 6.0"           '为变量赋值
printf a                        '打印a的内容
```

说明：

（1）注释语句时非执行语句，不参加程序的编译，对程序的运行结果毫无影响。但在程序清单中，注释语句被完整地显示出来。

（2）注释内容可以是任意字符。

（3）注释语句除用来注释外，在调试程序是，还可以用它将某些语句暂时删除。这种删除不同于彻底删除，若继续调试时发现暂时删除的语句有用，去除注释标记即可。

（4）注释语句在程序中呈绿色，很容易和非注释语句区别。

3.1.3 结束语句

结束语句的格式：End

End语句用来结束程序的执行，并关闭已打开的文件。

例如：

```
Private Sub command3_Click( )
 End
End Sub
```

该过程用于结束程序，单击Command3按钮，结束程序的运行。

若一个程序没有End语句，此时要结束程序必须执行“运行”菜单中的“结束”命令，或单击工具栏中的“结束程序”图标。为了保持程序的完整性，特别是要求生成EXE文件的程序，应该含有End语句，并通过End语句结束程序的执行。

3.2 数据输出和输入

一个程序通常包含三个部分，即输入、处理和输出。输入就是把要加工的初始数据通过某种外部设备（如键盘、磁盘文件等）输入计算机的存储器中；输出是把处理结果输出到指定设备（如显示器、打印机等），把数据以完整、有效的方式提供给用户。

在VB中，可使用Print方法、消息框（MsgBox）函数或语句、文本框（TextBox）控件和标签（Label）控件来实现输出。

3.2.1 Print方法及相关函数

1. Print方法

Print方法可以在窗体、图片框、打印机和立即窗口等对象上输出数据。Print方法的格式为：

```
[<对象名>.]Print[[Spc(n)|Tab(n)]][<表达式列表>][;|,]
```

Print方法具有计算和输出双重功能。对于表达式，先计算表达式的值，然后输出。在代码窗口输入Print关键字时可以只键入“?”，VB会自动将其翻译成Print。

说明如下：

（1）“对象名”可以是窗体、图片框或打印机。如果省略对象名，则在当前窗体上输出。

例如：

```
Form1.Print "欢迎使用Visual Basic"          '在窗体Form1上显示字符串
Picture1.Print "欢迎使用Visual Basic"       '在图片框上显示字符串
Debug.Print "欢迎使用Visual Basic"          '在立即窗口中显示字符串
Printer.print "欢迎使用Visual Basic"        '在打印机上打印字符串
```

（2）Spc（n）函数：从当前打印位置起空n个空格。

（3）Tab（n）函数：从最左端开始自己算的第n列。

（4）“表达式列表”中的表达式可是算术表达式、字符串表达式、关系表达式或逻辑表达式。对于数值表达式，打印出表达式的值；对于字符串则照原样输出。如果省略“表达式表”，则输出一个空行。输出数据时，数值数据的前面有一个符号位，后边有一个空格，但字符串前面既不需要符号位，后面也没有空格。例如：

输出是，数值型数据前面有一个符号位（正号不显示），后面留一个空格位；字符串原样输出，前后无空格。例如：

```
Private Sub Form_Activate()
a=10
c$="欢迎使用Visual Basic"
Print a
Print c$                        '直接输出字符串变量
Print                           '输出一个空行
```

```
Print "欢迎使用Visual Basic"    '直接输出字符串，应把字符串放在双引号里
End Sub
```

输出结果为：

```
10
欢迎使用Visual Basic
```

（5）分号：定位在上一个被显示的字符之后。逗号：定位在下一个打印区开始出（每个打印区 14 列）。

Print方法有两种显示格式：分区格式和紧凑格式。当各表达式之间用逗号作为分隔符时，则按分区格式显示数据项，以 14 个字符位置为单位把一个输出行分成若干区段，每个区段输出一个表达式的值。当各表达式之间用分号作为分隔符时，则按紧凑格式输出数据，后一项紧跟前一项输出。

例如：

```
Private Sub Form_Activate( )
Print "12345678901234567890"
Print "2+4=";2+4
Print "2-4=",2-4
End Sub
```

输出结果：

```
12345678901234567890
2+4= 6
2-4= -2
```

Print语句句尾无分号或逗号，表示输出后换行。一般情况下，每执行一次Print方法都要自动换行，即每次执行Print时，都会在新的一行上输出数据。如果要在同一行上输出数据，则可以在末尾加上分号或逗号。

例如：

```
Private Sub Form_Activate( )
Print "12345678901234567890"
Print "2+4=";2+4,
Print "2-4=";
Print 2-4
End Sub
```

输出结果：

```
12345678901234567890
2+4= 6        2-4= -2
```

如果省略<表达式列表>，则输出一个空行或取消前面Print末尾的逗号或分号的作用。

例如：

```
Private Sub Form_Activate( )
Print "12345678901234567890"
Print                  '产生空行
Print "2+4=";2+4,
Print                  '取消上面一句末尾逗号的作用
Print "2-4=";
Print 2-4
End Sub
```

输出结果：

```
12345678901234567890

2+4=6
2-4=-2
```

（6）注意：Print方法再Form_Load事件过程中不起作用，若要在Form_Load事件中显示数据，必须使用show方法或把AutoRedraw属性设置为True。

例如，前面的例子可以改为：

```
Private Sub Form_Load( )
Form1.Show
Print "12345678901234567890"
Print "2+4=";2+4
Print "2-4=",2-4
End Sub
```

输出结果：

```
12345678901234567890
2+4= 6
2-4= -2
```

2. 与Print方法有关的函数

（1）Tab函数。

格式：`Tab[(n)]`

功能：在指定的第n个位置上输出数据

说明：若n小于当前显示位置，则自动移到下一个输出行的第n列上；若n小于1，则打印位置在第1列；若省略此参数，则将插入点移到下一个打印区的起点。

当在Print方法中有多个Tab()函数时，每个Tab()函数对应一个输出项，各输出项之间用分号分隔。

实例 3.1 Tab函数的用法。

```
Private Sub Form_Activate()
```

```
Print "12345678901234567890"
Print "Hello"; Tab(10); "world" ' 第二个输出项在第 10 列输出
Print "Hello"; Tab; "world"    'Tab 函数无参数，第二项在第二个打印区输出
Print "Hello"; Tab(4); "world"   'n 小于当前打印位置，第二项在下一行输出
Print Tab(-5); "Hello"      'n 小于 1，在第一列输出
End Sub
```

输出结果如图 3-1 所示。

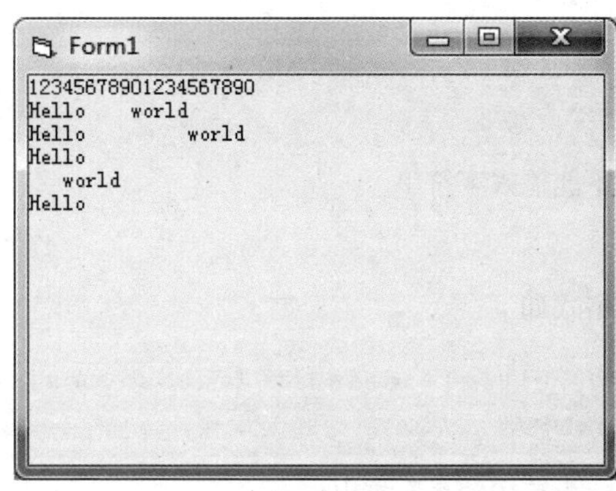

图 3-1　使用 Tab 函数示例

（2）Spc 函数。

格式：Spc(n)

功能：跳过 n 个空格

说明：n 是一个数值表达式，表示空格数。

例如：Print "Hello"; Spc(3); "world"

输出结果：Hello   World

Spc() 函数与输出项之间用分号分隔。

Spc() 函数表示两个输出项之间的间隔，Tab 函数总是从对象的左端开始计数。

（3）Format 函数。

格式：Format(表达式[,"格式字符串"])

功能：使数值、日期或字符串按指定的格式输出

说明：

①“表达式”可以是数值型、日期型或字符型表达式。

②“格式字符串”是一个字符串常量或变量，由专门的格式说明符组成。这些说明符决定了“表达式”的显示格式和长度。当“格式字符串”是字符串常量的时候，必须放在双引号中。

③如果省略“格式字符串”，则 Format() 函数分功能与 Str 函数基本相同，唯一的差别是，当把正数转换成字符串时，Str() 函数在字符串前面留有一个空格，作为正负号空间，而 Format() 函数则不留空格。

3.2.2 InputBox函数

InputBox函数用于将用户从键盘输入的数据作为函数的返回值返回到当前程序中，该函数使用的是对话框界面，可以提供一个良好的交互环境。

在使用该函数时，可以返回两种类型数据：数值型数据、字符串型数据。

1. 数值型数据

数值型数据的函数格式如下：

```
InputBox(prompt[,title][,default][,xpos,ypos]
[,helpfile,context])
```

此时，只能输入数值不能输入字符串。

2. 字符串型数据

字符串型数据的函数格式如下：

```
InputBox$(prompt[,title][,default][,xpos,ypos]
[,helpfile,context])
```

此时，可以输入数值，也可以输入字符串。

上述两种类型的使用格式类似，只是返回值为字符串型数据的函数名的尾部多一个$符号。

说明：

（1）Prompt为字符型变量，用于表示出现的对话框中的提示信息。可以通知用户该对话框要求输入何种数据，一般此提示信息在一行内不能容纳时会自动换行到下一行输出，但总长度不能超过1024个字符，否则会被删掉。如果要自己指定换行位置时，可以在适当的位置添加回车符Chr（13）、换行符Chr（10）、回车换行符的组合Chr（13）&Chr（10）或系统常量vbCrLf来换行。使用时，此参数不能省略。

（2）Title为字符串型变量，用于表示对话框的标题信息，即对话框的名称。可以简单介绍对话框的功能，一般在对话框顶部的标题栏中显示。使用时，此参数可以省略。

（3）Default为字符串型变量，用于显示在输入区内默认的输入信息。一般此参数为该对话框常用的输入值，使用此参数是为了方便用户输入。使用时，此参数可以省略。

（4）xpos为整型数值变量，用于表示对话框与屏幕左边界的距离值，即该对话框左边界的横坐标，单位是缇（twip，一英寸=1440缇）。

（5）ypos也是一个整型数值变量，用于表示对话框与屏幕上边界的距离值，即该对话框上边界的纵坐标，单位也是缇。一般在使用时，xpos和ypos是成对出现的，可同时给出，也可以全部省略。在省略时，系统会给出一个默认数值，令对话框出现在屏幕中间偏上的位置。

（6）Helpfile为字符串变量或字符串表达式，用于表示所要使用的帮助文件的名字。使用时，此参数可以省略。

（7）Context为一个数值型变量或表达式，用于表示帮助主题的帮助号。此参数与helpfile一起使用，可以同时存在，也可以全部省略。

实例 3.2 编写程序，输入姓名、年龄、两门课的成绩，在窗体上打印姓名、年龄和两门课成绩的和，用InputBox( )函数输入数据。

```
Private Sub Form_Click()
Title = "InputBox函数示例"
msg1 = "请输入你的姓名"
msg2 = "请输入你的年龄"
myname = InputBox(msg1, Title)
myage = InputBox(msg2, Title)
num1 = Val(InputBox("请输入第一门课的成绩:", Title))
num2 = Val(InputBox("请输入第二门课的成绩:", Title))
Print "Name:"; myname; ",Age:"; myage, "Total:"; num1 + num2
End Sub
```

运行程序，出现如图 3-2 所示的输入界面，先输入姓名。

再输入年龄及两门课的成绩，输入完成后，显示输出界面，如图 3-3 所示。

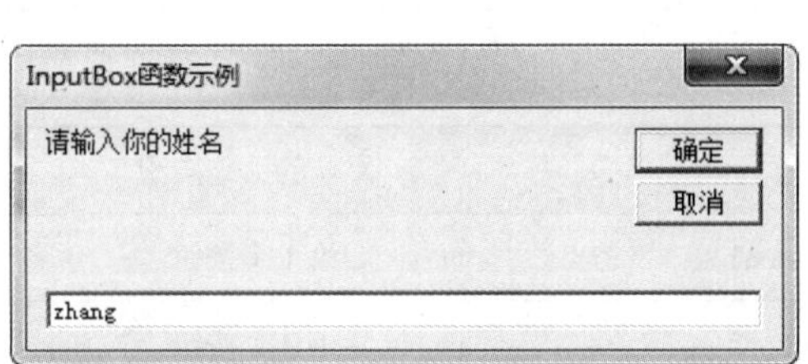

图 3-2 InputBox函数输入姓名

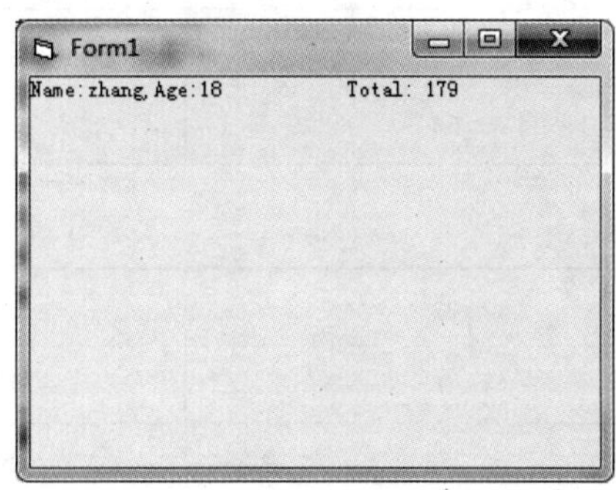

图 3-3 InputBox函数输出界面

3.2.3 MsgBox函数

使用MsgBox函数可以产生一个对话框来显示消息。当用户单击某个按钮后，将返回一个数值以标明用户单击了哪个按钮。

语法格式如下：

```
变量= MsgBox(提示[,对话框类型[,对话框标题]])
```

其中：

(1)“提示”指定在对话框中显示的文本。在“提示”文本中使用回车符(Chr(13))、换行符(Chr(10))或回车换行符(Chr(13)+Chr(10))，可以使显示的文本换行。

(2)“对话框标题”指定对话框的标题。

(3)“对话框类型”指定对话框中出现的按钮和图标，一般有 3 个参数，其取值和含义见表 3-1、表 3-2 和表 3-3 所列。

表 3-1　参数 1（出现按钮）

值	符号常量	显示的按钮
0	vbOKOnly	“确定” 按钮
1	vbOKCancel	“确定” 和 “取消” 按钮
2	vbAbortRetryIgnore	“终止” “重试” 和 “忽略” 按钮
3	vbYesNoCancel	“是” “否” 和 “取消” 按钮
4	VbYesNo	“是” 和 “否” 按钮
5	vbRetryCancel	“重试” 和 “取消” 按钮

表 3-2　参数 2（图标类型）

值	符号常量	显示的图标
16	vbCritical	停止图标
32	vbQuestion	问号图标
48	vbExclamation	感叹号图标
64	vbInformation	消息图标

表 3-3　参数 3（默认按钮）

值	符号常量	默认的活动按钮
0	vbDefaultButton1	第 1 个按钮
256	vbDefaultButton2	第 2 个按钮
512	vbDefaultButton3	第 3 个按钮

这 3 种参数值决定了对话框的模式。可以把这些参数值（每组值只取一个）相加以生成一个组合的按钮参数值。例如：

```
y=MsgBox("输入的文件名是否正确",52,"请确认")
```

显示的对话框如图 3-4 所示。其中 52 = 4 + 48 + 0 表示显示两种按钮（“是” 和 “否”）、采用感叹号图标和指定第一个按钮为默认的活动按钮。

（4）MsgBox 返回值指明了用户在对话框中选择了哪一个按钮，见表 3-4 所列。

表 3-4　函数返回值

返回值	符号常量	所对应的按钮
1	vbOK	“确定” 按钮
2	vbCancle	“取消” 按钮
3	vbAbort	“终止” 按钮
4	vbRetry	“重试” 按钮

续表

返回值	符号常量	所对应的按钮
5	vbIgnore	“忽略”按钮
6	vbYes	“是”按钮
7	vbNo	“否”按钮

（5）选项中的值可以是数值，也可以是符号常量，例如：

```
x=vbYesNoCancel+vbQuestion+vbDefaultButton1
y=MsgBox("输入的文件名是否正确",x,"请确认")
```

（6）如果省略了某一选项，必须加入相应的逗号分隔符，例如：

```
y=MsgBox("输入的文件名是否正确", ,"请确认")
```

（7）若不需要返回值，则可以使用MsgBox的语句格式：

```
MsgBox 提示[,对话框类型[,对话框标题]]
```

实例3.3 设计一个密码输入的简单检验程序，程序的圆形截面如图3-4所示。密码假定为“123456”，密码输入时在屏幕上不显示输入的字符，而以“*”代替。

输入密码后，单击“确定”按钮，当输入密码正确时，通过消息框显示信息“欢迎您用机！”；当输入密码不对时，弹出如图3-5所示的消息框，显示信息“密码错误！”和按钮“重试”及“取消”。当用户单击“重试”按钮时，MsgBox函数返回值4，通过条件判断后执行Text1.SetFocus（焦点定位在原输入的文本框，共用户再输入）；当用户单击“取消”按钮时，MsgBox函数返回值2，则弹出消息框显示信息“密码错误，不重试了！”和结束程序。

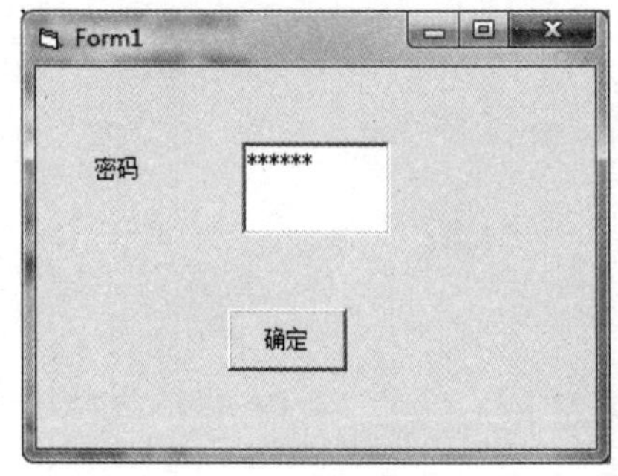

图3-4　密码检验运行界面

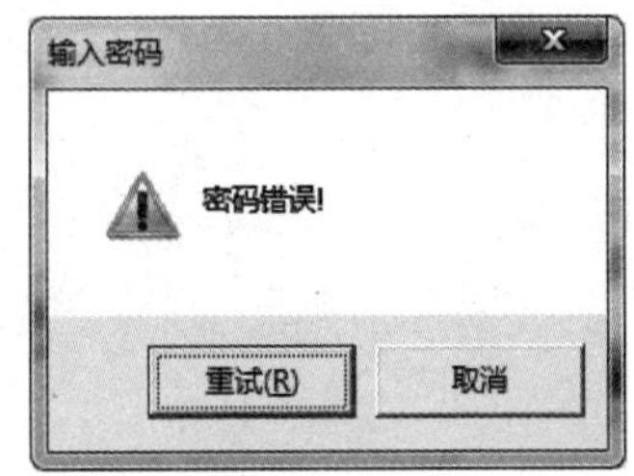

图3-5　密码输入错误时弹出的消息框

（1）创建用户界面和设置对象的属性。在窗体上放置一个标签（显示“密码”）、一个文本框Text1和一个命令按钮Command1。文本框用于输入密码，故在Form_Load事件过程代码中加入语句Text1.PasswordChar=“*”。

（2）编写程序代码。

```
Private Sub Command1_Click()
Dim p As Integer
If Text1.Text = "123456" Then
```

```
MsgBox "欢迎您用机! "
Else
p = MsgBox("密码错误!", 5 + 48, "输入密码")
 '在消息框上显示"重试"和"取消"按钮,以及"!"图标
If p = 4 Then
    Text1.Text = ""
    Text1.SetFocus
Else
    MsgBox "密码错误,不重试了! "      '若单击了"取消"按钮,又会弹出另一消
息框
End
End If
End If
End Sub

Private Sub Form_Load()
    Text1.PasswordChar = "*"
    Text1.Text = ""
End Sub
```

3.3 基本控件

VB 中的控件分为 3 类：标准控件（也称内部控件）、ActiveX 控件和可插入对象。

控件以图标的形式在如图 3-6 所示的“工具箱”中列出。启动 Visual Basic 后，工具箱内显示的是标准控件。

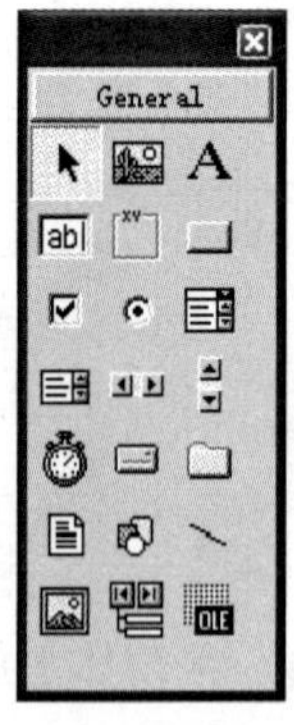

图 3-6　控件工具箱

3.3.1　标准控件

Visual Basic 提供了二十多个标准控件供用户在设计时使用，标准控件的名称、作用分类见表 3-5 所列。

表3-5 标准控件

图标	名称	作用
	Pointer（指针）	在选择指针后只能改变窗体中绘制的控件的大小，或移动这些控件
	Label（标签）	用于显示（输出）文本，但不能输入或编辑文本
	TextBox（文本框）	用于输入、输出文本，并可以对文本进行编辑
	PictureBox（图片框）	显示图形或文字。可以装入多种格式图形，接受图形方法的输出，或作为其他控件的容器
	Image（图像框）	在窗体上显示位图、图标或源文件中的图形图像。Image控件与PictureBox相比，它使用的资源要少一些
	CommandButton（命令按钮）	选择它来执行某项命令
	Frame（框架）	对控件进行分组
	OptionButton（单选按钮）	允许显示多个选项，但只能从中选择一项
	CheckBox（复选框）	又称检查框，允许有多个选择，或者不选
	ComboBox（组合框）	为用户提供对列表的选择，可看作文本框和列表框的组合
	ListBox（列表框）	用于显示项的列表，可从这些项中选择一项
	HScrollBar（水平滚动条）	用于表示一定范围内的数值选择。可快速移动很长的列表或大量信息，可在标尺上指示当前位置，或作为速度或数量的指示器
	VScrollBar（垂直滚动条）	同HscrollBar控件，唯一不同的是一个是水平的，一个是垂直的
	Timer（计时器）	在指定的时间间隔内产生定时器事件。该控件在运行时不可见
	DriveListBox（驱动器列表框）	显示当前系统中驱动器列表
	DirListBox（目录列表框）	显示当前驱动器上的目录列表
	FileListBox（文件列表框）	显示当前目录中的文件列表
	Shape（形状）	在窗体上绘制矩形、圆角矩形、正方形、圆角正方形、椭圆形或圆形

续表

图标	名称	作用
	Line（直线）	在窗体上画直线
	Data（数据）	用于访问数据库
	OLE（OLE 容器）	用于对象的链接与嵌入

创建窗体以后，在设计用户界面时，用户可以使用工具箱中的各种控件，根据自己的需求在窗体上画出各种控件，并设置界面控件的行为和功能。本节将介绍控件的画法和基本操作。

1. 控件的画法

在窗体上画一个控件有两种方法。

（1）拖动鼠标在窗体上画一个控件。以画标签为例，步骤如下：

①单击工具箱中的标签图标；

②把鼠标移到窗体上，此时鼠标的光标变为“+”号（“+”号的中心就是控件左上角的位置）；

③把“+”号移到窗体的适当位置，拖动鼠标，窗体上画出一个方框，即在窗体上画出一个标签。

（2）双击工具箱中的某个控件图标，就可以在窗体中央画出该控件，控件的大小和位置是固定的。

这两种画法都是每次操作创建一个控件，如果要画多个一样的控件，就必须执行多次操作。为了能单击一次控件图标即可在窗体上画出多个相同类型的控件，可按如下步骤操作。

①按住 Ctrl 键；

②单击工具箱中要画的控件图标，然后松开 Ctrl 键；

③在窗体上画出控件（一个或多个）；

④画完后，单击工具箱中的指针图标（或其他图标）。

2. 控件的基本操作

在窗体上画出控件后，其大小、位置不一定符合要求，此时可以对控件的大小、位置进行修改。

（1）控件的选择。画完一个控件后，在该控件的边框上显示 8 个黑色小方块，表明该控件是“活动”的。要对控件进行操作，首先要选择要操作的控件，即成为活动控件（或当前控件）。刚画完的控件，就是活动控件。不活动的控件不能进行任何操作，只要单击一个不活动的控件，就可把这个控件变为活动控件。而单击控件的外部任意位置，就会把这个控件变为不活动的控件。

如果需要对多个控件进行操作，如移动、删除多个控件，对多个控件设置相同属性等。为了对多个控件进行操作，首先必须选择多个控件，通常有两种方法：

第一种，按住 Shift 键，然后单击每个要选择的控件。

第二种，把鼠标移到窗体的适当位置（没有控件的地方），然后拖动鼠标，画出一个虚线矩形，该矩形内或边线经过的控件，即被选中。

在被选择的多个控件中，有一个控件的周围是实心小方块（其他是空心小方块），这个控件称为“基准控件”。对被选择的控件进行调整大小、对齐等操作时，以“基准控件”为准。

（2）控件的缩放和移动。当控件处于活动状态时，直接用鼠标拖拉上、下、左、右小方块，即可使控件在相应的方向上放大或缩小；如果拖拉 4 个角上的某个小方块，则可以使控件在该相邻相信的两个方向上同时放大或缩小。

把鼠标指针移到活动控件的内部，按住鼠标左键拖动，则可以把控件拖拉到窗体内的任何位置。

除此之外，还可以通过改变属性列表中的某些属性值来改变控件或窗体的大小、位置。在属性列表中，有 4 种属性与窗体及控件的大小和位置有关，即 Width，Height，Top 和 Left。在属性窗口中单击属性名称，其右侧一列即显示活动控件或窗体与该属性有关的值（一般以 twip 为单位），此时键入新的值，即可改变大小或位置。其位置由 Top 和 Left 确定，大小由 Width 和 Height 确定。

（3）控件的复制和删除。VB 允许对画好的控件进行复制，首先选择要复制的控件，执行“复制”命令（编辑菜单中），然后执行“粘贴”命令，屏幕上将显示一个对话框，询问是否要建立控件数组，单击“否”按钮后，就把选择的控件复制到窗体的左上角，再拖动到合适的位置，即完成复制。

要删除一个控件，首先将控件变为活动控件，然后按“Del”键，即可删除该控件。

（4）多个控件的操作。在窗体的多个控件之间，经常要进行对齐和调整。主要包括：

①多个控件的对齐；

②多个控件的间距调整；

③多个控件的统一尺寸；

④多个控件的前后顺序。

具体操作时，先选择多个控件，然后使用“格式”菜单的“对齐”“统一尺寸”等选项，或在“视图”菜单的“工具栏”中选择“窗体编辑器（Form Editor）”打开窗体编辑器工具栏，使用其中的工具进行操作。也可以通过属性窗口修改，选择了多个控件以后，在属性窗口只显示它们的共同属性。如果修改其属性值，则被选择的所有控件的属性值都将做相应的改变。

3. 控件的命名和控件值

（1）控件的命名约定。每一个窗体和控件都有自己的名称，也就是 Name 属性值。在建立窗体或控件时，系统自动给窗体或控件一个名称，如 Label1，Command1 等。如果在窗体上画出几个相同类型的控件，则控件名称中的序号自动增加，如文本框控件 Text1、Text2、Text3 等。同样，在应用程序中增加窗体，窗体名称的序号也自动增加，如 Form1、Form2 和 Form3 等。

使用系统默认的名称，会使程序的可读性比较差。为了能“见名知义”，提高程序的可读性，最好用具有一定意义的名字作为对象的 Name 属性值，这样从名字上就能看出对象的类型。一种比较好的命名方式是，用 3 个小写字母作为对象的 Name 属性的前缀。因此，一个控件的命名采取如下的方式。

控件前缀(用于表示控件的类型)+控件代表的意义或作用

例如，若 Command1 命令按钮的作用是确定，可将命名为“cmdOk”，其中“cmd”是前缀，表明它是一个命令按钮控件，“Ok”表明按钮的意义是确定。再如：cmdWelcome，txtDisply，cmdEnd，frmFirst 等。

建议使用的部分对象的命名前缀及只写对象名不写属性名时系统默认的属性见表 3-6 所列。

表 3-6　部分对象的命名前缀及默认属性

对象	默认属性	前缀	举例
Form(窗体)	Caption	frm	frmMain
Label(标签)	Caption	lbl	lblTitle
TextBox(文本框)	Text	txt	txtName
PictureBox(图片框)	Picture	pic	picMove
Image(图像框)	Picture	img	imgDisp
CommandButton(命令按钮)	Value	cmd	cmdOk
Frame(框架)	Value	fra	fraCity
OptionButton(单选按钮)	Value	opt	optItalic
CheckBox(复选框)	Value	chk	chkBold
ComboBox(组合框)	Text	cbo	cboAuthor
ListBox(列表框)	Text	lst	lstBook
HScrollBar(水平滚动条)	Value	hsb	hsbRate
VScrollBar(垂直滚动条)	Value	vsb	vsbNum
Timer(计时器)	Enabled	tmr	tmrfash
DriveListBox(驱动器列表框)	Drive	drv	drvName
DirListBox(目录列表框)	Path	dir	dirSelect
FileListBox(文件列表框)	Filename	fl	flCopy
Line(直线)	Visible	lin	linDraw
Shape(形状)	Shape	shp	shpOval
Data(数据)	Caption	dat	datStudent
DBCombo(数据约束组合框)	Text	dbc	dbcStudent
DBGrid(数据约束网格)	Text	dbg	dbgStudent
DBList(数据约束列表框)	Text	dbl	dblStudent

(2)常用控件的控件值。一个控件有好多属性，在一般情况下，设置属性值通过"控件.属性"格式设置。

例如：

```
Label1.Caption= "欢迎使用 Visual Basic"
```

把Label1 的Caption属性设置为字符串"欢迎使用 Visual Basic"。

为了方便使用，VB规定了其中的一个属性为默认属性。通常把默认属性称为控件值，控件值是一个控件的最重要或最常用的属性。在程序中默认属性可以省略而不书写。即在设置默认属性的属性值时，可以不必写出属性名，如上例的语句可以改为：

```
Label1 ="欢迎使用 Visual Basic"
```

使用控件值可以减少代码，但会降低程序的可读性。因此，给控件属性赋值时，建议仍使用"控件.属性"格式。

3.3.2 命令按钮

命令按钮(CommandButton)是使用最多的对象之一，它常用来接受用户的操作信息，触发相应的事件过程来实现指定的功能。当用户通过单击鼠标或按【Enter】键单击命令按钮时，便可触发命令按钮的Click事件，从而执行事件过程，达到完成某个特定操作的目的。

1. 主要属性

(1)Cancel：设置命令按钮是否为取消按钮。程序运行时，不论窗体中哪个控件具有焦点，按Esc键都相当于单击取消按钮。True，设为取消按钮；False，不是取消按钮。默认值为False。

(2)Default：设置命令按钮是否为默认按钮。程序运行时，不论窗体中哪个控件(命令按钮除外)具有焦点，按回车键都相当于单击默认按钮。True，设为默认按钮；False，不是默认按钮。默认值为False。

(3)Caption：设置命令按钮上显示的文字，默认值为Command1。

(4)Style(样式)：设置按钮是标准的还是图形的。共两种取值，0(标准的)、1(图形的)。默认值为0。

(5)Picture：设定按钮上的图形。只有当Style属性为1时，Picture属性才会起作用。默认值为None。

2. 常用事件

Click事件：用鼠标左键单击命令按钮时，触发Click事件，并执行Click事件过程中的代码。命令按钮不支持DblClick事件，能响应MouseMove、DragDrop、KeyDown、KeyUp、KeyPress、MouseDown、MouseUp等事件。

实例 3.4 当单击相应按钮时，窗体背景变色。

(1)界面设计。在窗体上绘制三个命令按钮，然后设置对象属性，见表3-7所列。

表 3-7　例 3.4 属性设置

对象	属性	属性值
Form1	Caption	窗体背景变色
Command1	Caption	背景变绿
Command2	Caption	背景变红
Command3	Caption	背景变蓝

设计完成的界面效果如图 3-7 所示。

(2)编写按钮的事件过程。

```
Private Sub Command1_Click()
Form1.BackColor = RGB(0, 255, 0)
End Sub
Private Sub Command2_Click()
Form1.BackColor = RGB(255, 0, 0)
End Sub
Private Sub Command3_Click()
Form1.BackColor = RGB(0, 0, 255)
End Sub
```

单击“背景变蓝”按钮程序运行结果如图 3-8 所示。

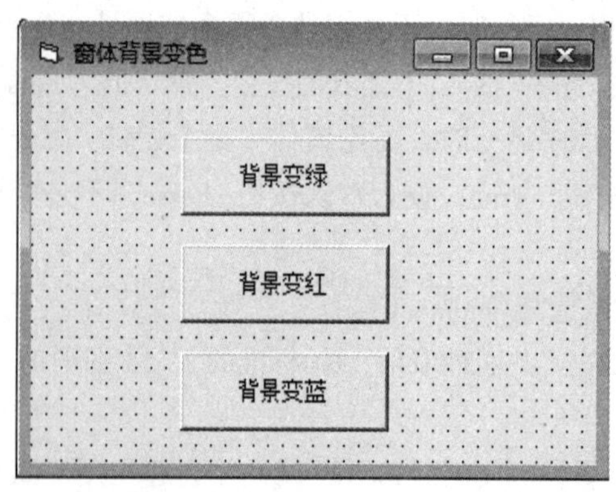

图 3-7　实例 3.4 初始界面

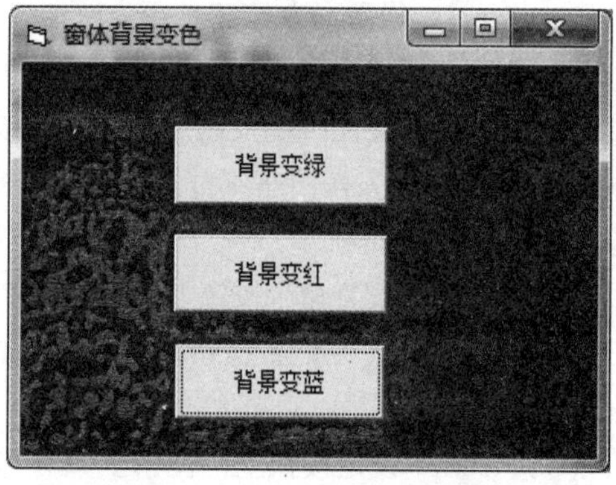

图 3-8　实例 3.4 程序运行界面

3.3.3　标签

标签是 VB 中最简单的控件，用于显示字符串，通常显示的是文字说明信息，但不能编辑标签控件。Label 控件也是图形控件，可以显示用户不能直接改变的文本。

1. 常用属性

(1)Name：标签的名称。默认值为 Label1。

(2)Alignment：设置标签中文本的对齐方式。共 3 种取值，0(左对齐)、1(右对齐)、2(居中对齐），默认值为0。

（3）AutoSize：当取值为True时，自动改变控件大小以显示全部内容；取值为False时，保持控件大小不变，超出控件区域的内容被裁剪掉。默认值为False。

（4）Caption：设置标签上显示的文字。默认值为Label1。

（5）BackStyle：设置标签的背景样式。共2种取值，0（透明）、1（不透明），默认值为1。

（6）BorderStyle：设置标签的边框样式。共2种取值，0（无边框）、1（单线边框），默认值为0。

（7）WordWrap：返回或设置一个值，是否要进行水平或垂直展开以适合其 Caption 属性中指定的文本的要求设置，也就是标签的文本在显示时是否有自动换行功能。其中，True表示具有自动换行功能；False（默认值）表示没有自动换行功能。

2. 常用事件

标签控件可以接受的事件有单击（Click）、双击（DblClick）和改变（Change），但标签只用于显示文字，一般不需要编写事件过程。

实例 3.5 标签应用。

在窗体中创建一个标签，然后编写如下代码：

```
Private Sub Label1_Click()
    Label1.Caption = "标签应用实例"
    Label1.BorderStyle = 1
    Label1.BackColor = &HFF8080
    Label1.ForeColor = &HFF
    Label1.FontName = "楷体"
    Label1.FontSize = 16
End Sub
```

运行界面如图3-9所示。

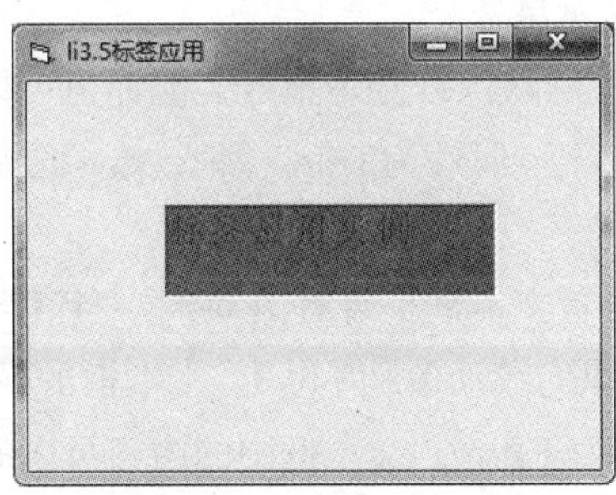

图3-9 实例3.5程序运行界面

3.3.4 文本框

文本框控件（TextBox）是一个文本编辑区域，可以在该区域中输入、编辑和显示文本内容，是VB中显示和输入文本的主要控件，也是Windows用户界面中最常用的控件。文本框提供了基本文字处理功能，可以输入单行文本，也可以输入多行文本，还具有根据控件的大小自动换行及添加基本格式的功能。

1. 主要属性

（1）Text。字符串类型，用来显示文本框中的文本内容，可以在界面设置时指定，也可以在程序中动态修改，例如：

```
Text1.Text = "欢迎使用Visual Basic"
```

（2）MultiLine。逻辑型，当值为 True ，文本框可以容纳多行文本；当值为 False ，文本框则只能容纳单行文本。

本属性只能在界面设置时指定，程序运行时不能加以改变。

（3）SelText。字符型，返回或设置当前所选文本的字符串，如果没有选中的字符，那么返回值为空字符串即“”。

请注意，本属性的结果是个返回值，或为空，或为选中的文本。

（4）SelStart。数值型，选中文本的起始位置，返回的是选中文本的第一个字符的位置。

（5）SelLength。数值型，选中文本的长度，返回的是选中文本的字符串个数。

例如：文本框中有内容如下。

```
"欢迎使用Visual Baisc"
```

假设选中“欢迎使用”四个字，那么，SelStart为0，SelLength为4。

（6）MaxLength。数值型，设置文本框中输入的字符串长度是否有限制，默认为0，表示在文本框所能容纳的字符数之内没有限制，若设置值大于0，则该值表示能够输入的最大字符数。

（7）PasswordChar。字符串类型，本属性主要用来作为口令功能进行使用。例如，若希望在密码框中显示星号，则可在“属性”窗口中将PasswordChar属性指定为“*”。这时，无论用户输入什么字符，文本框中都显示星号。

在VB中，PasswordChar属性的默认符号是星号，但你也可以指定为其他符号。但请注意，如果文本框控件的MultiLine（多行）属性为True，那么文本框控件的PasswordChar属性将不起作用。

（8）ScrollBars。数值型，设置文本框是否有滚动条。当值为0，文本框无滚动条；值为1，只有横向滚动条；值为2，只有纵向滚动条；值为3，文本框的横竖滚动条都具有。

（9）Locked。逻辑型，当值为 False ，文本框中的内容可以编辑；当值为True，文本框中的内容不能编辑，只能查看或进行滚动操作。

2. 常用事件

除了Click、DbClick这些常用的事件外，其他的还有Change、GotFocus、LostFocus事件。

（1）Change 事件。当用户向文本框中输入新内容，或当程序把文本框控件的 Text 属性设置为新值时，触发 Change 事件。

（2）GotFocus 事件。本事件又名“获得焦点事件”，所谓获得焦点，其实就是指处于活动状态。在电脑日常操作中，我们常常用 Alt+Tab 键在各个程序中切换，处于活动中的程序获得了焦点，不处于活动的程序则失去了焦点（LostFocus）。

（3）LostFocus 事件。失去焦点，当按下 Tab 键使光标离开当前文本框或用鼠标选择窗体上的其他对象时触发该事件。

（4）KeyPress 事件。当进行文本输入时，每一次键盘输入都将使文本框接收一个 ASC Ⅱ 码字符，发生一次 KeyPress 事件。因此，通过该事件对某些特殊键（如 Enter、Esc 键）进行处理十分有效。

3. 常用方法

SetFocus 方法。文本框常用的方法是 SetFocus，使用该方法可将光标移动到指定的文本框中，使之获得焦点。当使用多个文本框时，用该方法可把光标移动到所需要的文本框中。

使用格式为：对象 . SetFocus

实例 3.6 文本框应用。

在窗体中创建两个标签和两个文本框。标签用于显示提示信息，文本框用于演示文本，属性设置见表 3-8 所列。

表 3-8　实例 3.6 属性设置

对象	属性	属性值
Label1	Caption	单行文本演示
Label2	Caption	多行文本演示
Text1	Name	SinglelineEx
	Appearance	1-3D
	PasswordChar	“*”
	MultiLine	False
	Text	“”
Text2	Name	MultilineEx
	Appearance	1-3D
	MultiLine	True
	ScrollBars	3
	Text	“”

设置完成后界面如图 3-10 所示。

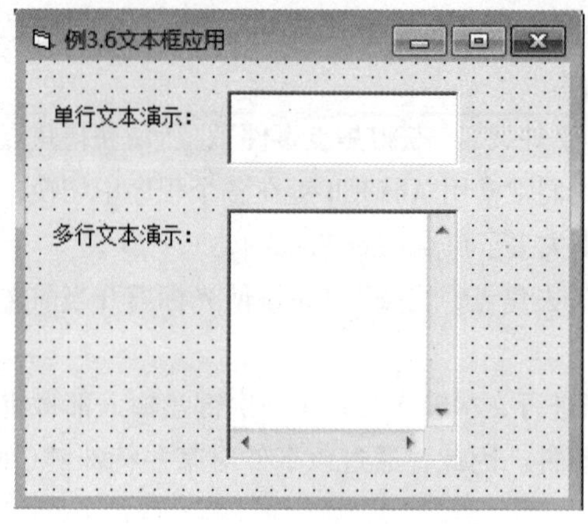

图 3-10　实例 3.6 初始界面

运行程序，在第一个文本框中输入“123456”，在第二个文本框中输入一首诗

静夜思
李白（唐）

床前明月光，
疑似地上霜。
举头望明月，
低头思故乡。

结果如图 3-11 所示。

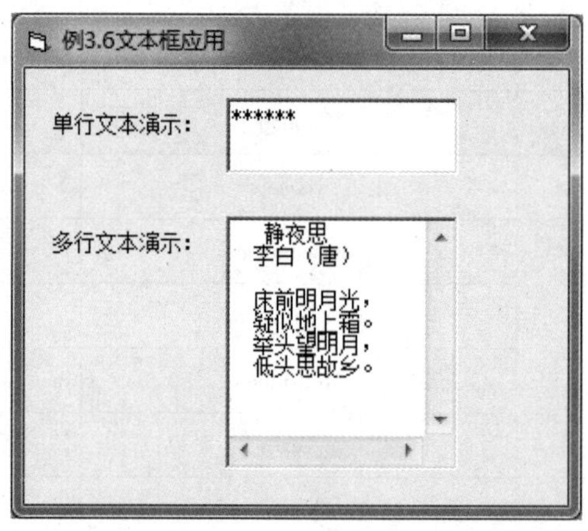

图 3-11　实例 3.6 运行界面

第 4 章

选择结构程序设计

在顺序结构中，各语句都是按自上而下的顺序执行，不必做任何判断。然而，实际上，我们需要根据很多条件来判断是否执行循环，或者从给定的几种情况选择其一，这就需要用到本章所要讲的选择结构程序设计了。选择结构是计算机科学用来描述自然界和社会生活中分支现象的重要手段，其特点是根据所给定的条件为真（条件成立）与否，而决定从各实际可能的不同分支中执行某一分支的相应操作，

4.1 条件语句

4.1.1 单分支结构

1. 单分支结构语句

书写格式有两种：块结构和单行结构 。

格式一：块结构 ，程序代码如下：

```
If <条件表达式 >Then
     <语句序列 1>
End if
```

格式二：单行结构，程序代码如下：

```
If <条件表达式>Then <语句序列 1>
```

2. 单分支结构运行过程

首先计算条件表达式的值，然后对其值进行判断，若其值为真 True，则顺序执行语句序列 1；若其值为假 False，则跳过语句序列 1，即不执行语句序列 1，执行 Endif 语句之后的后续语句，如图 4-1 所示。

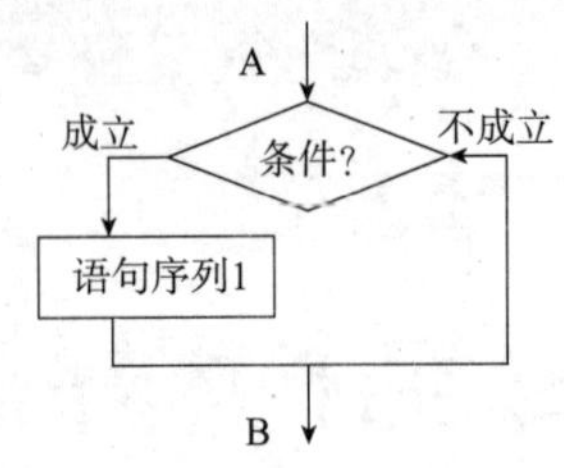

图 4-1　单分支结构流程图

3. 说明

（1）“条件表达式”可以是关系表达式、布尔表达式或数值表达式。如果是数值表达式，则非 0 值为真，0 为假。

（2）“语句序列”可以是任意多个语句，只不过“格式二”中的多个语句之间必须用“：”隔开，书写在同一行。

4. 举例

实例 4.1 从键盘输入任意输入一个数，求其绝对值。

分析：绝对值就是一个数不管是正数还是负数，它的绝对值都是正的，当然零除外，零的绝对值是零（绝对值就是大于等于 0，如 3 的绝对值是 3；-3 的绝对值也是 3）。

程序代码如下：

```
Private Sub Command1_Click()
Dim a!
a = InputBox("请输入一个数:")
If a < 0 Then
    a = -a
End If
Print a
End Sub
```

实例 4.2 任意输入两个整数，按从小到大输出这两个数。

分析：给定任意两个数a和b，他们有两种可能，一种情况是a大于b，那么我们直接输出就是了。另一种情况是a < b，那么我们要交换两个变量的值，第一步就是先把a的值保留起来，我们用一个变量t来存放；第二步是把b的值赋值给a，这样a就由原来的值变成了b的值；第三步，b要变成a原有的值，而a原有的值存放在t中了，所以只要把t的值赋给b就行了，如图 4-2 所示。

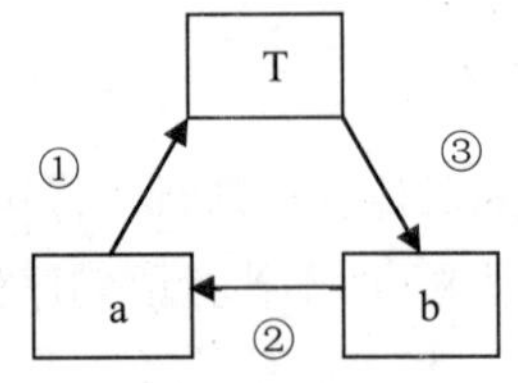

图 4-2　交换两个变量的值

程序代码如下：

```
Private Sub Command1_Click()
Dim a As Integer, b%
a = InputBox("请输入一个整数:")
b = InputBox("请输入一个整数:")
if  a>b Then
t=a
    a=b
    b=t
End If
Print a; b
End Sub
```

用单行语句描述如下：

```
If  a>b Then   t=a: a=b: b=t
```

4.1.2 双分支结构

1. 双分支结构语句

双分支结构语句的书写格式有两种：块结构和单行结构。

格式一：块结构。程序代码如下：

```
If  <条件表达式> Then
   <语句序列 1>
Else
   <语句序列 2>
End if
```

格式二：单行结构。程序代码如下：

```
If <条件表达式> Then <语句序列 1>  Else <语句序列 2>
```

2. 双分支结构运行过程

先计算条件表达式，然后对其值进行判断，若其值为真，则顺序执行语句序列 1，然后执行ENDIF语句之后的后续语句；若其值为假，则顺序执行语句序列 2，然后执行ENDIF语句之后的后续语句。双分支结构流程如图 4-3 所示。

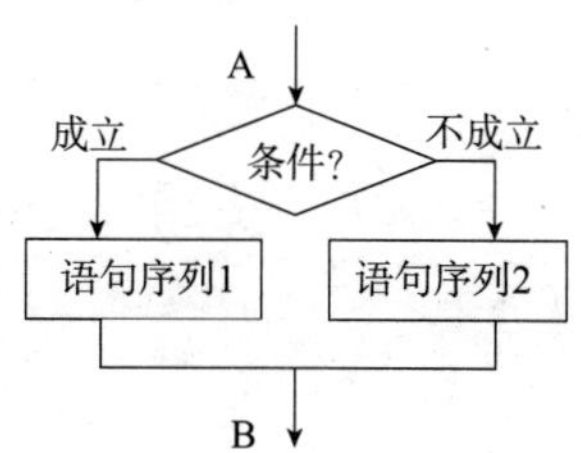

图 4-3 双分支结构流程

3. 说明

(1)如果Else部分存在，形成双分支。如果Else部分省略，则形成单分支。

(2)在“块结构”条件语句中，If和End If也必须成对出现。

4. 举例

实例 4.3 输入一个整数x，判断该数的奇偶性。

分析：该数能被 2 整除时是偶数，否则是奇数。能被 2 整除要作为判断的条件，当能被 2 整除时输出“是偶数”，否则输出“是奇数”。

根据题意建立应用程序用户界面，运行结果如图 4-4 所示。

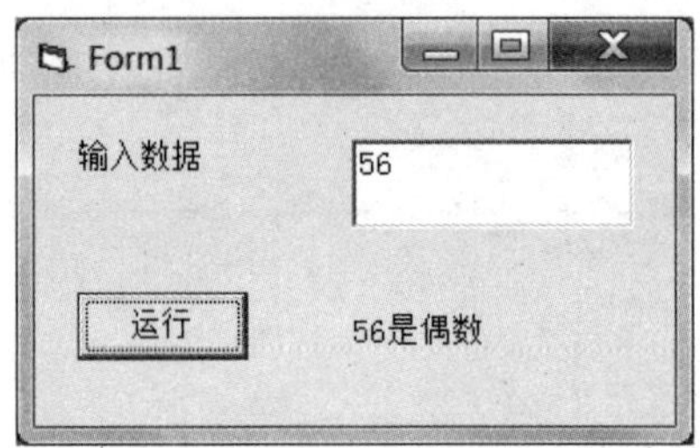

图 4-4 判断奇偶数

根据单分支结构，编写命令按钮Command1 的Click事件代码：

```
Private Sub Command1_Click()
Dim x As Integer, y As String
x = Val(Text1.Text)
If x Mod 2 = 0 Then
    y = x & "是偶数"
End If
If x Mod 2 <> 0 Then
    y = x & "是奇数"
End If
Label1.Caption = y
End Sub
```

学习双分支结构后，我们可以编程如下：

```
Private Sub Command1_Click()
Dim x As Integer, y As String
x = Val(Text1.Text)
If x Mod 2 = 0 Then
y = x & "是偶数"
Else
y = x & "是奇数"
endif
Label1.Caption = y
End Sub
```

实例 4.4 求下列函数的值。

$$y=\begin{cases}\cos x+\sqrt{2x^2+1}\ \ldots\ldots & x\geq 0\\ \sin(\mathrm{x}+1)-x^2+5x\ldots & x<0\end{cases}$$

分析：根据公式和我们前面所学的知识，我们可以用多种方法实现。
方法一：我们可以用单行结构实现。

```
Private Sub Form_Click()
x = Val(Text1.Text)
If  x >= 0  Then  y = Cos(x)+ Sqr(2*x * x + 1)
If  x < 0  Then  y = Sin(x+1)  - x ^ 2+ 5* x
Print y
End Sub
```

方法二:用双分支结构实现

```
Private Sub Form_Click()
x = Val(Text1.Text)
If x >=0 Then
   y = Cos(x)+ Sqr(2*x * x + 1)
Else
   y = Sin(x+1) - x ^ 2+ 5* x
End If
Print y
End Sub
```

可以把上面的If语句改成如下方式，来看一下结果如何。

```
y = Cos(x)+ Sqr(2*x * x + 1)
If x < 0 Then  y = Sin(x+1) - x ^ 2+ 5* x
```

通过验证，上述方法是可行的。
思考一下，把IF语句改成下列语句能否实现上述功能：

```
If  x >= 0  Then  y = Cos(x)+ Sqr(2*x * x + 1)
y = Sin(x+1) - x ^ 2+ 5* x
```

提示：不管x的值小于0或大于等于0，最后结果都是 y = Sin(x+1) - x ^ 2+ 5* x。

5. 使用IIf函数

我们可以使用IIf函数来实现一些比较简单的选择结构。IIf函数的语法结构为：

```
IIf(<条件表达式>,<真部分>,<假部分>)
 语句y = IIf(<条件表达式>,<真部分>,<假部分>) 相当于：
If <条件表达式> then  y =<真部分> Else  y =<假部分>
```

说明：

（1）条件表达式可以是关系表达式、布尔表达式、数值表达式。

（2）当条件表达式为真时，函数返回的值是真部分；当条件表达式为假时，函数返回的值是假部分。

判断奇偶数，我们可以用以下语法来实现：

```
IIF( x Mod 2 = 0 , "偶数","奇数")
```

4.2 多分支语句

如果遇到多个分支结构，我们可采用的语句有两种：阶梯式多分支结构和情况分支结构。

4.2.1 阶梯式多分支结构

1. 格式

```
If <条件 1>Then
        [语句序列 1]
ElseIf <条件 2>Then
        [语句序列 2]
…
[Else
      [其他语句序列]]
End If
```

2. 运行过程

程序运行时，先测试条件 1，如果条件为真，则执行Then之后的语句；如果条件 1 为假，则依次测试ElseIf子句；如果某个ElseIf子句的条件为真，则执行该ElseIf子句对应的语句序列，执行完成后从End If语句退出；如果没有一个ElseIf子句的条件为真，则执行Else部分的其他语句序列。其执行过程如图 4-5 所示。

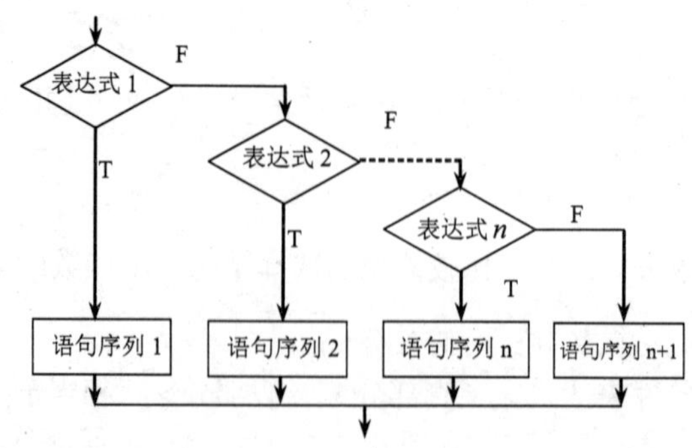

图 4-5　多分支选择结构

3. 说明

(1)语句序列1到语句序列n+1中只有一个被执行，无论哪个被执行后，流程都会到End If的下一条语句去。

(2)ElseIf不能写成Else If(没有空格)。

(3)当多分支中有多个条件同时满足，则只执行第一个与之匹配的语句序列。因此，要注意对多分支的条件的书写次序，防止某些值被过滤。

(4)If和End If必须成对出现。

(5)If...Then···ElseIf 只是 If...Then...Else的一个特例。注意，可以使用任意数量的 ElseIf 子句，或者一个也不用。可以有一个Else子句，而不管有没有ElseIf子句。

4. 应用举例

实例4.5 在考试中我们往往会用五级制来表示成绩，输入百分制成绩mark，要求显示相应的五级制。其中：90~100分为优秀，80~89分为良好，70~79分为中等，60~69分为及格，60分以下为不及格。

分析：各个等级是并列关系，并且输入一个成绩只能输出一个相应的等级，我们可采用嵌套结构的If语句。以下是设计步骤。

(1)建立应用程序用户界面，在窗体上添加一命令按钮和一个文本框。

(2)编写代码。

编写命令按钮Command1 的Click事件代码：

```
Private Sub Command1_Click()
  Dim mark As single
  mark = Val(Text1.Text)
If mark > 100 Then MsgBox "请重新输入一个小于等于100的数":END
  If mark >= 90 And mark <= 100 Then
       k = "优秀"
  ElseIf mark >= 80 Then
       k = "良好"
  ElseIf mark >= 70 Then
       k = "中等"
  ElseIf mark >= 60 Then
       k = "及格"
  Else
       k = "不及格"
  End If
  Label2.Caption = "成绩是" & mark & "," & "等级是" & k
End Sub
```

上述方法，是采用大于等于90为第一个判断，如果大于90，等级为优，否则也就是小于90但如果大于等于80，等级为良，依此类推，直到前面的条件都不满足，也就是小于60，等级为不及格。

我们可以改变判断方式，用另一种方法来实现，一起来看看下面的程序代码：

```
Private Sub Command1_Click()
  Dim mark As Single
  mark = Val(Text1.Text)
If mark > 100 Then MsgBox  "请重新输入一个小于等于 100 的数": End
If mark < 60 Then
     k = "不及格"
  ElseIf mark < 70 Then
     k = "及格"
  ElseIf mark < 80 Then
     k = "中等"
  ElseIf mark < 90 Then
     k = "良好"
  Else
     k = "优秀"
  End If
  Label2.Caption = "成绩是" & mark & "," & "等级是" & k
End Sub
```

上面的代码是首先给定不及格的条件，如果成绩小于 60 分，等级为不及格，否则也就是大于等于 60 但小于 70，等级为及格，依此类推来实现。

我们再来运行以下程序，看看结果如何。

```
Private Sub Command1_Click()
  Dim mark As Single
  mark = Val(Text1.Text)
If mark > 100 Then MsgBox "请重新输入一个小于等于 100 的数": End
   If mark >= 60 Then
        k = "及格"
  ElseIf mark >= 70 Then
     k = "中等"
  ElseIf mark >= 80 Then
       k = "良好"
  ElseIf mark >= 90 Then
    k = "优秀"
  Else
    k = "不及格"
  End If
  Label2.Caption = "成绩是" & mark & "," & "等级是" & k
End Sub
```

运行该程序只有两个结果，那就是及格和不及格，分析程序我们发现第一个条件是大于等于 60 就为及格，根据 IF 语句的运行规则，如果分数大于 60 就是及格，就不会再往下判断了。

实例 4.6 已知变量 x 中存放了一个字符，判断该字符是字母字符、数字字符还是其他字符。

根据前面所学知识，我们首先用用多分支If语句实现，程序代码如下：

```
Dim x as string
If  Ucase(x) >=" A"  And Ucase (x) <=" Z" Then
    Print x + " "是字母字符"
ElseIf x >=" 0"  And  x <=" 9"  Then
    Print  x + "是数字字符"
Else
    Print  x + "是其他字符"
End If
```

实例 4.7 设计一个密码验证程序，当用户输入的口令正确时，显示“你好!，欢迎您使用本系统”，否则，显示“密码错，请重新输入”。如果连续三次输入了错误口令，在第三次输入完口令后则显示一个消息框，提示“对不起,密码错误 3 次，您不能使用本系统”，然后结束程序的执行。

分析：界面中用一个文本框Text1 接受口令，Text1 的属性设置如下：

```
PasswordChar:*
MaxLength:6
```

要求运行时在用户输入完密码并按回车键时对密码进行判断。因此本例使用了文本框 Text1 的KeyPress事件过程，程序首先判断如果用户在Text1 中按下了回车键，表示密码输入完，再判断密码是否正确。

Text1 的KeyPress事件过程如下：

```
Private Sub Text1_KeyPress(KeyAscii As Integer)
Static I As Integer                  ' 存放输入错误密码的次数
    If KeyAscii = 13 Then            ' 如果按下的键为回车键
       I = I + 1
       If UCase(Text1.Text) = "VB" Then
          Label2.Caption = "你好!,欢迎您使用本系统"
       ElseIf I <= 2 Then

          Label2.Caption = "密码错" + Str(I) + "次,请重新输入"
          Text1.Text = ""
       Else
          MsgBox "对不起,密码错误 3 次,您不能使用本系统": End
       End If
    End If
End Sub
```

密码程序运行结果如图 4-6 所示。

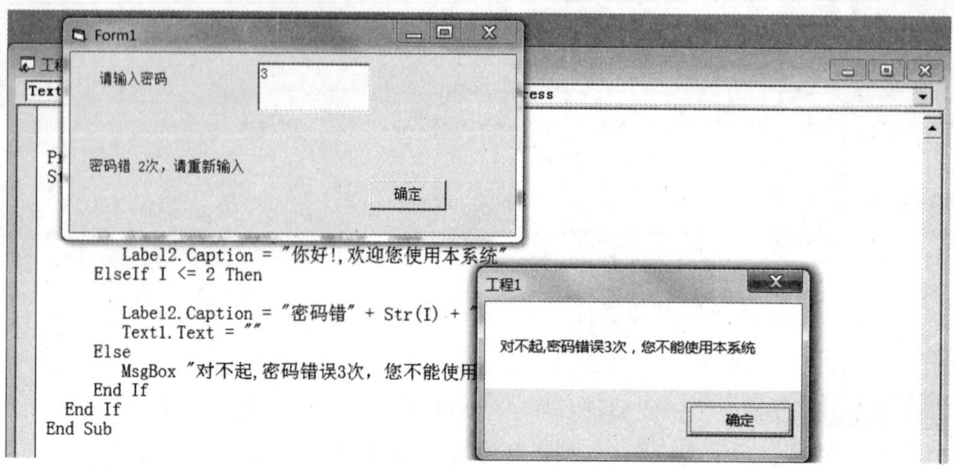

图 4-6　密码程序运行结果

5. Choose函数

格式：

```
Choose(数值表达式,选项 1,选项 2,...,选项n)
```

功能：

当“数值表达式”的值为 1 时，返回“选项 1”的值；当“数值表达式”的值为 2 时，返回“选项 2”的值；……

如果“数值表达式”的值不是整数，则先四舍五入为整数。

当数值表达式小于 1 或大于n时，返回Null。

例：将成绩 1 分、2 分、3 分、4 分和 5 分转换成相应的等级：

不及格（1 分），及格（2 分），中（3 分），良（4 分），优（5 分）。

语句如下：

```
Grade = Choose(Score, "不及格", "及格", "中", "良", "优")
```

4.2.2　情况分支结构

1. 格式

```
Select Case<测试条件>
[Case<表达式列表 1>
      [<语句序列 1>]]
[Case<表达式列表 2>
      [<语句序列 2>]]
 ...
[Case Else
      [<其他语句序列>]]
End Select
```

2. 运行过程

程序执行时，先求测试条件的值，然后依次判断与哪一个Case子句的值相匹配。如果匹配则执行该Case子句后的语句列，执行完成后从End Select退出；如果没有Case子句与测试条件匹配，则执行Case Else语句。注意，如果有多个Case子句与测试条件匹配，则只执行第一个与之匹配的语句。

如果没有Case子句与测试条件匹配，而且也没有Case Else语句，则程序执行End Select之后的语句。

3. 说明

(1)"测试条件"为必要参数，可以是数值表达式、字符串表达式或布尔表达式。

(2)在Case子句中，表达式列表为必要参数，用来测试其中是否有值与测试条件相匹配。表达式可以有以下几种形式。

①一个常量或常量表达式。例如：Case 5。

②多个常量或常量表达式，各个表达式用逗号隔开，逗号相当于"或"，只要测试条件等于其中某一个常量的值就是匹配。例如：Case 1, 2, 3。

③表达式 1 to 表达式 2，表示从表达式 1 到表达式 2 中所有的值，但是表达式 1 的值必须小于表达式 2 的值。例如：Case 1 to 5。

④Is关系运算表达式，可以使用的关系运算符有：>、>=、<、<=、<>、=。例如：Case Is < 5。但是不可以使用逻辑运算符表示范围，Case Is > 5 and Is <10 是错误的。

表达式列表可以是以上 4 种情况的组合。例如：Case 1, 5, 6 To 9, Is < 20。

实例 4.8 把实例 4.6 成绩转换例题改成情况分支结构，代码如下：

```
Private Sub Command1_Click()
  Dim mark As Single
  mark = Val(Text1.Text)
If mark > 100 Then MsgBox "请重新输入一个小于等于100的数": End
Select Case mark
   Case 90 To 100
        k = "优秀"
  Case 80 To 89
        k = "良好"
  Case 70 To 79
        k = "中等"
  Case 60 To 69
        k = "及格"
  Case Else
        k = "不及格"
End Select
  Label2.Caption = "成绩是" & mark & "," & "等级是" & k
End Sub
```

上面的例题我们还可以用下面的方式去实现。

```
elect Case mark
   Case Is >= 90
       k = "优秀"
  Case Is >= 80
       k = "良好"
  Case Is >= 70
       k = "中等"
  Case Is >= 60
       k = "及格"
  Case Else
       k = "不及格"
End Select
```

实例4.6的代码我们也可以编写如下：

用Select Case语句实现：

```
Select Case  strC
Case "a" To "z","A" To "Z"
   Print  x+ "是字母字符"
Case "0" To "9"
   Print  x+ "是数字字符"
Case Else
   Print  x + "是其他字符"
End Select
```

4.3 选择结构的嵌套

如果在If语句中操作块a1块（语句序列1）或a2块（语句序列2）本身又是一个If语句，则称为If语句的嵌套。其格式为：

```
If <表达式1> then
    if <表达式2> then
        <语句组1>
     Else
       <语句组2>
     End if
……
else
     <语句组3>
End if
```

应当注意的是：

（1）在选择结构的嵌套中，应注意Else与If的配对关系。

（2）每个If都要与End If配对。

（3）多个If嵌套，End If与它最接近的未配对的If配对。

（4）书写对齐格式为锯齿形。

例如：若x大于0，则y等于1；若x小于0，则y等于-1；否则，y等于0。

语句如下：

```
If x>0 Then
  y=1
Else
  If x<0 Then
    y=-1
  Else
    y=0
  End If
End If
```

此例中的If语句的Else子句中又出现If语句，形成了嵌套。

实例 4.9 输入三角形的三条边a、b、c、判断它们能否构成三角形，若能，则指出是何种三角形：等腰三角形、直角三角形、等腰直角三角形或一般三角形。若不能，则输出“不能组成三角形”。

首先我们要判断输入数据的正确性，然后判断其两边之和是否大于第三边，若大于则判断可以构成三角形，再进一步判断该三角形是什么三角形，并计算这个三角形的面积；否则不能构成三角形。

（1）从键盘输入三角形的三条边，判断其数据的正确性，如果正确，进入步骤2，否则清空，重新输入，程序结束。

（2）判断任意两边之和是否大于第三边。

（3）若条件成立则判断可构成三角形，并判断其类型；否则判断其不能构成三角形，程序结束。

（4）在类型判断中首先判断其是否三边相等，条件成立则判断其为等边三角形；否则判断其是否有两边相等，条件成立则判断其为等腰三角形；否则判断其是否有两边的平方和等于第三边的平方，条件成立则判断其为直角三角形；否则判断其为普通三角形。

根据分析，代码如下：

```
rivate Sub Form_Click()
Dim a!, b!, c!
  a = Val(Text1.Text)
  b = Val(Text2.Text)
  c = Val(Text3.Text)
If a > 0 And b > 0 And c > 0 Then
   If b + c <= a Or a + b <= c Or a + c <= b Then
     MsgBox "a.b.c不能组成三角形"
```

```
    Else
      If a = b And b = c Then
         MsgBox "a.b.c能组成等边三角形"
      ElseIf (a = b Or b = c Or a = c) And ((a ^ 2 + b ^ 2 - c ^ 2)
<1e-6 Or (a ^ 2 + c ^ 2 - b ^ 2) <1e-6  Or (b ^ 2 + c ^ 2 - a ^ 2)
< 1e-6 ) Then
         MsgBox "a.b.c能组成等腰直角三角形"
      ElseIf a = b Or b = c Or a = c Then
         MsgBox "a.b.c能组成等腰三角形"
      ElseIf((a ^ 2 + b ^ 2 - c ^ 2) <1e-6 Or (a ^ 2 + c ^ 2 - b ^ 2)
<1e-6  Or (b ^ 2 + c ^ 2 - a ^ 2) < 1e-6 ) Then
        MsgBox "a.b.c能组成直角三角形"
      Else
      MsgBox "a.b.c能组成一般三角形"
     End If
   End If
 Else
   MsgBox "输入数据有错，请重新输入"
   Text1.Text = ""
   Text2.Text = ""
   Text3.Text = ""
 End If
 End Sub
```

实例 4.10 已知一元二次方程$ax^2+bx+c=0$，输入任意系数a、b、c，求一元二次方程的根。

（1）如果a = 0，则不是二次方程，此时如果b = 0，则提示重新输入系数；如果b ≠ 0，则：x =- c / b。

（2）如果a ≠ 0，且b2 - 4ac = 0，则有两个相等的实根。

（3）如果a ≠ 0，且b2 - 4ac > 0，则有两个不等的实根。

（4）如果a ≠ 0，且b2 - 4ac < 0，则有两个共轭复根。

通过上面的分析，我们可以得出图 4-7，每一个括号可以用一个If语句来完成。

$$a,b,c=\begin{cases} a,b,c\text{有非数字}C\text{清空文本框}C\text{重新输入} \\ a,b,c\text{是数字}\begin{cases} a=0\begin{cases} b=0\begin{cases} c=0 & \text{无穷解} \\ c\neq 0 & \text{无解} \end{cases} \\ b\neq 0 \quad \text{一元一次方程} \end{cases} \\ a\neq 0\begin{cases} b^2-4a>0 & \text{两个不相等实根} \\ b^2-4a=0 & \text{两个相等的实根} \\ b^2-4a<0 & \text{两个共轭复根} \end{cases} \end{cases} \end{cases}$$

图 4-7 一元二次方程的求解流程

编写程序代码如下：

```
Private Sub Command1_Click()
If Not IsNumeric(Text1.Text) Or Not IsNumeric(Text2.Text) Or Not
IsNumeric(Text3.Text) Then
    MsgBox "不是数字,重新输入"
    Text1.Text = ""
    Text2.Text = ""
    Text3.Text = ""
Else
    a = Val(Text1.Text)
    b = Val(Text2.Text)
    c = Val(Text3.Text)
   If a = 0 Then
      If b = 0 Then
             If c = 0 Then
                X1 = "无穷解"
             Else
                X1 = "无解"
             End If
       Else
            X1 = -c / b
       End If
   Else
        k = b ^ 2 - 4 * a * c
        If k > 0 Then
            X1 = (-b + Sqr(k)) / (2 * a)
            X2 = (-b - Sqr(k)) / (2 * a)
       ElseIf k = 0 Then
            X1 = -b / (2 * a): X2 = -b / (2 * a)
       Else
            X1 = -b / (2 * a) & "+" & Sqr(-k) / (2 * a) & "i"
            X2 = -b / (2 * a) & "-" & Sqr(-k) / (2 * a) & "i"
       End If
  End If
End If
Text4.Text = X1: Text5.Text = X2
End Sub

Private Sub Command2_Click()
Text1.Text = ""
Text2.Text = ""
Text3.Text = ""
Text4.Text = ""
Text5.Text = ""
End Sub
```

一元二次方程运行结果如图 4-8 所示。

图 4-8 一元二次方程运行结果

4.4 单选按钮

有时，应用程序要求在一组（几个）方案中只能选择其中之一，这就要用到“单选按钮”（OptionButton）控件，单选按钮也称作选择按钮。一组单选钮控件可以提供一组彼此相互排斥的选项，任何时刻用户只能从中选择一个选项，实现一种“单项选择”的功能，被选中项目左侧圆圈中会出现一黑点。同时其他单选按钮中的黑点消失，表示关闭（不选），这是单选按钮与复选框的主要区别，也是单选按钮名称的由来。

1. 属性

单选按钮常用属性见表 4-1 所列。

表 4-1 单选按钮常用属性

属性	说明
Name	单选钮控件的名称
Alignment	设置标题文本的对齐方式，取值为：0 左对齐　1 右对齐
BackColor	设置背景颜色，可从弹出的调色板选择
Caption	单选钮控件的标题，此标题也支持快捷键
Enabled	用于设定是或对事件产生响应，取值为：True 可用 False 不可用，在执行程序时，该对象用灰色显示，并且不响应任何事件
Font	字型，可从弹出的对话框选择字体，大小和风格
ForeColor	前景颜色，可从弹出的调色板选择。
Height	单选钮控件的高度
Index	在对象数组中的编号

续表

属性	说明
Left	距离容器左边框的距离
Style	设置对象的外观形式，取值为：0 Standard（标准，标准风格）1 Graphical（图形，带有自定义图片），此时Picture，DisabledPicture和DownPicture属性起作用
Picture	Style=1时，设置此对象上的图片
ToolTipText	设置该对象的提示行
Top	距容器顶部边界的距离
Value	获得或设置单选钮处在什么状态。取值为：True选中False未选中用户可以在属性窗口中设置该属性，也可以在程序中用代码来设置。该属性常用于判定是否选定选项，并做出相应的响应
Visible	设置此对象的可见性，取值为：True该对象可见False该对象不可见
Width	设置该对象的宽度

下面简单介绍下一些常用属性。

（1）Caption：文本标题，设置单选按钮的文本注释内容。

（2）Alignment属性：可选值0和1。其中，0表示Left Justify（缺省）控件钮在左边，标题显示在右边；1表示Right Justify控件钮在右边，标题显示在左边。

（3）Value属性。True：单选钮被选定；False：单选钮未被选定（缺省设置）。

（4）Style属性。0--Standard：标准方式；1--Graphical：图形方式。

说明：在Style属性设置为1时，可使用Picture属性（未选定时的图标或位图）、DownPicture属性（选定时的图标或位图）、DisabledPicture属性（禁止选择时的图标或位图）。

2. 方法

SetFocus方法是单选钮控件最常用的方法，可以在代码中通过该方法将Value属性设置为True。

与命令按钮相同，使用该方法之前，必须要保证单选钮处于可见和可用状态（Visible与Enabled属性值均为True）。

3. 事件

Click事件是单选钮控件最基本的事件，一般情况用户无须为单选钮编写Click事件过程，因为当用户单击单选钮时，它会自动改变状态。

其触发的条件有以下四种：

（1）用鼠标单击复选框控件时触发该事件。

（2）在键盘上按Tab键，焦点移到复选框控件上时，按空格键也会触发该事件。

（3）在Caption属性中加一个连字符（&），创建一个访问键，运行时按住Alt+"访问键"，也可以触发该事件。

（4）在程序代码中将复选框的Value属性值设置为True。

4. 单选按钮示例

实例 4.11 设计一个程序，用户界面由四个单选按钮、一个文本框控件和一个命令按钮组成，程序开始运行后，首先显示当前日期，用户单击某个单选按钮，就可将它对应的内容（星期、日期、月份或年份）显示在文本框中，界面如图 4-9 所示。

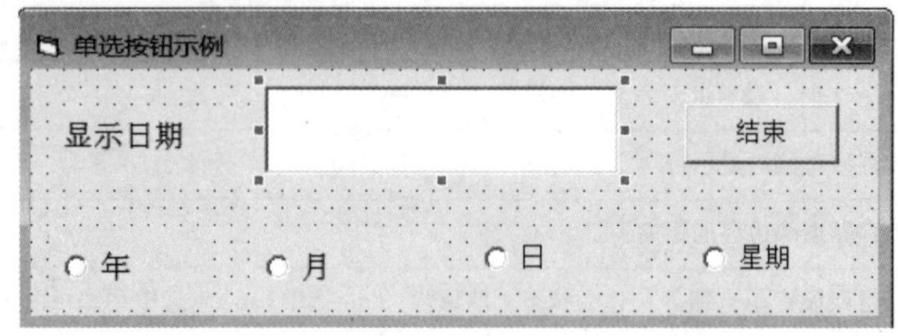

图 4-9　单选按钮示例界面

根据题意，在窗体上添加相应控件，标签 Label1 设置标题为“显示日期”，命令按钮设置标题为“结束”，4 个单选按钮的标题分别为“星期”“日期”“月份”“年份”。

各控件的相关属性见表 4-2 所列。

表 4-2　各控件的相关属性

控件名	属性名	属性值
Form1	Caption	单选按钮示例
Text1	Text	“”
Label1	Caption	显示日期
Optyear	Caption	年
Optmonth	Caption	月
Optday	Caption	日
Optweek	Caption	星期
command1	Caption	结束

我们首先运行程序，显示当前日期，初始化程序如下：

```
'初始化程序，显示当前信息
Private Sub Form_Load()
Label1.Caption = Date
End Sub
```

在显示星期几之前，我们先学习下函数 Weekday（date, [firstdayofweek]），它返回代表一星期中某天的整数。Weekday 函数的语法有以下参数：

（1）date：可以代表日期的任意表达式。如果 date 参数中包含 Null，则返回 Null。

（2）firstdayofweek：指定星期中第一天的常数。如果省略，默认使用 vbSunday。

firstdayofweek 参数和 Weekday 函数返回值有见表 4-3 所列。

表 4-3　firstdayofweek 参数和 Weekday 函数返回值

firstdayofweek 参数	值	描述	Weekday 返回数	值	描述
vbSunday	1	星期日	vbSunday	1	星期日
vbMonday	2	星期一	vbMonday	2	星期一
vbTuesday	3	星期二	vbTuesday	3	星期二
vbWednesday	4	星期三	vbWednesday	4	星期三
vbThursday	5	星期四	vbThursday	5	星期四
vbFriday	6	星期五	vbFriday	6	星期五
vbSaturday	7	星期六	vbSaturday	7	星期六
vbUseSystem	0	使用区域语言支持（NLS）API 设置			

根据前面函数介绍，如果用户单击“星期”单选按钮，则会触发以下的事件过程：

```
Private Sub optweek_Click()
 w$ = Weekday(Now, vbSunday)
Select Case Weekday(Now, vbSunday)
Case 1
    w$ = "日"
Case 2
    w$ = "一"
Case 3
    w$ = "二"
Case 4
    w$ = "三"
Case 5
    w$ = "四"
Case 6
    w$ = "五"
Case 7
    w$ = "六"
End Select
  Text1.Text = "今天是星期 " + w$
End Sub
```

与此类似，如果单击“日期”单选按钮，则执行下面过程，在文本框中显示“今天是xx号”的信息。Day是日期函数，Day(Now)的值是表示日期的数字字符串(如18、3等)。

```
Private Sub optDay_Click()
  d$ = Day(Now)
  Text1.Text = "今天是" + d$ + "号"
End Sub
```

单击“月份”单选按钮，则执行下面的过程，其中Month是月份函数。Month（Now）的值是表示月份的数字字符串。

```
Private Sub optMonth_Click()
  m$ = Month(Now)
   Text1.Text = "这月是" + m$ + "月份"
End Sub
单击"年份"单选按钮,则执行下面的过程,其中Year是年份函数。
Private Sub OptYear_Click()
  y$ = Year(Now)
  Text1.Text = "今年是" + y$ + "年"
End Sub
如想使程序停止运行,可单击"结束"命令按钮,执行下面的过程:
Private Sub cmdEnd_Click()
  End
End Sub
```

一个单选按钮被选中时，其Value属性值被设置成True（-1），有一黑点出现在单选按钮中，表示它处于打开状态，如果选中其他单选按钮，Value的属性值变为False（0），为关闭状态。单选按钮示例运行界面如图4-10所示。此时选中“星期”，标签中显示出星期信息。

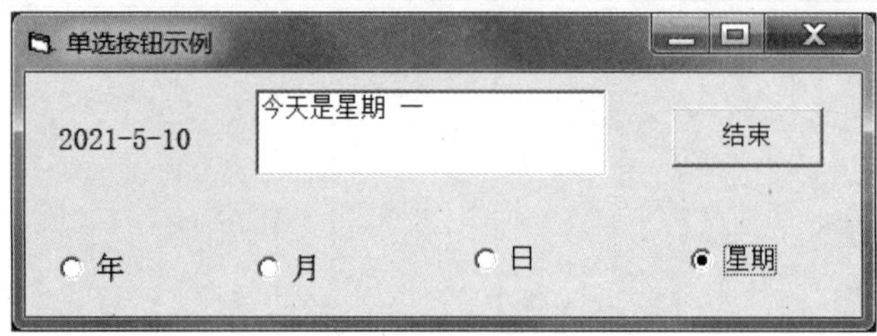

图4-10 单选按钮示例运行界面

4.5 复选框

有时，我们希望在应用程序的用户界面上，提供一些项目让用户从两种方案中选其一（例如：“是否要输出结果”，“是否使用大写字母”，“是否选择这个文件”；等等）。VB提供一种称为“复选框”（Check box）的控件，又称“检查框”。它有两种状态可以选择：

（1）选中（或称“打开”，复选框中出现一个“√”标志）。

（2）不选（或称“关闭”，“√”标志消失）。

一组复选框控件可以提供多个选项，它们彼此独立工作，所以用户可以同时选择任意多个选项，实现一种“不定项选择”的功能。选择某一选项后，该控件将显示√，而清除此选项后，√消失。

1. 属性

复选按钮常用属性见表 4-4 所列。

表 4-4　复选按钮常用属性

属性	说明
Name	复选框控件的名称
Alignment	设置标题文本的对齐方式，取值为 0 左对齐 1 右对齐
BackColor	设置背景颜色可，从弹出的调色板选择
Caption	复选框控件的标题，此标题也支持快捷键
Enabled	用于设定是或对事件产生响应取值为：True 可用 False 不可用，在执行程序时，该对象用灰色显示，并且不响应任何事件
DisablePicture	Style=1 时，该控件对象在不可用状态时显示的图片
DownPicture	Style=1 时，该控件对象在被按下状态时显示的图片
Font	字型，可从弹出的对话框选择字体，大小和风格
ForeColor	前景颜色，可从弹出的调色板选择
Height	复选框控件的高度
Index	在对象数组中的编号
Left	距离容器左边框的距离
Picture	Style=1 时，设置此对象上的图片
Style	设置对象的外观形式，取值为：0 Standard（标准,标准风格）1 Graphical（图形，带有自定义图片），此时 Picture，DisabledPicture 和 DownPicture 属性起作用
ToolTipText	设置该对象的提示行
Top	距容器顶部边界的距离
Value	设置复选框处在什么状态。复选框控件有三种状态：0 Unchecked 未选定 1 Checked 选定 2 Graved 灰色
Visible	设置此对象的可见性，取值为 True 该对象可见 False 该对象不可见
Width	设置该对象的宽度

（1）Value 属性。

语法：`CheckBox1.Value[= num]`

功能：返回或设置复选框所处的状态。

Number 表示一个整数值，其合法取值有 3 个：0，1 和 2。

0：表示 Unchecked，即复选框处于未被选中的状态（默认）；

1：表示 Checked，即复选框，处于被选中状态；

2：图标为带灰色对勾的☑，表示禁止选择。

要注意，在属性窗口可将复选框的Value属性值设置为2，但程序运行单击复选框时不能将Value属性变成2。运行时单击复选框，只能将Value属性变成0或1，即只能将其状态变成未选中或选中这两种。

(2) Alignment属性。

语法：`CheckBox1.Alignment[= number]`

功能：返回或设置复选框与Caption属性所设置的标题的相对位置。

Number的合法取值：0和1。

0：表示Left Justify，即复选框位于标题的左边；

1：表示Right JustifyJustify，即复选框位于标题的右边。

(3) 复选框的Style、Picture和DownPicture等属性的含义和单选按钮一样。

2. 方法

每调用一次SetFocus方法就会触发一次Click事件。Value每改变一次就会触发一次Click事件。

3. 事件

Click事件是复选框控件最基本的事件。

其触发的条件有以下4种：

(1) 用鼠标单击复选框控件时触发该事件。

(2) 在键盘上按Tab键，焦点移到复选框控件上时，按空格键也会触发该事件。

(3) 在Caption属性中加一个连字符(&)，创建一个访问键，运行时按住Alt+ "访问键”，也可以触发该事件。

(4) 在程序代码中将复选框的Value属性值设置为True。

Click事件是检查框控件最基本的事件。用户一般无须为检查框编写Click事件过程，但其对Value属性值的改变遵循以下规则：

①单击未选中的检查框时，Value属性值变为0；

②单击已选中的检查框时，Value属性值变为1；

③单击变灰的检查框时，Value属性值变为0。

4. 复选框应用示例

实例4.12 设计一个程序，用户界面设计如图所示，由一个标签、一个文本框、四个复选框组成。程序开始运行后，系统加载要显示内容，并设置相应的字体、颜色等，然后按需要单击各复选框，用以改变文本的字体、字形、颜色及大小。复选框应用示例界面如图4-11所示。

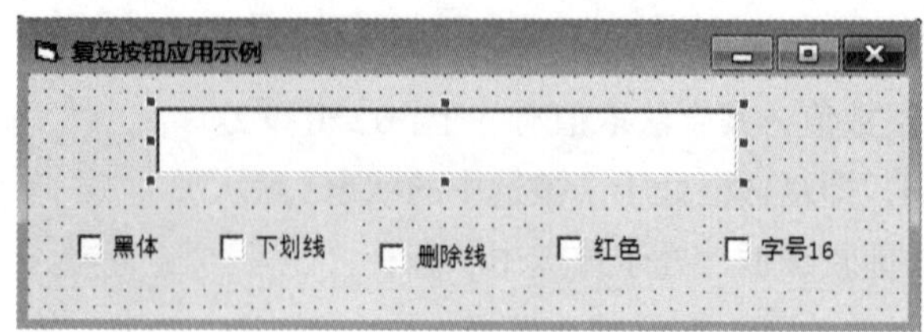

图4-11 复选框应用示例界面

根据题意，在窗体上添加相应控件，标签Label1设置标题为“显示日期”，命令按钮设置标题为“结束”，4个单选按钮的标题分别为“星期”“日期”“月份”“年份”。

复选框应用示例属性设置见表4-5所列。

表4-5　复选框应用示例属性设置

控件名	属性名	属性值
Form1	Caption	复选按钮应用示例
Text1	Text	“”
chkname	Caption	黑体
chkunder	Caption	下划线
chkstru	Caption	删除
chkred	Caption	红色
chksize	Caption	字号20

先编写加载程序，进行初始化

```
Private Sub Form_Load()
Text1.Text = "Visual basic 复选按钮示例"
Text1.FontName = "宋体"
Text1.FontSize = 8
Text1.ForeColor = vbBlue
End Sub
```

先对第1个复选框（Name属性为chkFont）的单击事件编写单击事件过程：

```
Private Sub chkFont_Click()
 If Chkfont.Value = 1 Then
  Text1.FontName = "黑体"
 Else
  Text1.FontName = "宋体"
 End If
End Sub
```

与此类似，编写出第2个复选框（下划线）的如下事件过程：

```
Private Sub chkunder_Click()
 If Chkunder.Value = 1 Then
  Text1.FontUnderline = True
 Else
  Text1.FontUnderline = False
```

```
End If
End Sub
```

与此类似，编写出第 3 个复选框（删除线）的如下事件过程：

Private Sub chkstru_Click（ ）

```
 If Chkstru.Value = 1 Then
  Text1.FontStrikethru = True
 Else
  Text1.FontStrikethru = False
 End If
End Sub
```

接着编写第 4 个复选框的单击事件过程。

```
Private Sub chkred_Click()
 If Chkred.Value = 1 Then
  Text1.ForeColor = vbRed
 Else
  Text1.ForeColor = vbBlue
 End If
End Sub
```

最后编写第 5 个复选框的单击事件过程：

```
Private Sub chkSize_Click()
 If Chksize.Value = 1 Then
  Text1.FontSize = 16
 Else
  Text1.FontSize = 8
 End If
```

End Sub在运行程序时，用户可以任意设定这五个复选框的状态，例如对 5 个框都选中，这时就使文本框的文字为黑体，字的大小为 16 点，颜色为红色，文本内容加删除线和下划线，可以选择其中几个，复选框应用示例界面如图 4-12 所示。

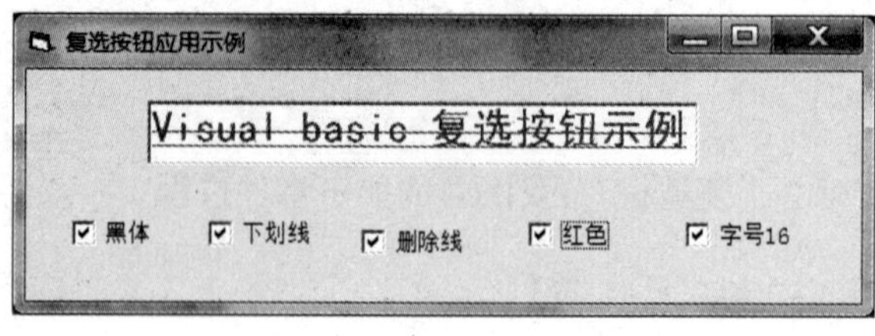

图 4-12　复选框应用示例界面

4.6 框架

从上例中可以看到，在若干个单选按钮中只可以选择一个，但是有时有多组选项，希望在每组选项中各选一项，应该如何实现？

可以设法将单选按钮分成几组，以每组作为一个单元，这就需要用到框架控件（Frame）。

框架主要用来对其他控件进行分组，以便用户识别。主要用于为单选按钮分组，因为在若干个单选按钮中只可以选择一个，但是有时有多组选项，希望在每组选项中各选一项。这时就可将单选按钮分成几组，每组作为一个单元，用框架分开。

框架内控件的创建方法：为了将控件分组，首先需要绘制Frame控件，然后绘制Frame里面的控件。这样就可以把框架和里面的控件同时移动。如果在Frame外部绘制了一个控件并试图把它移到框架内部，那么控件将在Frame的上部，这时需分别移动Frame和控件。

方法1：单击工具箱上的工具，然后用出现的"+"指针，在框架中适当位置拖拉出适当大小的控件。不能用双击的方法向框架中添加控件，也不能将控件选中后直接拖动到框架中，否则这些控件不能和框架成为一体，其载体不是框架而是窗体。

方法2：如果希望将已经存在的若干控件放在某个框架中，可以先选择所有控件，将它们剪贴到剪贴板上，然后选定框架控件并把它们粘贴到框架上（不能直接拖动到框架中）；也可以先添加框架，然后选中框架，再在框架中添加其他控件，这样在框架中建立的控件和框架形成一个整体，可以同时被动、删除。

> 注意：要选择框架中的多个控件，在使用鼠标拖拉框架内包围控件的时候需要按下crtl键。在释放鼠标的时候，位于框架之内的控件将被选定。或者先按下crtl键，再使用鼠标一一单击各控件，这样位于框架之内的控件也可以被选定。

1. 属性

框架常用的属性有以下几种：

（1）Caption属性。用来设置框架左上角的标题。如果框架的Caption属性为空，则框架为封闭的矩形框，但框架中的控件仍然和单纯用矩形控件围起来的控件不同，框架的矩形框是灰色的外边框。

（2）Enabled属性。用来设置框架及其内部的控件是否可用。

True：默认值，运行时用户可以对框架及其内部所有控件进行操作。

False：运行时框架的标题和边框呈灰色，框架内的所有对象均被屏蔽，用户不能对框架及其内部所有控件进行操作。

框架的Enabled属性的设置不影响框架内部控件的Enabled属性的设置。若框架中包含3个控件，将框架的Enabled属性设置为True，将其内部的1个控件的Enabled属性设置为False，将其内部的另外2个控件的Enabled属性设置为True，则运行时框架及其内部的另外两个控件都可以操作。

（3）Visible属性。用来设置框架及其内部的控件是否可见。

True：默认值，运行时框架及其内部所有控件都可见。

False：运行时框架及其内部所有控件都不可见。

框架的Visible属性的设置不影响框架内部控件的Visible属性的设置。

（4）BorderStyle属性。用来设置框架的边框风格，有两个属性值：0 和 1。

0-None：没有边框，框架上的标题文字也不显示。

1-Fixed Single：默认值，框架标题和边框正常显示。

将框架的BorderStyle属性设置为 0 不会影响框架分组的功能。若用 2 个框架将窗体上的单选按钮分成两组，将这 2 个框架的BorderStyle属性设置为 0，运行时 2 个框架的边框和标题都不显示，会给人造成一种假象，好像窗体上没有框架，所有单选按钮都是一组，但实际上两组单选按钮可以分别选中其中的一个。

2. 常用事件

框架能响应很多事件，如Click、DblClick、GotFocus、LostFocus、KeyPress、KeyDown、KeyUp等。但是，在应用程序中一般不需要编写框架的事件过程。框架主要用于对控件进行分组，用户只要把框架内部的控件的事件过程代码编写好就可以。

3. 应用示例

实例 4.13 设计一个程序，用户界面上部有一个文本框，下面有 3 个框架。在每个框架中放 4 个、4 个和 2 个单选按钮，即将这 10 个单选按钮分为 3 组，一组用来改变字体，一组用来改变字体大小，一组用来改变字体效果。框架控件示例界面如图 4-13 所示。程序运行后，文本框中会显示一行文字“欢迎使用Visual Basic”，其字体样式、大小和字体效果可以在 3 个框架中分别，大家可以观察此时文本框中的文字的字体样式、大小和字体效果的变化情况。

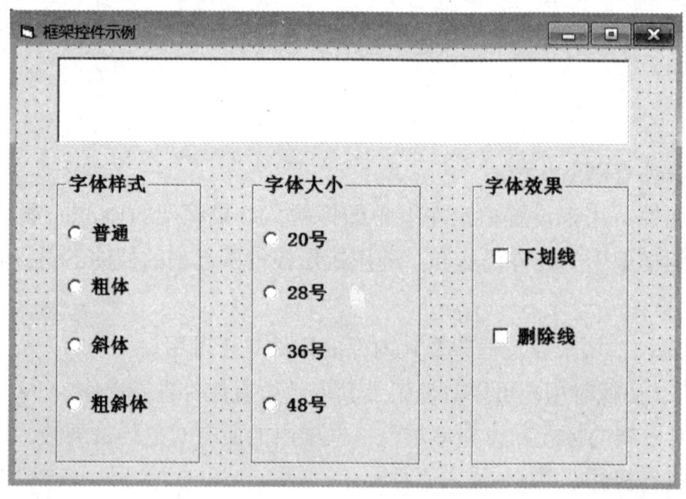

图 4-13　框架控件示例界面

按照题目要求，编程如下：

```
'在窗体的load事件中，添加如下代码：
Private Sub Form_Load()
Txtvb = "欢迎使用Visual Basic"      '显示文本
```

```
End Sub
'在选项按钮组OptSize的click事件中,添加如下代码:
Private Sub Optsize1_Click()
  If Optsize1.Value = True Then
    Txtvb.FontSize = 20          '20号字
  End If
End Sub
Private Sub Optsize2_Click()
  If Optsize2.Value = True Then
    Txtvb.FontSize = 28          '28号字
  End If
End Sub
Private Sub Optsize3_Click()
  If Optsize3.Value = True Then
    Txtvb.FontSize = 36         '36号字
  End If
End Sub
Private Sub Optsize4_Click()
  If Optsize4.Value = True Then
    Txtvb.FontSize = 48         '48号字
  End If
End Sub
```

属性设置见表 4-6 所列。

表 4-6　复选框应用示例属性设置

控件名	属性名	属性值	控件名	属性名	属性值
Form1	Caption	复选按钮应用示例	Optstyle1	Caption	普通
Text1	Text	“”	Optstyle1	Caption	斜体
Optsize1	Caption	20	Optstyle1	Caption	粗体
Optsize2	Caption	28	Optstyle1	Caption	粗斜体
Optsize3	Caption	36	FraStyle1	Caption	字体样式
Optsize4	Caption	48	FraStyle2	Caption	字体大小
ChkEffect1	Caption	下划线	FraStyle3	Caption	字体效果
ChkEffect2	Caption	删除线			

```
'在选项按钮组optstyle的click事件中，添加如下代码:
Private Sub OptStyle1_Click()
    Txtvb.FontBold = False        '普通字体
    Txtvb.FontItalic = False
End Sub
```

```
Private Sub OptStyle2_Click()
    Txtvb.FontBold = True                   '粗体
    Txtvb.FontItalic = False
End Sub
Private Sub OptStyle3_Click()
    Txtvb.FontBold = False                  '斜体
    Txtvb.FontItalic = True
End Sub
Private Sub OptStyle4_Click()
    Txtvb.FontBold = True                   '斜体
    Txtvb.FontItalic = True
End Sub

 '在复选框控件组ChkEffect的Click事件中添加如下代码：
Private Sub ChkEffect1_Click()
  If ChkEffect1.Value = 1 Then              '下划线
    Txtvb.FontUnderline = True
  Else
    Txtvb.FontUnderline = False
  End If
End Sub
Private Sub ChkEffect2_Click()
  If ChkEffect2.Value = 1 Then
    Txtvb.FontStrikethru = True             '删除线
  Else
    Txtvb.FontStrikethru = False
  End If
End Sub
```

运行这个程序，每次单击单选按钮，触发相应按钮的事件过程，改变属性值。框架控件示例运行结果如图 4-14 所示。

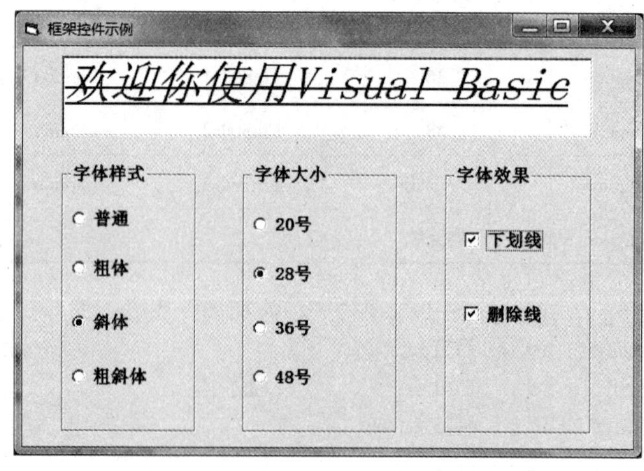

图 4-14　框架控件示例运行结果

在后面的章节当中，我们将学习控件数组，比如设置字体大小的四个单选按钮，可以首先创建一个单选按钮，设置其name为OptSize，选中该控件复制，然后选择粘贴，系统提示“已经有一个控件为Optsize，是否创建一个控件数组吗”，我们选择“是”，第二个控件数组元素就建好了。这时我们可以看到，第二个控件名字和第一个控件名一样，只是他们的index值不一样，一个为0，另一个为1，通过属性窗口设置各自的属性值，依此类推，构成控件数组，这样我们就只需要编写一个事件来判定是选择了哪个按钮，这部分内容将在数组这章详细介绍，我们在这时只简单地介绍一下。

```
'在选项按钮数组OptSize的click事件中，添加如下代码：
Private Sub Optsize_Click(Index As Integer)
  Select Case Index                          '判断index的值
    Case 0
      Txtvb.FontSize = 20                    '20号字
    Case 1
      Txtvb.FontSize = 28                    '28号字
    Case 2
      Txtvb.FontSize = 36                    '36号字
    Case 3
      Txtvb.FontSize = 48                    '48号字
  End Select
End Sub
'在选项按钮数组optstyle的click事件中，添加如下代码：
Private Sub OptStyle_Click(Index As Integer)
  Select Case Index
    Case 0      '普通字体
      Txtvb.FontBold = False
      Txtvb.FontItalic = False
    Case 1     '粗体
      Txtvb.FontBold = True
      Txtvb.FontItalic = False
    Case 2     '斜体
      Txtvb.FontBold = False
      Txtvb.FontItalic = True
    Case 3     '斜体
      Txtvb.FontBold = True
      Txtvb.FontItalic = True
  End Select
End Sub
'在复选框控件数组ChkEffect的Click事件中添加如下代码：
Private Sub ChkEffect_Click(Index As Integer)
  If ChkEffect(0).Value = 1 Then
    Txtvb.FontUnderline = True
  Else
    Txtvb.FontUnderline = False
```

```
    End If
    If ChkEffect(1).Value = 1 Then
      Txtvb.FontStrikethru = True
    Else
      Txtvb.FontStrikethru = False
    End If
  End Sub
```

第 5 章

循环结构程序设计

为了解决某问题或求取一运算结果，程序中常常需要重复执行某些代码，如果重复的进行书写或输入这些代码，非常不便，此时就可以采用循环结构来实现。

循环结构是指在一定的条件下反复执行一段代码的结构，它由两部分组成：循环体（被反复执行的那段代码）和循环控制部分（控制循环的执行）。进入循环体的条件称为循环条件，循环体不可以无休止的执行下去，必须具有循环结束的条件。循环结构需要解决 3 个问题：循环体的算法、进入循环的条件、结束循环的条件。利用循环结构设计程序，只需编写少量的程序执行重复操作，就能完成大量相同或相似的要求，这样做既简化了程序，又提高了效率。

5.1 For…Next循环结构

For循环称为“计数循环”，特点是可以执行事先规定重复次数的循环控制。

格式：

```
For v=a To b [Step c]
    [循环体]
    [Exit For]
Next [ v]
```

说明：

（1）v：循环控制变量，a、b、c：循环初值、循环终值、循环增值（步长）；c为正数称此循环为递增型循环，c为负数称此循环为递减型循环，c不允许为 0；若 c = 1，可省略 Step 1。

（2）v必须是单个的数值型变量。

（3）a、b都是数值表达式，若值不是整数，系统会自动取整。

（4）循环次数的计算公式是 Int[（b－a）/c＋1]。

（5）Next后面的v与For语句中的v必须相同，且两者必须成对出现。若循环是单层循环时，Next后面的循环变量可以不写。

（6）循环变量v的改变是隐含在Next语句中的，每次执行完一次循环后，v值得改变是自动完成的，若在循环体中出现改变循环变量v值的语句，将会影响循环次数。

（7）遇到Exit For语句时，提前退出循环，执行Next后的下一条语句，允许在循环体内出现一次或多次。通常是跟在If语句后面，表示满足一定的条件提前退出For循环。一般情况下，是当循环变量的值超出a~b范围时强制退出循环。

（8）循环必须遵循“先检查、后执行”的原则，即先检查循环变量是否超过终值，然后决定是否执行循环；For循环执行的流程如图5-1所示，若c > 0，则“v超过b”意味着“v > b”；若c < 0，则“v超过b”意味着“v < b”

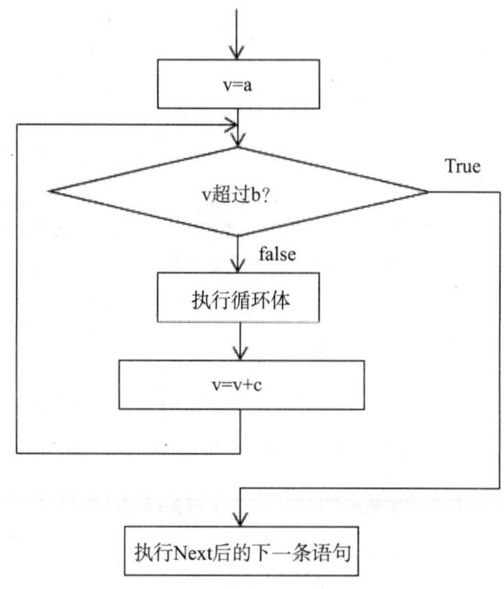

图5-1　For…Next循环结构流程

实例 5.1　在窗体上显示 1 + 2 + 3 + … + 100 的运算结果。

编写窗体的单击事件，事件过程代码如下：

```
Private Sub Form_Click()
    Dim k As Integer
    Print "1+2+3+…+100=";
s=0
For k = 1 To 100
        s=s+k
    Next k
   Print s
End Sub
```

程序运行界面如图5-2所示。

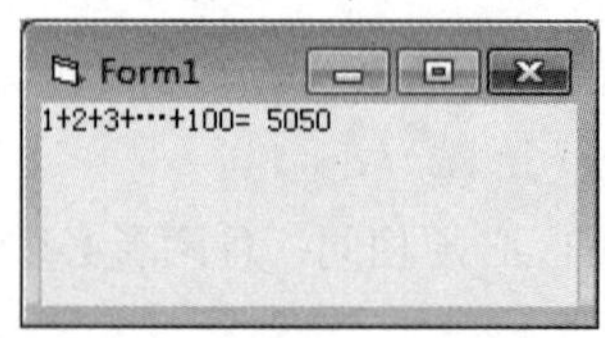

图5-2　实例5.1程序运行结果

若将“For k = 1 To 100”语句改为“For k = 100 To 1 Step -1”，即改变为递减型循环，结果是一样的，但若改为“For k = 100 To 1 ”，结果就完全错了（结果为“1+2+3+…+100= 0”，读者可以自行分析一下为何如此）。

实例 5.2 计算级数$\frac{\pi}{4} = 1 - \frac{1}{3} + \frac{1}{5} - \frac{1}{7} + \cdots$，求 π 近视值（要求取前 10000 项计算）。

编写窗体的单击事件，事件过程代码如下：

```
Private Sub Form_Click()
    Dim pi As Single, v As Integer, s As Integer
    pi = 0
    s = 1
    For v = 1 To 20000 Step 2
        pi = pi + s / v
        s = -s
    Next v
    Text1.Text = "π=" & pi * 4
End Sub
```

程序运行界面如图 5-3 所示。

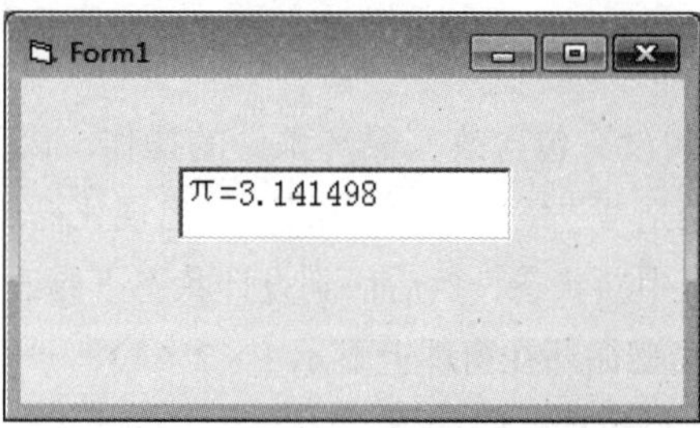

图 5-3 实例 5.2 程序运行结果

5.2 Do…Loop循环结构

Do…Loop结构也是用来实现循环的，在每次循环执行之前（之后），程序将检测循环条件是否成立，当循环条件成立时执行循环体，当循环条件不成立时，结束循环，跳到Loop语句之后继续执行。Do…Loop循环结构共有 5 种形式。

5.2.1 Do While…Loop形式

格式：

```
Do While <le>
    [循环体]
    [Exit Do]
```

```
    Loop
```

说明：

（1）le为逻辑量（条件）。

（2）此种形式称为“前置当型循环”，即若le为True，则执行循环体，当执行到Loop语句时，返回到循环开始处再次判断le是否为True。若为True，则继续执行循环体，否则跳出循环，执行Loop后的语句，循环体执行的次数≥0；“前置当型循环”流程图如图5-4所示。

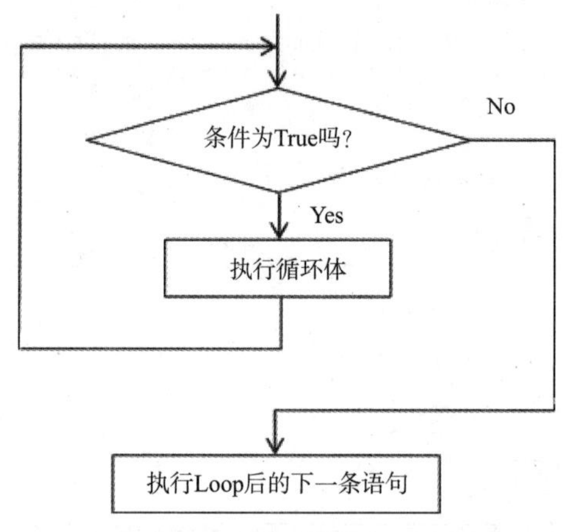

图5-4 “前置当型循环”流程图

（3）Do型循环的Loop语句没有包含改变循环条件的操作。因此在循环体内应该具有改变循环条件的语句，否则可能会造成“死循环”的出现（当出现死循环时，可以使用Ctrl+Break组合键强行结束程序运行并进入中断状态，然后回到设计状态下修改程序）。

实例 5.3 利用前置当型循环在窗体上显示 1×2×3×…×10 及运算结果。

编写窗体的单击事件，事件过程代码如下：

```
Private Sub Form_Click()
    Dim i As Integer, t As Long
    t = 1
    i = 1
    Do While i <= 10
        t = t * i
        i = i + 1
    Loop
    Print "1×2×3×…×10="; t
End Sub
```

程序运行界面如图5-5所示。

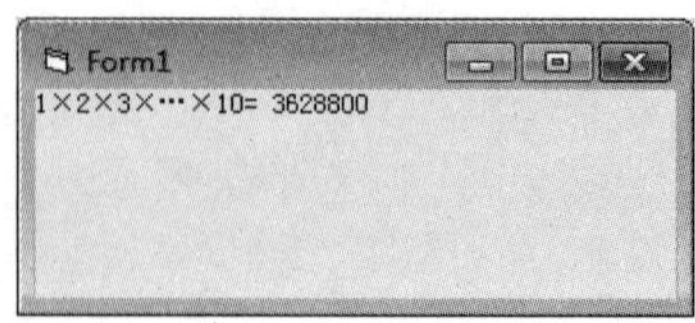

图5-5 实例5.3程序运行结果

若将循环体内的“i = i + 1”去掉，则会形成死循环。如果将上述程序改写为下列情况，又会怎样？请读者自行尝试并思考原因。

```
Private Sub Form_Click()
      Dim i As Integer, t As Long
      t = 1
      i = 0
      Do While i < 10
         i = i + 1
         t = t * i
      Loop
      Print "1×2×3×…×10="; t
End Sub
```

5.2.2 Do…Loop While形式

格式：

```
   Do
      [循环体]
      [Exit Do]
   Loop While <le>
```

说明：

（1）le为逻辑量（条件）。

（2）此种形式称为“后置当型循环”，即若le为True，则执行循环体，当执行到Loop语句时，返回到循环开始处再次判断le是否为True。若为True，则继续执行循环体，否则跳出循环，执行Loop后的语句，循环体执行次数≥ 1。程序流程图如图 5-6 所示。

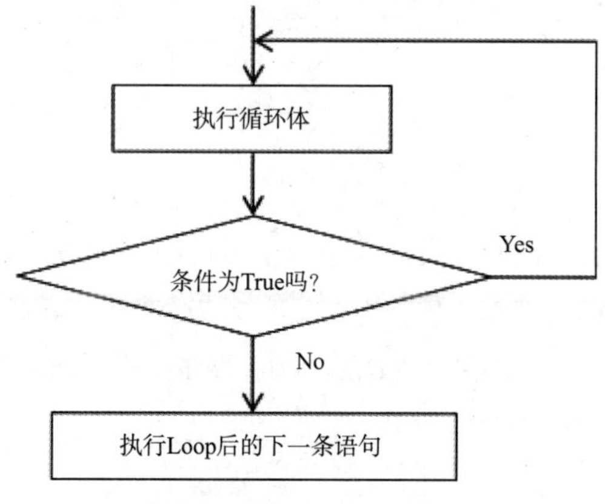

图 5-6 “后置当型循环”流程图

实例 5.4 利用后置当型循环输出 1×2×3×…×n的结果。

编写窗体的单击事件，事件过程代码如下：

```
Private Sub Form_Click()
```

```
    Dim i As Integer, t As Integer,n As Integer
    t = 1
    i = 1
   n=InputBox("请输入n:")
    Do
        t = t * i
        i = i + 1
    Loop While i <= n
    Text1.Text= "1×2×3×…×" & n & "=" & t
End Sub
```

当输入n为6时，程序运行界面如图5-7所示。

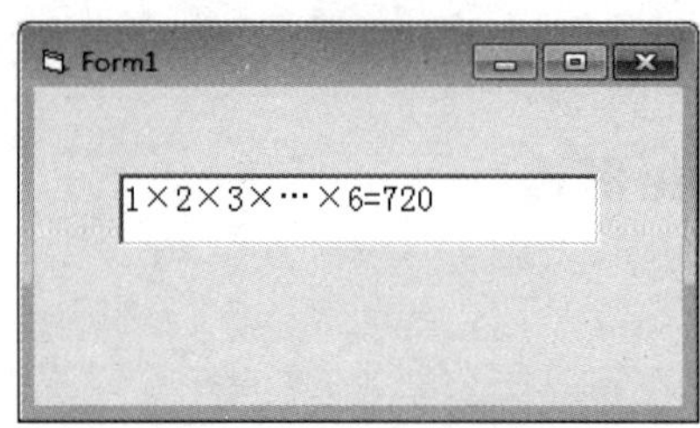

图5-7　实例5.4程序运行结果

当输入n的值超过8时，就会引发“溢出错误”，原因是8的阶乘为40320，超出了整型数[-32768~32767]的范围，此时可将变量t定义为Long，使其使用范围更广一些。

5.2.3　Do Until…Loop形式

格式：

```
   Do Until <le>
       [循环体]
       [Exit Do]
   Loop
```

说明：

(1)le为逻辑量(条件)。

(2)此种形式称为“前置直到型循环”，即若le为False，则执行循环体，当执行到Loop语句时，返回到循环开始处再次判断le是否为False。若为False，则继续执行循环体，否则跳出循环，执行Loop后的语句，循环体执行得次数≥0。程序流程图如图5-8所示。

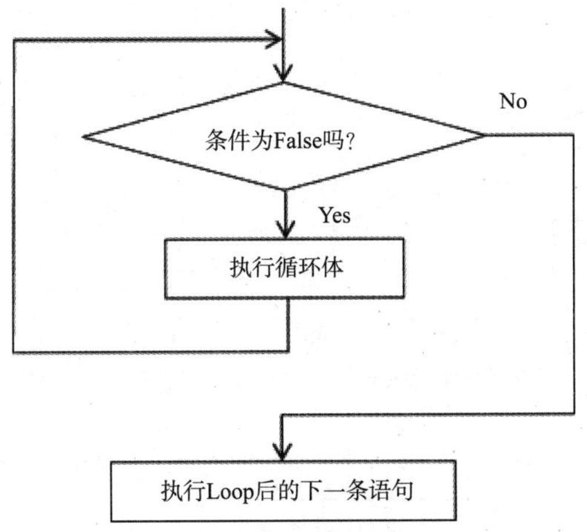

图 5-8 “前置直到型循环”流程图

实例 5.5 利用前置直到型循环输出 1×2×3×…×n的结果。

编写窗体的单击事件，事件过程代码如下：

```
Private Sub Form_Click()
    Dim i As Integer, t As Long,n As Integer
    t = 1
    i = 1
    n=InputBox("请输入n:")
    Do
        t = t * i
        i = i + 1
    Loop While i <= n
    Text1.Text= "1×2×3×…×" & n & "=" & t
End Sub
```

当输入n为9时，程序运行界面如图5-9所示。

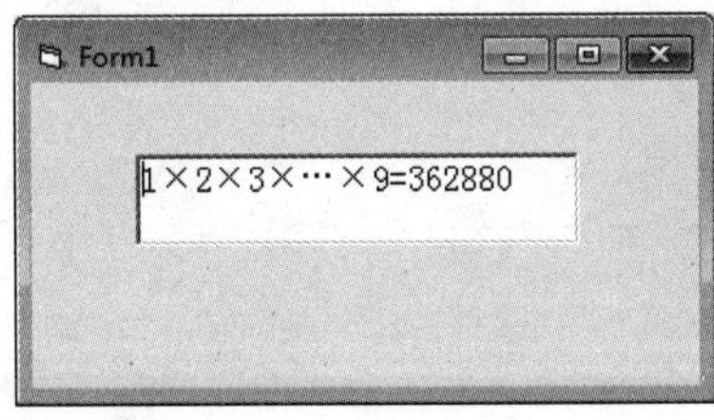

图 5-9 实例 5.5 程序运行结果

“直到型循环”与“当型循环”的区别在于：当“le”的值为False时，执行循环体，否则（“le”的值为True）退出循环。

5.2.4 Do…Loop Until形式

格式：

```
Do
```

```
      [循环体]
      [Exit Do]
   Loop Until <le>
```

说明：

（1）le为逻辑量（条件）。

（2）此种形式称为“后置直到型循环”，即若le为False，则执行循环体，当执行到Loop语句时，返回到循环开始处再次判断le是否为False。若为False，则继续执行循环体，否则跳出循环，执行Loop后的语句，循环体执行次数≥ 1。程序流程图如图 5-10 所示。

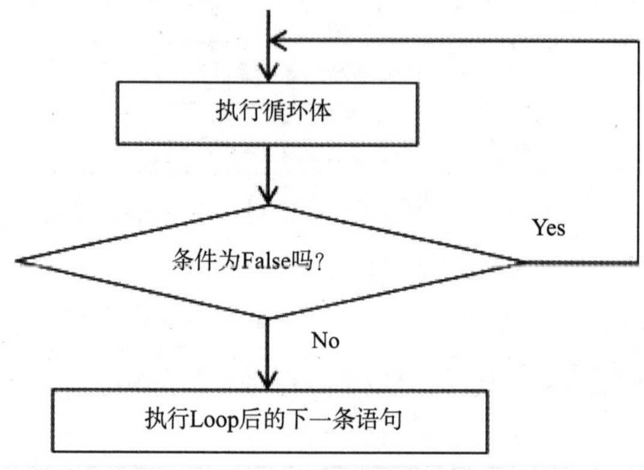

图 5-10 “后置直到型循环”流程图

实例 5.6 利用后置直到型循环输出任意两个正整数的最大公约数。

编写命令按钮的单击事件，事件过程代码如下：

```
Private Sub Command1_Click()
      Dim m As Integer, n As Integer, k As Integer
      m = Val(Text1.Text)
      n = Val(Text2.Text)
      If m < n Then
         t = m
         m = n
         n = t
      End If
      Do
         k = m Mod n
         m = n
         n = k
      Loop Until k = 0
      Text3.Text = m
End Sub
```

当输m为 16，n为 24 时，程序运行界面如图 5-11 所示。

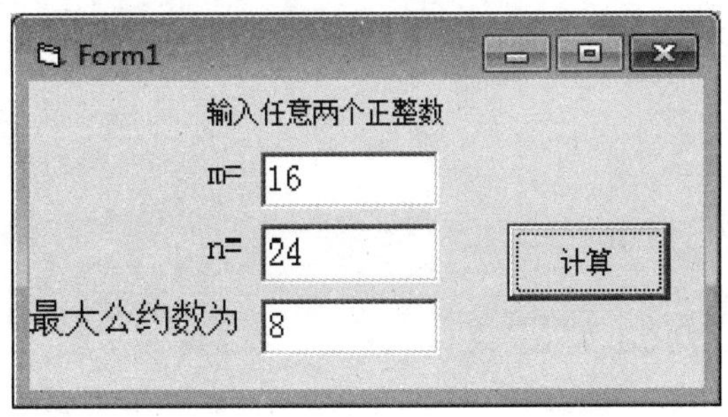

图 5-11　实例 5.6 程序运行结果

5.2.5　Do…Loop形式

格式：

```
Do
    [循环体]
    [Exit Do]
Loop
```

说明：

（1）此种形式称之为“永真型循环”，即无条件地执行循环体，当执行到Loop语句时，返回到循环开始处。

（2）为了使此循环不会成为“死循环”，就需要在循环体内使用Exit Do语句，使之能够脱离死循环，一般情况下在循环体内要与分支结构配合使用。

5.3　Exit Do或Exit For语句

格式：

```
[Exit Do] |[Exit For]
```

说明：

（1）Exit Do或Exit For语句必须放置于Do…Loop循环结构或For…Next循环结构的循环体内。

（2）执行到此语句时，程序就会强行结束循环，跳到Loop语句或Next语句后面的语句执行后续语句（当有多个循环嵌套使用时，Exit Do语句或Exit For只会跳出所在的最内层的Do…Loop循环结构或For…Next循环结构）。

实例 5.7　分别利用For型循环结构与Do型循环结构，找出1＋2＋3＋…＋n中使得“和”首次突破3000的n值。

（1）采用For型循环结构，编写窗体的单击事件，事件过程代码如下：

```
Private Sub Form_Click()
```

```
    Dim n As Integer, s%, k As Boolean
    FontSize = 16
    k = False
    s = 0
    For n = 1 To 100
        s = s + n
        If s > 3000 Then k = True: Exit For
    Next n
    If k Then
        Print "使得首次突破 3000 的n值为:"; n
    Else
        Print "使得首次突破 3000 的n值不存在! "
    End If
End Sub
```

程序运行界面如图 5-12 所示。

图 5-12 实例 5.7 程序运行结果

（2）采用Do型循环结构，编写窗体的单击事件，事件过程代码如下：

```
Private Sub Form_Click()
    Dim n As Integer, s%, k As Boolean
    FontSize = 16
    k = False
    s = 0
    n = 0
    Do  n = n + 1
        s = s + n
        If s > 3000 Then k = True: Exit Do
    Loop
    If k Then
        Print "使得首次突破 3000 的n值为:"; n
    End If
End Sub
```

程序运行界面如图 5-12 所示。

5.4 While…Wend循环语句

While循环也称当循环，可用于循环次数不确定，但可通过条件来控制循环的场合。

格式：

```
While < 条件表达式 >
        < 语句块 >
Wend
```

说明：

（1）While…Wend循环语句要先判断条件是否满足，若条件满足则执行循环体，否则退出循环，属于"前置当型循环"，流程图如图5-13所示。

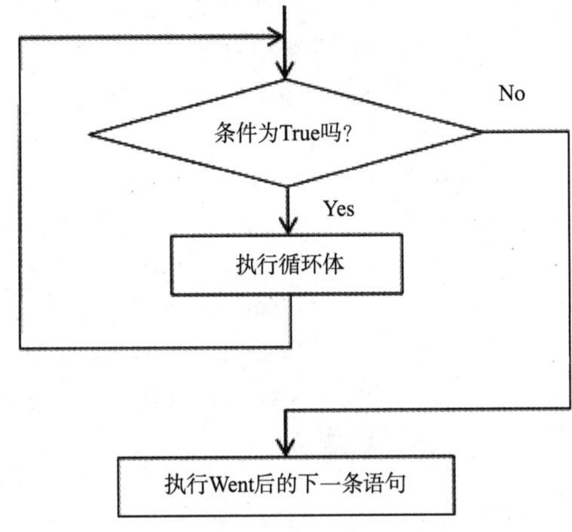

图5-13　While…Wend语句流程图

（2）While…Wend循环语句本身不能修改循环条件，也没有类似于Exit Do或Exit For这样的强制退出的语句。因此在循环体内应设置相应的语句，使整个循环体的执行能够结束，以免造成死循环。

实例5.8　用While…Wend循环语句求100以内7的倍数和。

程序代码如下：

```
Private Sub Command1_Click()
    Dim i As Integer, s As Integer
    FontSize = 16
    s = 0
    i = 1
    While i <= 100
        If i Mod 7 = 0 Then
            s = s + i
        End If
        i = i + 1
    Wend
    Print "100以内7的倍数的和为:"; s
End Sub
```

程序运行界面如图5-14所示。

图 5-14 实例 5.8 程序运行结果

实例 5.9 用While…Wend循环语句求 100 以内既能被 3 整除同时又能被 7 整除的最小值。

程序代码如下：

```
Private Sub Command1_Click()
    Dim i As Integer, s As Integer, k As Boolean
    Label1.FontSize = 11
    k = True
    s = 0
    i = 1
    While i <= 100 And k
        If i Mod 3 = 0 And i Mod 7 = 0 Then
            Label1.Caption = Label1.Caption & i
            k = False
        End If
        i = i + 1
    Wend
End Sub
```

程序运行界面如图 5-15 所示。

图 5-15 实例 5.9 程序运行结果

实例 5.10 从键盘上依次输入一串字符，以“！”结束，并对输入的字符中的字母及数字的个数分别进行统计。

编写程序代码如下：

```
Private Sub Command1_Click()
    Dim c As String, num1 As Integer, num2 As Integer
    num1 = 0
    num2 = 0
    c = InputBox("请输入字符")
    While c <> "! "
        If UCase(c) >= "A" And UCase(c) <= "Z" Then
            num1 = num1 + 1
        ElseIf c >= "0" And c <= "9" Then
```

```
            num2 = num2 + 1
        End If
        c = InputBox("请输入字符")
    Wend
    Print "输入字母的个数为:"; num1
    Print "输入数字的个数为:"; num2
End Sub
```

当运行时依次输入“asdfghjk12345qwert67890！”，程序运行界面如图 5-16 所示。

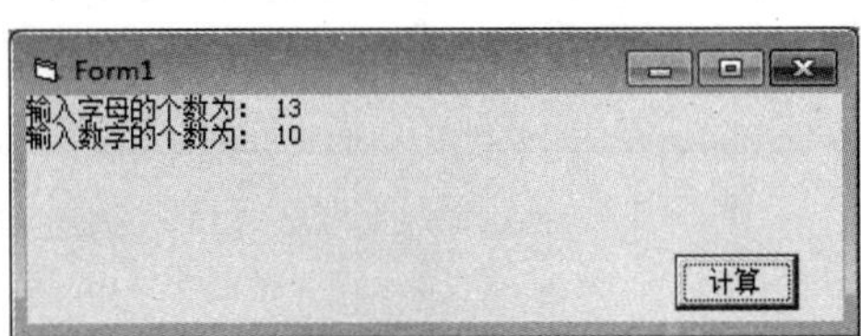

图 5-16　实例 5.10 程序运行结果

5.5 其他辅助控制语句

在循环结构中，除了For…Next循环语句、Do…Loop循环语句和While…Wend循环语句外，还有一些辅助控制语句，如With语句、GoTo语句等。

5.5.1 With…End With语句

格式：

```
With 对象名
      语句块
      End With
```

说明：

(1)该语句功能是当对同一个对象执行一系列语句时，可以不用重复指出该对象的名，但是属性名前的“.”不能省略掉。

(2)要注意，当程序执行一旦进入With语句块，省略的对象名就不能改变。因此不能用一个With语句来设置多个不同的对象。

实例 5.11 With语句示例，程序代码如下：

```
Private Sub Command1_Click()
      With Text1
          .FontSize = 14
          .Alignment = 2
          .ForeColor = RGB(255, 0, 255)
          .FontItalic = True
```

```
            .Text = "北京奥运会"
            Print .Text
        End With
End Sub
```

程序运行界面如图 5-17 所示。

图 5-17　实例 5.11 程序运行结果

5.5.2　GoTo 语句

格式：

```
GoTo <标号|行号>
```

说明：

（1）该语句的功能是将执行流程无条件地转移到同一过程的标号或行号指定的那行语句。

（2）<标号>是用户自定义标识符，以冒号（：）结束，且必须放在一行的开始位置。

（3）<行号>可以是任何数值的组合，在使用行号的模块内，该组合是唯一的。行号必须放在行的开始位置。

（4）GoTo 语句使得程序结构不清晰，可读性差。结构化程序设计中要求尽量少用或不用 GoTo 语句，而用选择结构或循环结构来代替。

实例 5.12 用 While…Wend 循环语句求 100 以内既能被 3 整除同时又能被 7 整除的最小值。

程序代码如下：

```
Private Sub Command1_Click()
    Dim i As Integer, s As Integer
    Label1.FontSize = 11
    s = 0
    i = 1
    While i <= 100
        If i Mod 3 = 0 And i Mod 7 = 0 Then
            Label1.Caption = Label1.Caption & i
            GoTo p
        End If
        i = i + 1
    Wend
p:
End Sub
```

程序运行界面如图 5-18 所示。

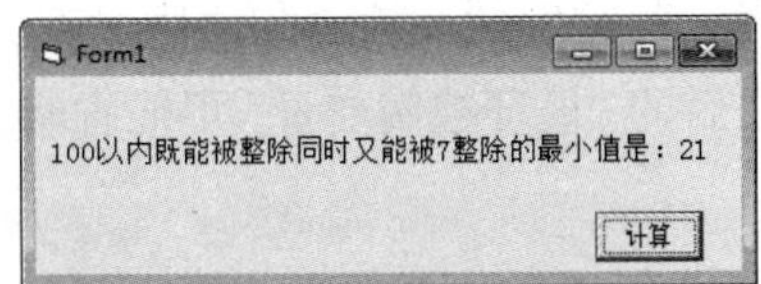

图 5-18　实例 5.12 程序运行结果

5.6 多重循环（循环嵌套）

多重循环或循环嵌套是指一个循环结构的循环体内包含了另一个循环结构。在VB中，所有的控制结构（包括If结构、Select Case结构、Do型循环结构、For型循环结构、While型循环结构等）都可以嵌套另一个控制结构。

实例 5.13　用双重循环显示范围分别是 1 至 3 和 5 至 6 的两个变量构成的组合。

编写程序代码如下：

```
Private Sub Command1_Click()
    Dim i As Integer, j%
    For i = 1 To 3
        For j = 5 To 6
            Print i, j
        Next j
    Next i
End Sub
```

程序运行界面如图 5-19 所示。

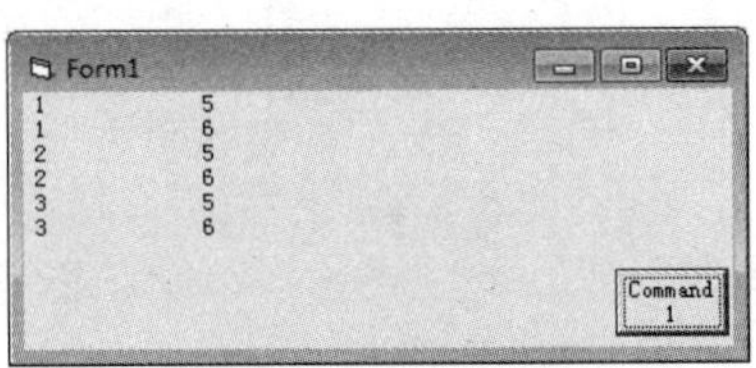

图 5-19　实例 5.13 程序运行结果

在本例中，整个内循环其实就是外循环的循环体，从结果可以看出，外循环的控制变量i的值每改变一次，内循环的循环体就会执行两次（j=5, j=6）循环体的语句（Print i, j），所以，内循环体的语句总共执行了 3×2 次，才算完成整个循环过程。

5.6.1　嵌套的规则

（1）嵌套的层数不限。

（2）内层控制结构必须完全被外层控制结构所包含。

（3）多个For结构嵌套时，循环控制变量不能重名。

（4）任意结构的嵌套都应该体现完全的包含关系。

（5）当多个Next循环嵌套时，若它们的Next语句之间没有其他语句时，可以只使用一个Next语句。不过此时Next语句之后的“循环控制变量”不能省略，且应使用逗号分隔，遵循先内层后外层的顺序。

```
For i = a To b                      For i=a To b
   ......                              ......
   For j = w To e                      For j=w To e
      ......                              ......
      For k = r To t                      For k=r To t
         ......                              ......
      Next                          Next k,j,i
   Next
Next
```

例如，下面的循环结构是正确的，内层的循环完全位于外层循环之中：

```
For i=j To k                        Do Until a
   ......                              ......
   Do                                  For i=p To u
      ......                              ......
   Loop While a                        Next i
   ......                              ......
Next I                              Loop
```

而下面的循环嵌套是错误的，内外层循环有交叉部分：

```
Do Until a                          For i=j To y
   ......                              ......
   For i=j To y                        For p=w To t
      ......                              ......
Loop                                Next i
   ......                              ......
   Next I                              Next p
```

5.6.2 Exit For与Exit Do语句在循环嵌套时的作用

Exit Do语句用于强制结束Do循环，当多个Do循环嵌套时，只跳出该语句所在的最内层循环并执行对应的Loop之后的语句。同理，Exit For语句用于强制结束For循环，当多个For循环嵌套时，只跳出该语句所在的最内层循环并执行对应的Next语句之后的语句。

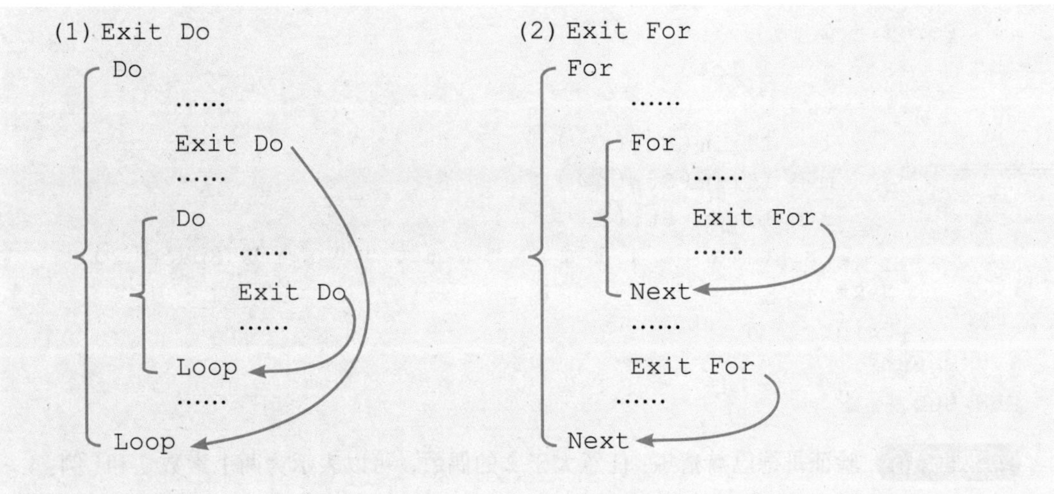

当Do循环与For循环嵌套时，若Exit Do语句处于Do循环的一个For循环中时，Exit Do语句同时会跳出For循环；同理，若Exit For处于一个For循环的Do循环中时，不但跳出当前的For循环，而且还会跳出正在执行的处于For循环内部的Do循环。

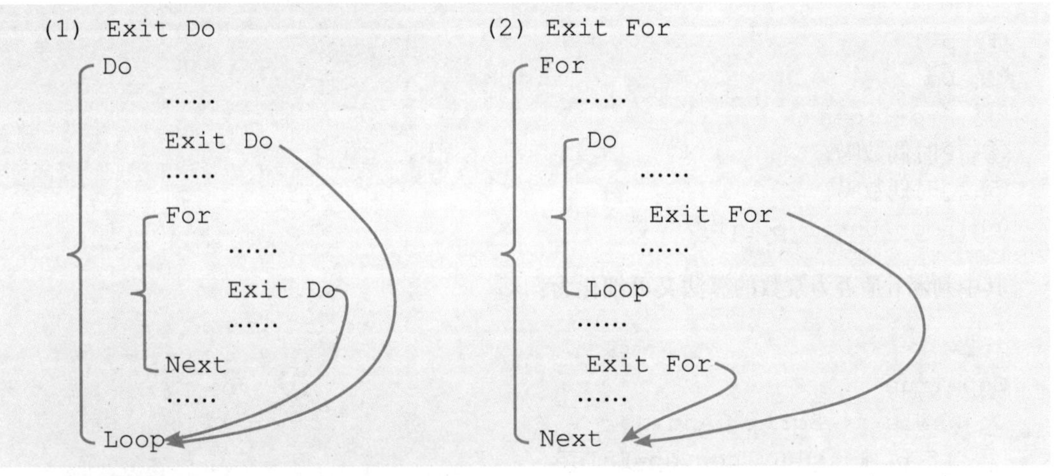

实例 5.14 输出如图 5-20 所示的九九表。

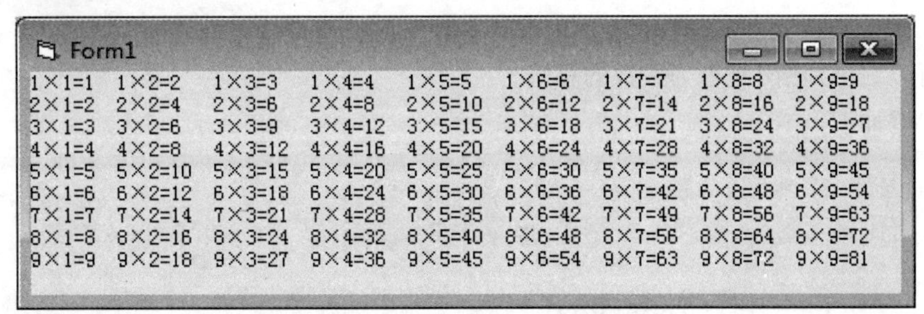

图 5-20 实例 5.14 程序运行结果

程序代码如下：

```
Private Sub Form_Click()
    Dim t%, l$, m$, r As String
```

```
    For i = 1 To 9
        For j = 1 To 9
            t = (j - 1) * 9
            l = LTrim(Str(i))
            m = LTrim(Str(j))
            r = LTrim(Str(i * j))
            Print Tab(t); l & "×" & m & "=" & r & Space(2);
        Next j
        Print
    Next i
End Sub
```

实例 5.15 验证哥德巴赫猜想：任意大于 2 的偶数，可以表示为两个素数之和（例：4 = 2 + 2、14 = 3 + 11、98 = 19 + 79 等）。

分析：设n为任意一个偶数，p、q为素数，n = p + q。逻辑类型变量gp、gq用作判断标志。算法描述如下：

输入一偶数n

```
① p=1
② Do
③ P=p+1:q=n-p
④ P时偶数吗?
⑤ Q时偶数吗?
⑥ Loop Until p、q均为素数
```

其中判断p是否为素数的算法又可细化为：

```
j=2
Ggp=True
Do While j<=Sqr(p) And gp
    If p Mod j=0 Then gp=False
    j=j+1
Loop
```

同理可以写出判断q是否为素数的算法。

程序代码如下：

```
Private Sub Form_Click()
        Dim n%, p%, q%, j%, gp As Boolean, gq As Boolean
        Do
            n = Val(InputBox("请输入一个偶数:"))
        Loop Until n Mod 2 = 0
        p = 1
        Do
```

```
            p = p + 1
            q = n - p
            j = 2
            gp = True
            Do While j <= Sqr(p) And gp
                If p Mod j = 0 Then gp = False
                j = j + 1
            Loop
            j = 2
            gq = True
            Do While j <= Sqr(q) And gq
                If q Mod j = 0 Then gq = False
                j = j + 1
            Loop
        Loop Until gp And gq
        Print n & "=" & p & "+" & q
End Sub
```

当输入的偶数时 1092 时，程序运行界面如图 5-21 所示。

图 5-21　实例 5.15 程序运行结果

上述程序中有两段功能相同、语句形式相同的程序段用于判断素数，我们将在第 7 章看到，它们可以定义为一个可重用的公共模块——子过程，供程序在不同的位置调用（避免重复编写相似甚至相同的代码）。

实例 5.16　输出如图 5-22 所示的图形。

编写程序代码如下：

```
Private Sub Form_Click()
        For i = 1 To 5
            Print Tab(10);
            For j = 1 To 10
                Print "*";
            Next j
            Print
        Next i
End Sub
```

程序运行界面如图 5-22 所示。

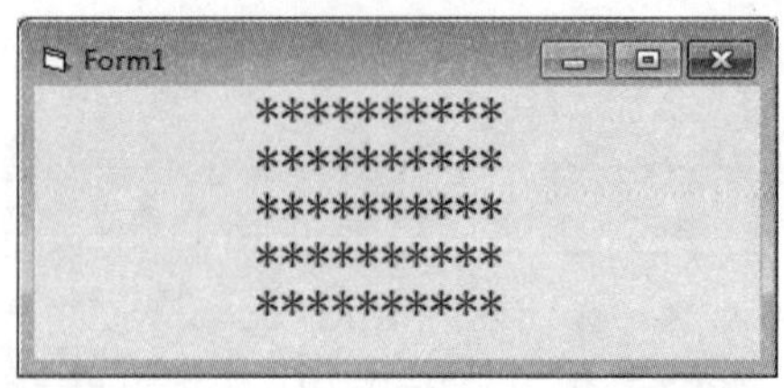

图 5-22　实例 5.16 程序运行结果

说明：循环控制变量i用于表示第几“行”，循环控制变量j用于表示某“行”中的第几个“*”，Tab函数中的参量“10”表示此行的第一个“*”输出在第几“列”。

思考：如果需要分别输出如图 5-23 所示的左图、中图、右图，对实例 5.16 需要做出如何改变？

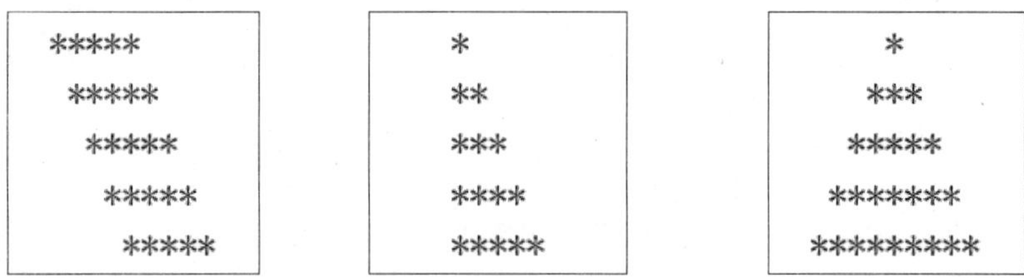

图 5-23　图形变换示例

实例 5.17　对输入的任意大小的文章进行规范，规则是每个句子的第一个字符为大写字母，其他都是小写字母（每个句子的结束符为“.”“!”或“?”（句号、感叹号或问号）。要判定哪个字符是句子的第一个字符，必须要对其前一个字符进行判断。若前一个字符是句子的结束符，则当前字符要转大写，否则转小写）。运行界面如图 5-24 所示。

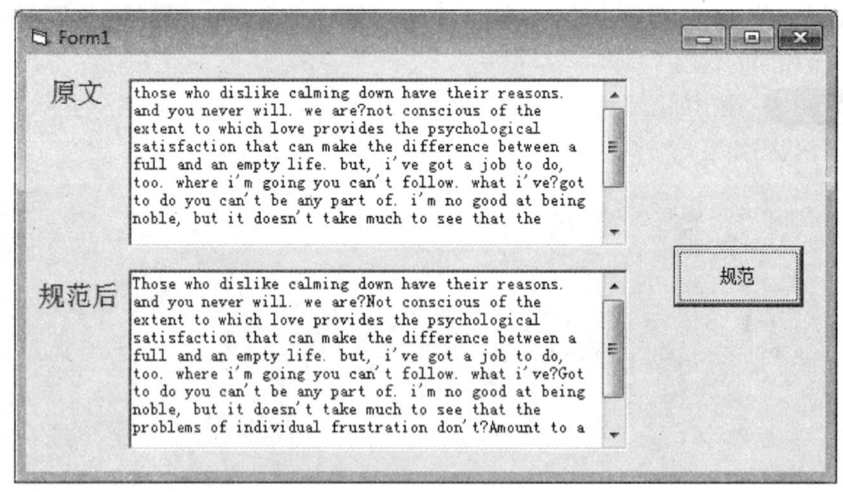

图 5-24　实例 5.17 程序运行结果

程序代码如下：

```
Private Sub Command1_Click()
Dim s$, t$, c0$, c1$, i%
```

```
s = Trim(Text1.Text)
t = ""                          ' 将结果字符串初始化为空串
c0 = "? "                       ' c0 用来存放前一个字符,初始化为句子结束符
For i = 1 To Len(s)
c1 = Mid(s, i, 1)               ' 获取当前字符
If c0 = "." Or c0 = "? " Or c0 = "! " Then
                                ' 若前一个字符为句子结束符
t = t & UCase(c1)               ' 将当前字符转大写
Else                            ' 若前一字符不是句子结束符,则将当前字符转小写
t = t & LCase(c1)
End If
c0 = c1                         ' 将当前字符赋给前一字符
Next i
Text2.Text = t
End Sub
```

下面将各种循环语句的特点进行比较，见表 5-1 所列。

表 5-1 各种循环语句特点比较

语句形式	特点	循环条件	循环终止条件	循环次数
While …Wend	先判断	True	False	≥ 0
Do While…Loop	先判断	True	False	≥ 0
Do Until…Loop	先判断	False	True	≥ 0
Do…Loop While	后判断	True	False	≥ 1
Do…Loop Until	后判断	False	True	≥ 1
For…Next	先判断	递增： 控制变量≤终值 递减： 控制变量≥终值	递增： 控制变量>终值 递减： 控制变量<终值	(终值-初值)\增值+1

5.7 滚动条

滚动条通常用于辅助浏览器显示内容、确定位置，也可以作为数据输入工具。在Windows的工作环境下，经常可以看见滚动条。

滚动条分为水平滚动条(HScrollBar)与垂直滚动条(VScrollBar)两种。水平滚动条的默认名称是HScrollX，垂直滚动条的默认名称是VScrollX（X为1、2、3、…）。在工具箱中，它们的图标如图 5-25 所示。两种滚动条除了方向不同之外，结构与操作方式都是一样的，滚动条

的两段各有一个滚动箭头，中间有一个滚动滑块，如图 5-26 所示

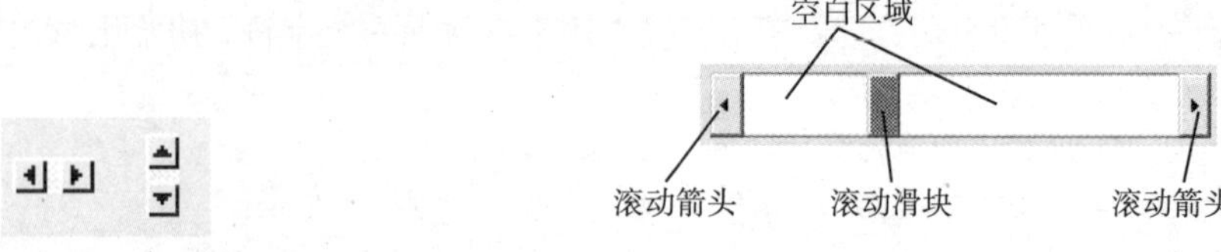

图 5-25　滚动条图标　　　图 5-26　滚动条结构

5.7.1　常用属性

（1）Value。Value属性是滚动条最重要的属性，它反映了滚动条的当前值。Value属性值与滚动条的位置相关联，无论是单击滚动箭头、单击空白区域或是拖动滚动滑块，都会改变Value属性值。

（2）Min属性、Max属性。Min属性决定当滚动条的滚动滑块处于顶部（垂直滚动条）或最左侧位置（水平滚动条）时，滚动条的Value属性值，即滚动条滚动范围的下限（最小值）；Max属性决定当滚动条的滚动滑块处于底部（垂直滚动条）或最右侧位置（水平滚动条）时，滚动条的Value属性值，即滚动条滚动范围的上限（最大值）。

Min与Max属性的值可以时-32768~32767之间的正数，Max的默认值为32767，Min的默认值为0。

若希望垂直滚动条的滚动滑块向上移动或水平滚动条的滚动滑块向左移动时，Value值递增，则只需要设置Max的值小于Min的值即可。

（3）SmallChange属性、LargeChange属性。SmallChange属性的值指的是当用户单击滚动箭头时，滚动条的Value属性值的变化量；LargeChange属性的值指的是当用户单击滚动箭头与滚动滑块之间的空白区域时，滚动条的Value属性值的变化量。这两个属性的取值范围都是1~32767之间的整数，默认值都是1。一般情况下，LargeChange属性值大于SmallChange属性值。在Max与Min属性值确定的情况下LargeChange属性值越大，滚动滑块就越长。

5.7.2　常用事件

（1）Change事件。滚动条控件不支持Click与DBClick事件。当滚动条的Value属性值发生变化时，将触发Change事件。能够引起Value属性值变化的原因有：单击滚动箭头，单击空白区域，拖动滚动滑块后释放鼠标按钮或在程序代码中重设了Value属性值。

（2）Scroll事件。当滚动条的滚动滑块被拖动时，将触发Scroll事件。Scroll事件与其他的事件不同，在使用鼠标拖动滚动滑块的过程中，会连续的引发多个Scroll事件。

实例 5.18　在一个文本框内显示滚动条的滚动滑块的位置。

（1）创建用户界面。在窗体上创建放置1个文本框、1个水平滚动条、4个标签，如图 5-27 所示。

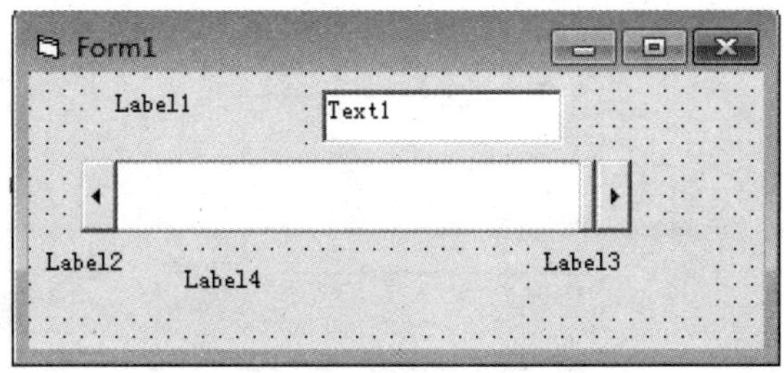

图 5-27 实例 5.18 设计界面

（2）设置对象属性。对象属性见表 5-2 所列。

表 5-2 实例 5.18 对象属性的设置

控件名	属性名	属性值
Form1	Caption	实时显示滚动条的 Value 属性
Text1	Text	空
HScroll1	Min	0
	Max	100
	Value	50
	SmallChange	2
	LargeChange	5
Label1	Caption	速度
Label2	Caption	慢
Label3	Caption	快
Label4	BorderStyle	1

（3）编写程序代码。

```
Private Sub Form_Load()
    Text1.Text = HScroll1.Value
End Sub
Private Sub HScroll1_Change()
    Text1.Text = HScroll1.Value
End Sub
Private Sub HScroll1_Scroll()
    Label4.Caption = "Moving to " & HScroll1.Value
End Sub
```

（4）运行界面如图 5-28 所示。

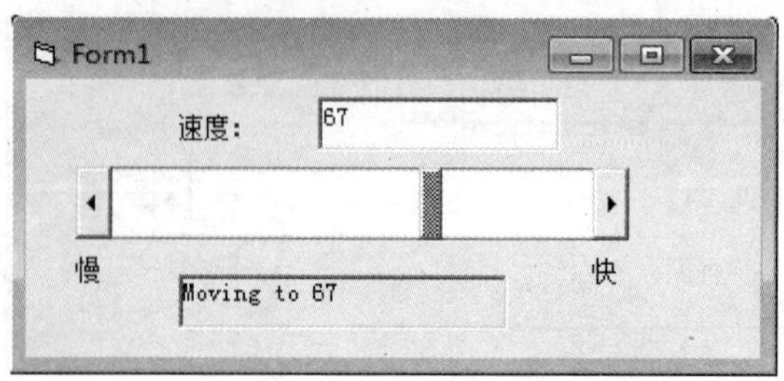

图 5-28　实例 5.18 程序运行界面

5.8 计时器

VB可利用系统内部的计时器(定时器)计时，而且还提供了定制时间间隔的功能，用户可以自行设置每个计时器事件的时间间隔，它能在程序运行过程中不断地累计时间，当达到给定的时间间隔时，自动引发Timer事件。所谓的时间间隔(Interval)，是指各计时器事件之间的时间，以毫秒为单位。定时器是运行时不可见控件，它没有Visible属性，也没有Width与Height属性。

5.8.1　常用属性

(1)Interval属性。此属性是以毫秒为单位的时间间隔，定时器从被打开时起，每隔这个时间间隔就会激发一次Timer事件。Interval属性的取值范围为 1~65535。Interval属性值为 0(默认值)时，计时器被屏蔽(停止计时)，不会触发Timer事件。

(2)Enabled属性。此属性为True时,打开计时器；当它为False时，关闭计时器(无论Interval属性的值时多少)，只有当Enabled为True且Interval不为 0 时，计时器才正常计时。

5.8.2　常用事件

Timer事件是计时器控件的唯一事件。当预定的时间间隔达到时，计时器自动触发此事件。

实例 5.19　设计一个数字时钟。

(1)创建用户界面。在窗体上创建放置 1 个标签、1 个计时器，如图 5-29 所示。

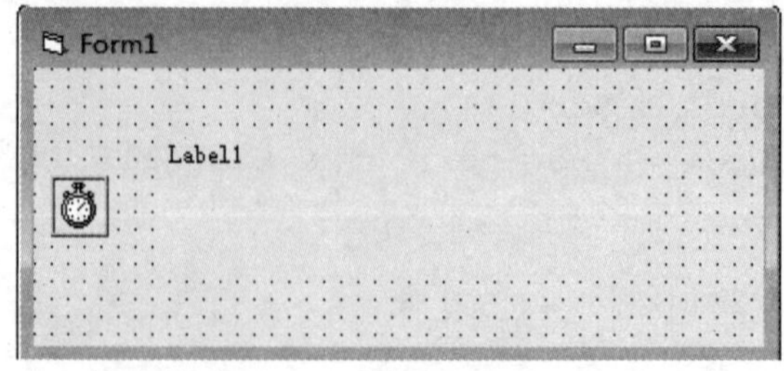

图 5-29　实例 5.19 设计界面

(2)设置对象属性。对象属性见表 5-3 所列。

表 5-3 【实例 5.19】对象属性的设置

控件名	属性名	属性值
Timer	Interval	1000
Label1	BorderStyle	1

（3）编写程序代码。

```
Private Sub Timer1_Timer()
    Label1.FontName = "Times New Roman"
    Label1.FontSize = 36
    Label1.Caption = Time$
End Sub
```

（4）程序运行界面如图 5-30 所示。

图 5-30　实例 5.19 程序运行界面

实例 5.20　设计一个滚动字幕。

（1）创建用户界面。在窗体上创建放置 1 个标签、1 个计时器、2 个命令按钮，如图 5-31 所示。

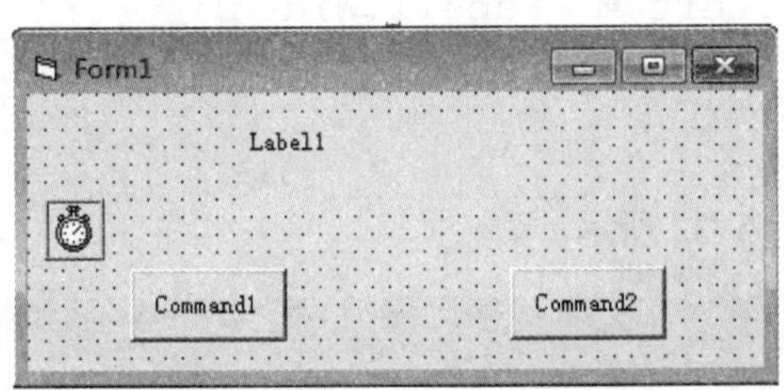

图 5-31　实例 5.20 设计界面

（2）设置对象属性。对象属性见表 5-4 所列。

表 5-4　实例 5.20 对象属性的设置

控件名	属性名	属性值
Command1	Caption	开始
Command2	Caption	停止
Timer1	Interval	50
	Enabled	False

续表

控件名	属性名	属性值
Label1	Caption	"热烈欢迎"
	AutoSize	True
	Fontsize	16
	FontBold	True

(3)编写程序代码。

```
Private Sub Command1_Click()
        Command1.Caption = "继续"
        Timer1.Enabled = True
        Command1.Enabled = False
        Command2.Enabled = True
End Sub
Private Sub Command2_Click()
        Timer1.Enabled = False
        Command2.Enabled = False
        Command1.Enabled = True
End Sub
Private Sub Timer1_Timer()
        If Label1.Left < Form1.Width Then
            Label1.Left = Label1.Left + 20
        Else
            Label1.Left = -Label1.Width
        End If
End Sub
```

(4)程序运行界面如图 5-32 所示。

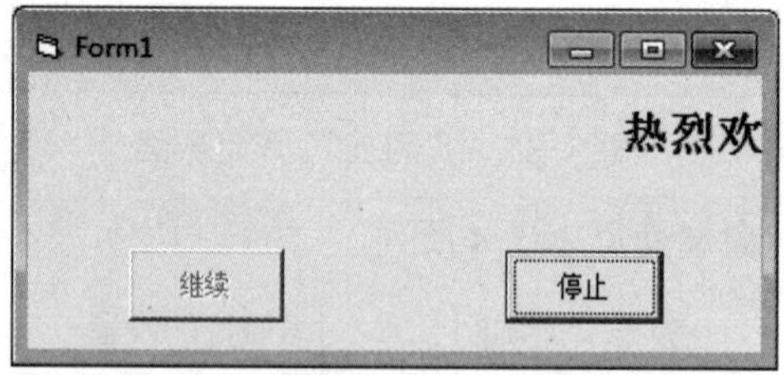

图 5-32　实例 5.20 程序运行界面

5.9 图片框与图像框

图片框(PictureBox)与图像框(Image)控件可以在窗体上显示保存在图像文件中的图

像，支持的图像文件格式有：位图文件(.bmp)、Windows元文件(.wmf)、增强型元文件(.emf)、图标文件(.ico)、光标文件(.cur)及以.jpg、.gif为扩展名的图像文件。图像文件支持鼠标单击与双击事件，也支持Move方法。

图片框与图像框的主要区别是：图片框可以作为其他控件的父对象(容器控件)，且可以通过Print方法接受文本，而图像框只能显示图形信息；图像框比图片框占用内存少，显示速度快。

图片框与图像框常用属性有以下3种。

(1)Picture属性。该属性可指定图像框中显示的图像。有两种情况：

①在设计状态下，通过“属性”窗口指定Picture属性。

②在运行状态下，通过LoadPicture函数为指定的图像框加载图像。

格式：

```
[对象.]Picture=LoadPicture("文件名]")
```

说明：

①“文件名”指的是图像文件的全名，包括盘符、路径、文件主名、文件扩展名。

②当省略“文件名”时，表示清空对象中的图像。

③这是在运行期间加载的图像文件，与设计阶段装入时使用时机不一样。

(2)Stretch属性。该属性指定一个图像是否调整大小以适应图像框的大小。当其值为False时，图像框将自动调整大小以适应图像的大小；当其值为True时，图像的大小适应图像框的大小(图像显示有可能会变形)。

(3)Autosize属性。该属性指定图片框控件是否自动改变大小以适应显示其中的全部内容(逻辑类型)。当其值为True时，图片框边框自动调整，以适应装入的图像的大小；当其值为False时，图片框边框不会自动调整，此时装入的图像有可能被截掉。

实例5.21 编写程序：实现交换图片框与图像框中的图像。

(1)创建用户界面。在窗体上创建放置2个图片框、1个图像框、2个命令按钮，如图5-33所示。

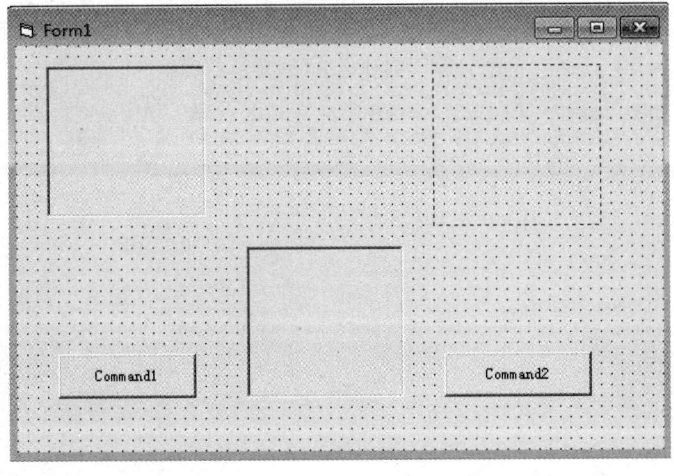

图5-33 实例5.21设计界面

（2）设置对象属性。对象属性见表 5-5 所列。

表 5-5　实例 5.21 对象属性的设置

控件名	属性名	属性值
Command1	Caption	装载图形
Command2	Caption	交换图形

（3）编写程序代码。

```
Private Sub Command1_Click()
      Picture2.Picture = LoadPicture("")
      Picture1.AutoSize = True
      Image1.Stretch = True
      Picture1.Picture = LoadPicture("d:\novel\p1.jpg")
      Image1.Picture = LoadPicture("d:\novel\p2.jpg")
End Sub
Private Sub Command2_Click()
      Picture2.Picture = Picture1.Picture
      Picture1.Picture = Image1.Picture
      Image1.Picture = Picture2.Picture
End Sub
```

（4）运行界面如图 5-34 所示。

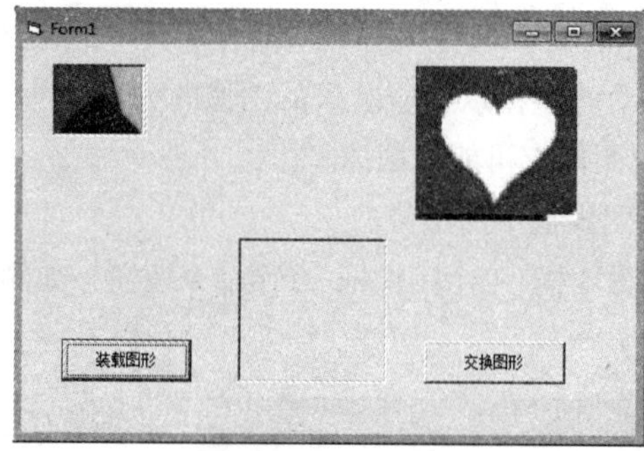

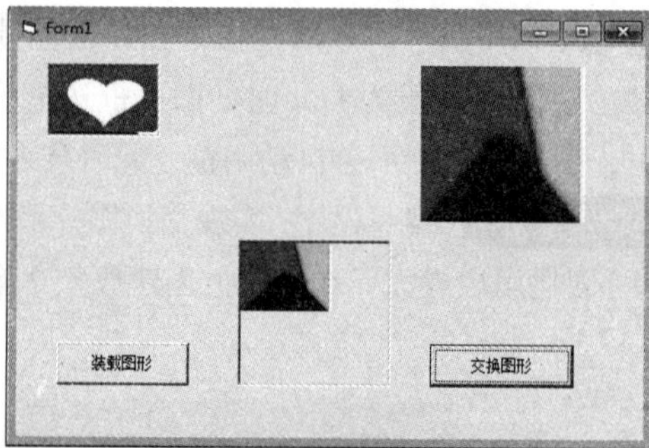

图 5-34　实例 5.21 程序运行界面

第6章 数组

在前面讲解的程序中，所用的变量都属于简单变量。当处理问题所涉及的变量个数较少时，使用简单变量完全可以胜任。但当遇到数据统计、排序、矩阵运算等较为复杂的问题时，往往需要对成批的数据进行处理，仅用简单变量进行编程就会非常麻烦，而利用数组却很容易实现。

本章主要介绍数组的基本概念，通过实例讲解数组在实际问题中的应用，并介绍动态数组、控件数组的概念及用法。

6.1 数组的概念

6.1.1 数组与数组元素

在实际应用中，常常需要处理相同类型的一批数据。例如，求 100 个学生的平均成绩，并统计高于平均分的人数。为了存储和统计这 100 个学生的成绩，至少需要定义 100 个简单变量。所以，我们提出更好的解决方案——使用一个名为 grade 的数组来实现，则这些学生的成绩可以分别表示为：

```
grade(1),grade(2),grade(3)…grade(99),grade(100)
```

在 VB 中，数组是用一个名称来表示一组变量的有序集合，通常将数组元素又称为下标变量。例如，grade(2)表示 grade 数组中下标为 2 的数组元素。

关于数组的名称与下标，有以下几点说明：

(1)数组的命名规则与简单变量的命名规则相同。

(2)数组元素顺序排列，共用一个数组名，并通过下标来唯一标识。

(3)下标必须是整数，否则将四舍五入自动取整。

(4)下标必须用圆括号括起来，例如，不能将数组元素 grade(2)写成 grade2。

(5)下标的最大值和最小值分别称为数组的上界和下界，下标是上、下界范围内的一组连续整数。引用数组元素时，下标不可超出数组声明时的上、下界范围。

6.1.2 数组的维数

数组元素中下标的个数称为数组的维数。因此，一维数组仅有一个下标，二维数组则有两个下标，以此类推。一维数组形如a（100），可以视作一维坐标轴（如x轴）上的点，只能表示线性顺序，即数组中所有元素能顺序地排成一行。二维数组有两个下标，形如b（2，4），可视作二维坐标系中的点，能够表示平面信息，即数组中所有元素能按行和列顺序排成一个矩阵。三维数组有三个下标，形如c（2，34，55），可视作三维坐标系中的点，能够表示立体信息，即数组中的所有元素能按长、宽和高的顺序排成一个长方体。超过三维的数组可以用现实生活中的其他事物来类比，维数越高则越抽象。

6.1.3 静态数组和动态数组

根据在程序运行过程中能否改变数组的大小（能否增加或减少数组元素的个数），可将数组分为静态数组和动态数组两种。静态数组也称定长数组或固定大小的数组，其数组元素的个数是固定不变的。动态数组的大小则可在程序运行中根据需要进行调整。

6.2 数组的声明与应用

6.2.1 一维数组

1. 一维数组的定义

数组的定义又称为数组的声明或说明。数组应当先定义后使用，以便让系统给该数组分配相应的内存单元。

静态一维数组的定义格式如下：

```
说明符 数组名(下标)[As 类型]
```

说明：

（1）“说明符”为保留字，可以是Dim、Public、Private和Static中的任何一个。在使用中可以根据实际情况进行选择。定义数组后，数值数组中的全部元素均被初始化为0，字符串数组中的全部元素均被初始化为空字符串。

（2）“数组名”要符合标识符命名规则，在同一个过程中数组名不能与变量名相同。

（3）“下标”的一般形式为“［下界 To］上界”。上界、下界必须为常整数，并且下界应该小于上界。如果不指定下界，则下界默认为0。一维数组的大小为：上界 - 下界 + 1。

例如：

```
Dim a(5) As Integer     '定义数组a，含6个整型数组元素，下标值从0到5
Dim b(2 to 5) As Single'定义数组b，含4个单精度型数组元素，下标值从2到5
```

如果希望下界默认为1，则可以通过Option Base 1来设置。该语句只能出现在模块的所有过程之前，一个模块只能出现一次，且只影响包含该语句的模块中的默认数组下界。

例如：

```
Option Base 1 '在模块的“通用声明”段中声明
```

则当Dim a(3)As Integer时，数组a的下标值从1开始。

(4)“As类型”用于说明数组元素的类型，若省略，则数组为Variant类型。

(5)可以通过类型说明符来指定数组的类型。

例如：

```
Dim a%(6), b! (2 To 5), c#(5)
```

2. 一维数组的引用

数组的引用通常是指对数组元素的引用。一维数组元素的引用格式如下：

```
数组名(下标)
```

说明：

(1)下标可以是整型常量、变量或表达式。如：a(10)、a(x)、a(m+n)均为正确的引用。

(2)下标值不能越界，应在数组声明的范围之内。

例如：

```
Dim a%(5)
```

定义了一个一维数组a，在内存中开辟6个连续的存储空间，用于保存a的6个整型元素a(0)、a(1)、a(2)、a(3)、a(4)和a(5)的值。

(3)数组元素的使用方法与同类型的变量完全相同。例如：

```
a(1)=1:a(2)=1
a(3)=Val(InputBox("请输入一个整型数"))
Print a(4);
```

数组的应用离不开循环。一维数组的赋值或输出操作往往通过一重循环来实现，将数组下标作为循环变量，通过循环来遍历一维数组(访问一维数组的所有元素)。

实例6.1 输入10个整数用数组保存起来，并求其中大于10的个数及平均值。

编写程序代码如下：

```
Private Sub Command1_Click()
Dim a(1 To 10) As Integer
Dim i As Integer, count As Integer
Dim sum As Long
Dim avg As Single
For i = 1 To 10 '用循环输入10个整数
        a(i) = Val(InputBox("请输入第" & i & "个整数:"))
    If a(i) > 10 Then          '如果输入的整数满足要求则进行处理
```

```
        sum = sum + a(i)          '记录满足要求整数的和
        count = count + 1         '记录满足要求整数的个数
    End If
Next
avg = sum / count                 '计算满足要求整数的平均值
Print "您输入的数据是:";
For i = 1 To 10                   '用循环输出 10 个整数
    Print a(i);
Next
    Print                         '输出换行
    Print
    Print "大于 10 的整数个数为:" & count
    Print
    Print "大于 10 的整数的平均值为:" & avg
    End Sub
```

输入完 10 个整数后程序的运行结果如图 6-1 所示。

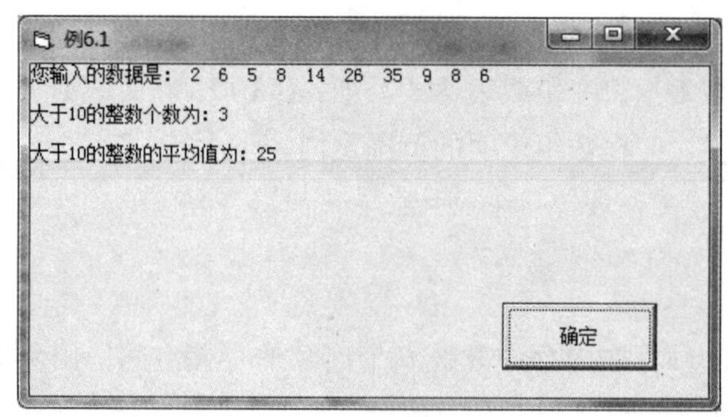

图 6-1　实例 6.1 运行结果

实例 6.2　编写程序，将输入的 10 个整数按逆序输出。

编写程序代码如下：

```
Private Sub Command1_Click()
    Dim a%(10), i%
    Print "输入的数据为:"
    For i = 1 To 10
        a(i) = Val(InputBox("请输入一个整型数:"))
        Print a(i);
    Next i
    Print
    Print "逆序输出为:"
    For i = 10 To 1 Step -1
        Print a(i);
    Next i
    End Sub
```

程序运行结果如图 6-2 所示。

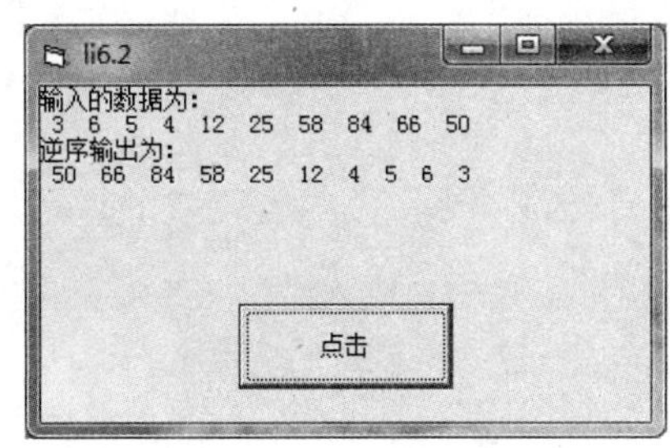

图 6-2 实例 6.2 运行结果

6.2.2 二维数组

1. 二维数组的定义

二维数组的定义格式如下：

```
说明符 数组名(下标 1,下标 2)[As 类型]
```

说明：二维数组的声明格式与一维数组类似。

（1）“下标 1”，“下标 2”的一般形式均为“[下界 To] 上界”。

（2）如果不指定“下界”，则下界默认值为 0。

（3）每一维的大小为：上界 - 下界 +1。

（4）数组的大小：每一维大小的乘积。

例如：Dim s(2,3) as Integer

定义了一个二维数组 s，类型为 Integer，该数组有 3 行（行下标为 0 - 2）、4 列（列下标为 0 - 3），占据 12（3×4）个整型变量的存储空间。s 的内存分配见表 6-1 所列。

表 6-1 二维数组 s 的内存分配

s(0,0)	s(0,1)	s(0,2)	s(0,3)
s(1,0)	s(1,1)	s(1,2)	s(1,3)
s(2,0)	s(2,1)	s(2,2)	s(2,3)

2. 二维数组的引用

二维数组的引用格式如下：

```
数组名(下标 1，下标 2)
```

说明：

（1）下标 1、下标 2 可以 ish 整型的常量、变量、表达式。

（2）引用数组元素时，下标 1、下标 2 的取值应在数组声明的上、下界范围之内。

（3）二维数组的赋值或输出操作往往通过二重循环来实现，将二维数组的行下标和列下标分别作为循环变量，通过二重循环来遍历二维数组。

实例 6.3 将一个二维数组 a 存入另一二维数组 b 中。

编写程序代码如下：

```
Dim a%(1 To 3,1 To 2),b%(1 To 3,1 To 2)
For i=1 to 3
 For j=1 to 2
   b(i,j)=a(i,j)
 Next j
Next i
```

实例 6.4 设有一个 2×3 的矩阵，随机存入两位整数，并输出该矩阵，求出其中最大值及最大值所在的行号和列号。

编写程序代码如下：

```
Private Sub Form_Click()
Dim i%, j%, row%, colum%, max%, a%(2, 3)
For i = 0 To 2
    For j = 0 To 3
        a(i, j) = Int(Rnd * 90) + 10
    Next j
Next i
For i = 0 To 2
    For j = 0 To 3
        Print a(i, j);
    Next j
    Print
Next i
max = a(0, 0)
For i = 0 To 2
    For j = 0 To 3
        If a(i, j) > max Then
         max = a(i, j)
         row = i
         colum = j
        End If
    Next j
Next i
Print "最大值max="; max
Print "在第"; row + 1; "行", "第"; colum + 1; "列"
End Sub
```

运行结果如图 6-3 所示。

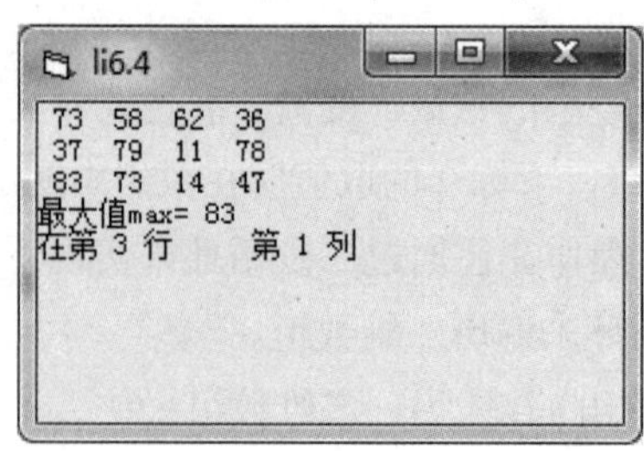

图 6-3 实例 6.4 程序运行结果

6.2.3 Lbound与Ubound函数

UBound( )和LBound( )函数可以求出数组下标的上界和下界。其语法格式为：

```
UBound(数组名[,维数])
LBound(数组名[,维数])
```

UBound和LBound函数可以求出数组下标某个维数的上界和下界。如果省略了维数，则默认为求第一维的上界和下界。例如：

```
Dim a(1 To 4,2 To 6,4 To 10)  As Integer
Print LBound(a),UBound(a)
Print LBound(a,2),UBound(a,2)
Print LBound(a,3),UBound(a,3)
```

程序运行的结果为：

```
1  4
2  6
4  10
```

6.3 动态数组

6.3.1 创建动态数组

动态数组的声明与创建需要两步：

(1)使用Dim、Private或Public语句声明括号内为空的数组。格式如下：

```
Dim | Private | Public 数组名()[As <数据类型>]
```

(2)在过程中用ReDim语句指明该数组的大小。格式如下：

```
ReDim [<Preserve>] 数组名([<下界>to]<上界>[,[<下界>to]<上界>,…])
[As 数据类型]
```

说明：

(1)动态数组ReDim语句中的”<下界>”和“<上界>”可以是常量，也可以是有了确定值的变量。

(2)ReDim语句时一个可执行语句，在过程中可以多次使用，改变数组的维数和大小。

(3)每次使用ReDim语句都相当于数组被重新初始化，原来数组中值全部丢失，可以在ReDim后加Preserve参数来保留数组中的数据。但如果使用了Preserve参数，就只能充定义数组最末维的大小，前面几维大小不能改变。

(4)ReDim中“[As 数据类型]”可以省略不写；如不省略，则类型必须与dim定义时的类型一致（重定义数组不能改变其原理的存储类型）。

（5）一个变体变量可以重定义为具有不同类型的数组。但如果是一个变体数组，在重定义时也只能是变体数组。例如：

```
Dim a() As Variant 或 Dim a()
ReDim a(8) As Variant 或 ReDim a(8)
```

都是正确的。而下列格式

```
Dim a() As Variant
ReDim a(8) As Integer
```

是错误的。

但对于变量来说则不同，例如：

```
Dim a或Dim a As Variant
ReDim a(8) As Integer
```

都是正确的。

但要注意的是，如果类型不同就不能使用Preserve来保留数组的原有数据不丢失，如硬性使用关键字Preserve，系统则按出错处理。

实例6.5 动态数组的应用。

编写程序代码如下：

```
Option Base 1     '在模块的"通用声明"段中声明
…
Private Sub Command1_Click()
Dim a%(), n%      '初定义时不指定数组的大小
n = Val(InputBox("请输入n的值(n>2)"))
ReDim a(n, n)     '将a重定义为一个n行n列的二维数组
a(2, 2) = 10
Print a(2, 2)
ReDim a(2 * n)    '将a重定义为一个包含2*n个元素的一维数组
a(2) = 1000
ReDim Preserve a(3 * n)    '数组a重定义后包含3*n个元素，且前2*n个元
                            素的值不变
Print a(2)
End Sub
```

6.3.2 Array函数与数组清除语句

1. Array函数

在VB中，当需要赋值的数组元素较多时，可以使用Array( )函数，其使用格式如下：

```
数组变量名=Array(常数表)
```

功能：给一维数组整体赋值，并定义一维数组的大小。

其中，“数组变量名”是预先定义的数组名，“常数表”是一个用逗号隔开的值表。

例如：

```
Dim A As Variant     '定义数组名(变体类型)
A=Array(10,20,30)
```

执行上述语句后，将把10、20、30这3个数值赋给数组A的各个元素，即把10赋给A(0)，把20赋给A(1)，把30赋给A(2)。

说明：

(1)数组变量名(如A)后面不能有括号，也就没有维数和上界。使用Array( )函数只能给一维数组赋值，赋值后的数组大小由赋值的个数决定。Array函数创建的数组的下界由Option Base语句指定的下界决定，下界默认为0。

(2)Array函数只能给声明为Variant类型的变量或Variant类型的动态数组赋值。

实例6.6 使用Array函数给一维数组a输入数据，在用数组a中的数据存入二维数组b中，然后将二维数组b以矩阵形式输出到窗体及多行文本框中。

在窗体上建立一个文本框，设置MultiLine属性为True。编写程序代码如下：

```
Option Base 1
Private Sub Form_Load()
    Dim a As Variant, b(3, 4) As Integer
    Dim i As Integer, j As Integer
    a = Array(11, 12, 13, 14, 15, 16, 17, 18, 19, 20, 21, 22)
    For i = 1 To 3
        For j = 1 To 4
          b(i, j) = a((i - 1) * 4 + j)
                                        '把一维数组a的数据存入二维数组b
        Next j
    Next i
    Show
    For i = 1 To 3                      '以矩阵形式输出二维数组b
        For j = 1 To 4
            Print b(i, j);              '输出在窗体
            Text1.Text = Text1.Text & Str(b(i, j))  '输出在文本框
        Next j
        Print                           '换行
        Text1.Text = Text1.Text & vbCrLf
                                 '加入换行控制符vbCrLf(或Chr(13)+Chr(10))
    Next i
End Sub
```

运行结果如图6-4所示。

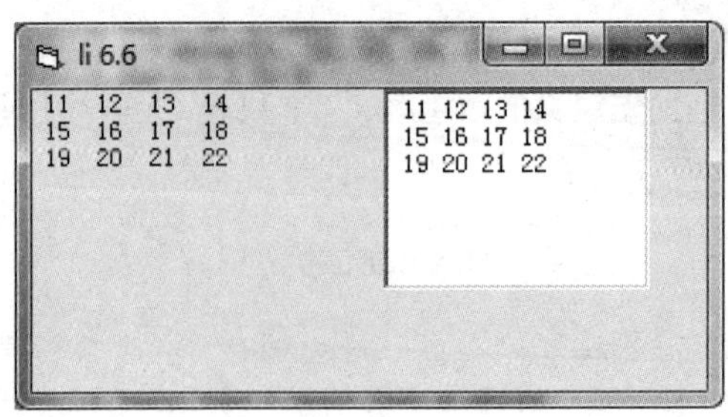

图 6-4　实例 6.6 程序运行结果

2. 数组清除语句 Erase

数组一经定义，便在内存中分配了相应的存储空间。如果想清楚静态数组中的内容或释放动态数组所占用的存储空间，可以使用Erase语句。

格式如下：

```
Erase 数组名,数组名,...
```

说明：

（1）Erase语句用于静态数组时，将对静态数组中的所有元素进行初始化，即将可变类型数组元素值置为Empty，将数值型数组元素值置为0，将字符串类型数组元素值置为零长度字符串。

（2）Erase语句不能释放静态数组所占的存储空间。

（3）在Erase语句中，只给出要刷新的数组名，不带括号和下标。

（4）Erase语句用于动态数组时，将释放动态数组所使用的内存。在下次使用该动态数组前，必须用ReDim语句重新定义该动态数组的维数。

（5）Erase语句可以清除多个数组的内容，数组之间用逗号隔开。

实例 6.7 清除数组a的内容。

编写程序代码如下：

```
Private Sub Command1_Click()
    Dim a(1 To 5) As Integer
    Dim i As Integer
    For i = 1 To 5
        a(i) = i
    Next
    Print "数组值为:"
    For i = 1 To 5
        Print a(i);
    Next
    Print
    Erase a
    Print "执行Erase语句后数组值为:"
    For i = 1 To 5
     Print a(i);
```

```
    Next
End Sub
```

运行结果如图 6-5 所示。

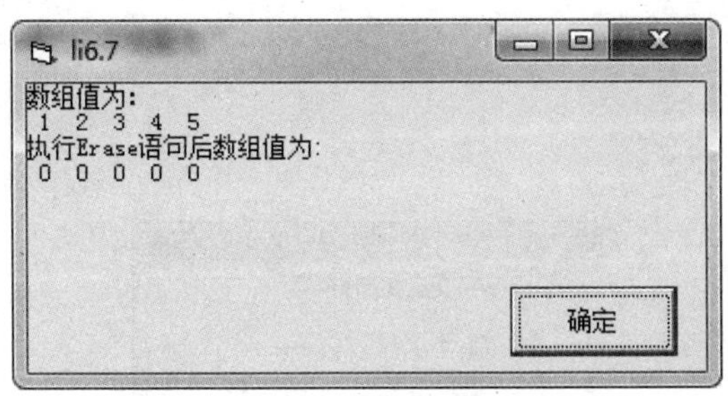

图 6-5　实例 6.7 程序运行结果

6.3.3　For Each…Next 结构

For Each…Next 循环与 For…Next 循环类似，但它对数组中的每一个元素重复一组语句，而不是重复语句一定的次数。如果不指定一个数组有多少元素，For Each…Next 循环非常有用。

格式：

```
For Each <变量> In <数组名>
[语句组 1]
[Exit For]
[语句组 2]
Next <变量>
```

功能：将数组中的第一个数组元素赋给变量，然后进入循环体，执行循环体中的语句，循环体执行完毕，如果数组中还有其他元素，则继续把下一个数组元素赋给变量继续执行循环体，直到数组中所有数据元素执行完循环体，才退出循环，然后执行 Next 后面的语句。

说明：

（1）对于变量只能是可变类型的变量。

（2）Exit For 可放在循环体中的任何位置，以便随时退出循环。

（3）For Each…Next 不能与用户自定义类型的数组一起使用，因为 Variant 不可能包含用户自定义类型。

实例 6.8 用 For Each…Next 循环语句，求 1！+2！+3！+…+10！的值。

编写程序代码如下：

```
Private Sub Form_Load()
Dim a(1 To 10) As Long, sum As Long, t As Long, n As Integer
Show
t = 1
For n = 1 To 10
t = t * n
a(n) = t
Next n
```

```
sum = 0
For Each x In a
sum = sum + x
Next x
Print "1! +2! +3! + …+10! ="; sum
End Sub
```

运行结果如图 6-6 所示。

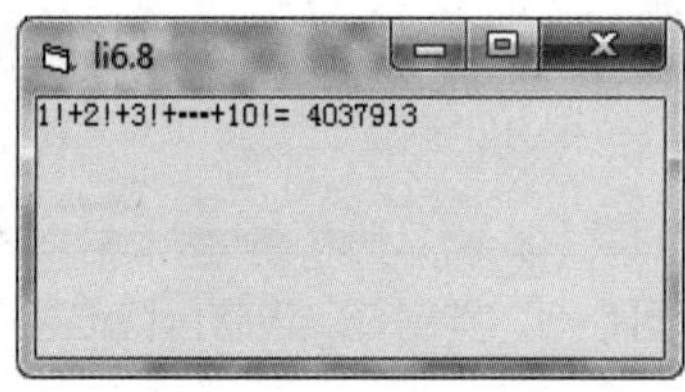

图 6-6　实例 6.8 程序运行结果

6.4 控件数组

6.4.1 控件数组的概念

在 VB 中，除了提供前面介绍的一般数组之外，还提供控件数组。控件数组由一组相同类型的控件组成，它们具有以下特点：

具有相同的控件名（控件数组名），并以下标索引号（Index，相当于一般数组的下标）来识别各个控件。每一个控件称为该控件数组的一个元素，表示为：

```
控件数组名(索引号)
```

控件数组至少应有一个元素，最多可达 32767 个元素。第一个控件的索引号默认为 0，也可以是一个非 0 的整数。VB 允许控件数组中控件的索引号不连续。

例如：Label1（0）,Label1（1）,Label（2）,…就是一个标签控件数组。但要注意，Label1，Label2，Label3，…不是控件数组。

控件数组中的控件具有相同的一般属性。

所有控件共用相同的事件过程。控件数组的事件过程会返回一个索引号（Index），以确定当前发生该事件的是哪个控件。

例如，在窗体上建立一个命令按钮数组 Command1，运行时不论单击哪一个按钮，都会调用以下事件过程：

```
Sub Command1_Click(Index As Integer)
'在此过程中，可以根据Index的值来确定当前按下的是哪个按钮，并以此做出相应的
处理
……
```

```
End Sub
```

6.4.2 控件数组的创建

在VB中有三种方法创建控件数组。

1. 给多个控件定义相同的控件名称

操作步骤如下：

(1)在窗体上画出几个同类型的控件，并且决定哪一个控件作为数组中的第1个元素。

(2)选中第1个数组元素控件，将它的Name属性改为新名字，例如CmdNew。

(3)选中第2个控件，也将它的Name属性改为相同的新名字，即CmdNew，此时会弹出是否要创建控件数组的对话框，在此对话框中选择“是”按钮，这是就创建了控件数组CmdNew，它包含两个元素CmdNew(0)和CmdNew(1)。

(4)然后依次将其他控件的Name属性也改为相同的名字，即CmdNew，这样就可以在该控件数组中添加更多的控件了。

2. 复制现有控件来创建

操作步骤如下：

(1)在窗体上画出某个控件，并将其激活。

(2)选中所画的控件，对该控件进行复制，然后进行粘贴。

(3)第一次复制粘贴是会弹出是否要创建控件数组的对话框，选择“是”按钮即可。

(4)继续粘贴的动作就可以在该控件数组中创建多个控件元素，这些控件的Index属性逐次加一，其他的属性是一样的。

3. 在程序运行时创建控件数组

在窗体中画出一个控件，设置该控件Index属性值为0，在运行程序时使用Load语句加载该控件数组的新控件成员，还可以通过UnLoad语句删除控件数组中已有的成员。每个添加的控件数组通过Left和Top属性，确定其在窗体上的位置，并将Visible设置为True。

(1)Load语句格式如下：

```
Load<数组名(下标值)>
```

功能：添加一个新的控件数组成员，所给的下标值就是该新成员的下标。

(2)UnLoad语句格式如下：

```
UnLoad<数组名(下标值)>
```

功能：删除控件数组中的一个成员。

6.4.3 控件数组的应用

实例6.9 建立如图6-7所示的界面，通过单击相应的命令按钮，可以分别控制标签上文字的颜色、字体和字号。

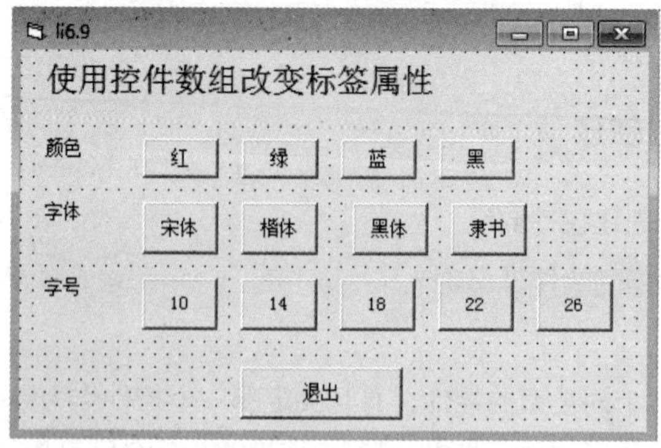

图 6-7　实例 6.9 程序运行界面

步骤如下：

（1）在窗体上添加 4 个标签控件、3 个命令按钮控件数组和 1 个命令按钮控件，其 Caption 属性设置见表 6-2 所列。

表 6-2　实例 6.9 控件属性设置

控件	属性值
Label1	使用控件数组改变标签属性
Label2~Label4	颜色、字体、字号
cmdColor（0）~ cmdColor（3）	红、绿、蓝、黑
cmdFontName（0）~ cmdFontName（3）	宋体、楷体、黑体、隶书
cmdFontSize（0）~ cmdFontSize（4）	10、14、18、22、26
cmdClose	退出

（2）编写程序代码。

```
Private Sub cmdColor_Click(Index As Integer)
Select Case Index
Case 0
Label1.ForeColor = vbRed
Case 1
Label1.ForeColor = vbGreen
Case 2
Label1.ForeColor = vbBlue
Case 3
Label1.ForeColor = vbBlack
End Select
End Sub
Private Sub cmdFontName_Click(Index As Integer)
Select Case Index
Case 0
```

```
Label1.FontName = "宋体"
Case 1
Label1.FontName = "楷体"
Case 2
Label1.FontName = "黑体"
Case 3
Label1.FontName = "隶书"
End Select
End Sub
Private Sub cmdFontSize_Click(Index As Integer)
   Label1.FontSize = cmdFontSize(Index).Caption
End Sub
Private Sub cmdClose_Click()
   End
End Sub
```

(3)运行结果如图 6-7 所示。改变标签上文字的颜色、字体和字号，共使用了 13 个命令按钮，原来需要编写 13 个 Click 事件过程，现在只用了 3 个含有命令按钮的控件数组。计时需要设置更多颜色、字体和字号，使用控件数组后，也不再需要增加新的事件过程。

在 cmdColor、cmdFontName 的 Click 事件过程中，根据数组中控件的索引值 Index 利用 Select Case 结构完成文字颜色、字体的设置，如果需要设置更多的颜色、字体，程序中的代码将随之增加。

实例 6.10 设计一个简易计算器，能进行整数的加、减、乘、除运算。运行界面如图 6-8 所示。

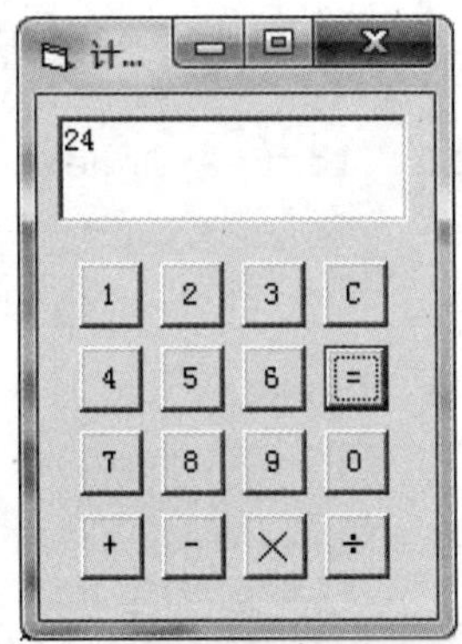

图 6-8 实例 6.10 程序运行结果

步骤如下：

(1)在窗体上增加一个文本框 Dataout 用于显示数据；一个数字类命令按钮数组 cmdNumber、一个运算符类命令按钮数组 cmdOperator；一个命令按钮 cmdResult 用于计算结果；一个命令按钮 cmdClear 用于清除数据，属性设置见表 6-3 所列。

表 6-3　实例 6.10 各控件的属性设置

对象	属性	属性值
Dataout	Caption	空
	Alignment	1-Right Justify
cmdNumber(0)~cmdNumber(9)	Caption	0、1、2、3、4、5、6、7、8、9
cmdOperator(0)~cmdOperator(3)	Caption	+、-、×、÷
cmdResult	Caption	=
cmdClear	Caption	C

（2）编写程序代码。

在模块的“通用声明”段中声明全局变量：

```
Dim ops1&, ops2&            '记录两个操作数
Dim op As Byte              '记录输入的运算符
Dim res As Boolean          '表示是否已计算出结果
'按下清除键C的事件过程
Private Sub cmdClear_Click()
   Dataout.Text = ""
End Sub
Private Sub Form_Load()
   res = False
End Sub
'按下数字键 0~9 的事件过程
Private Sub cmdNumber_Click(Index As Integer)
   If Not res Then
   Dataout.Text = Dataout.Text & Index
   Else
   Dataout.Text = Index
   res = False
   End If
End Sub
'按下运算符键的事件过程
Private Sub cmdOperator_Click(Index As Integer)
   ops1 = Dataout.Text
   op = Index     '记录下对应的运算符
   Dataout.Text = ""
End Sub
'按下=键的事件过程
Private Sub cmdresult_Click()
   ops2 = Dataout.Text
   Select Case op
   Case 0
```

```
        Dataout.Text = ops1 + ops2
    Case 1
        Dataout.Text = ops1 - ops2
    Case 2
        Dataout.Text = ops1 * ops2
    Case 3
        If ops2 <> 0 Then
            Dataout.Text = ops1 / ops2
        Else
            MsgBox("不能以 0 为除数")
            Dataout.Text = ""
        End If
    End Select
    res = True    '已算出结果
End Sub
```

6.5 列表框和组合框

6.5.1 列表框

列表框(ListBox)控件是Windows应用程序的常用控件，列表框可事先将一些选项以列表的形式设置好，在程序运行时显示出来，供用户从中选择一项或多项进行操作，即列表框中的内容只能供用户选择，不能用键盘输入选择。当列表项内容超出所画列表框控件的区域时，VB会自动在列表框控件上添加滚动条。

1. 常用属性

(1)List。List属性用来设置或返回列表控件中的项目。该属性可以在属性窗口中直接设置(按Ctrl+Enter键换行，按Enter键结束)，也可以使用添加方法(AddItem)在程序运行时添加。

List属性是一个字符串数组，数组的每一项都是列表中的项目，可以通过下标访问List数组中的选项，其格式有两种。

①格式一：

```
字符串变量=列表框名称.List(n)
```

说明：上面格式中的n为下标，即列表中项目的索引值，从0开始。

例如，将列表框List1 中第 4 项内容显示在文本框Text1 中，其代码为：

```
Text1.Text=List1.List(3)
```

②格式二：

```
列表框名称.List(n)=字符串变量
```

例如，用文本框Text1 中的内容替换列表框List1 中第 3 项内容，其代码为：

```
List1.List(2)=Text1.Text
```

（2）ListCount。LIstCount属性用来返回列表框中项目数量的数值。该属性设计时不可用，在程序运行时为只读。格式如下：

```
数值型变量=列表框名称.ListCount
```

例如，将List1 中项目的数量赋给n，其代码为：

```
n=List1.ListCount
```

（3）ListIndex。ListIndex属性用来设置或返回当前被选择项目的索引号。该属性在设计时无效，在程序运行时可读写。ListIndex属性的取值范围为0 到ListCount-1，如果没有选择项目，该属性值为“-1”。

例如，将当前列表框List1 中被选择项的文本显示在文本框Text1 中，其代码为：

```
Private Sub List1_Click()
  Text1.Text=List1.List(List1.ListIndex)
End Sub
```

（4）Text。Text属性用于返回选中项文本。该属性设计时不可用，程序运行时为只读，不能直接修改Text属性。

如上例，将当前列表框List1 中被选择项的文本显示在文本框Text1 中的代码又可写为：

```
Private Sub List1_Click()
  Text1.Text= List1.Text
End Sub
```

（5）Sorted。Sorted属性用于指定列表框控件中的项目是否自动按字母表顺序排列。该属性只能在设计时用属性窗口设置，在程序运行中不能设置或修改此属性。Sorted属性值为True时，列表框控件中的项目自动排序显示；Sorted属性值为False时，按列表项的实际输入顺序显示。

（6）Columns。Columns属性用来设置或返回列表框的显示的列数。它的默认值为0，指定控件中所有的项目呈单列显示方式，当列表项超过列表框高度时，则自动加上垂直滚动条。可以将其值设置为大于0 的整数，用于指定在控件宽度内显示的列数，实现多行多列显示。

（7）MultiSelect。MultiSelect属性用来在设计时，设置选项列表中的内容是否可以进行多重选。MultiSelect属性的默认值为0，表示每次只能选择一项，如果选择另一项，则会取消对前一项的选择；如果属性值为1，表示可以进行简单的连续多项的选择；如果属性值为2，表示用户可以通过按下Shift键、Ctrl键选择连续或不连续的多项。

（8）Style。Style属性设置控价的显示类型和行为。该属性只能在设计时用属性窗口设置，运行时为只读。

（9）Selected。Selected属性返回或设置在列表控件中的一个项的选择状态，在设计时是不可用的。其格式如下：

```
对象.Selected(下标)[=boolean]
```

其中，对象为列表框或文件列表框；值为True时，表示该项被选中；否则，表示未被选中；默认值为False。

（10）SelCount。SelCount属性返回在列表框控件中被选中项的数量。如果没有项被选中，那么SelCount属性将返回0值。

2. 常用方法

（1）AddItem。该方法用来为列表框添加新的项目。格式如下：

```
列表框名称.AddItem "项目"[,索引值]
```

如果“索引值”缺省，将“项目”添加到列表项的尾部。例如：

```
List1.AddItem "北京市",1
```

（2）RemoveItem。该方法用来删除列表框中指定的项目。格式如下：

```
列表框名称.RemoveItem 索引值
```

例如：

```
List1.RemoveItem 8
```

（3）Clear。该方法用来清除列表框中的所有内容。格式如下：

```
列表框名称.Clear
```

3. 常用事件

列表框（ListBox）控件常用事件又分为Click事件和DblClick事件，但一般不直接编写列表框的单击或双击事件过程，而是通过命令按钮完成对列表框的操作。

（1）Click。当单击某一列表项目时，将触发列表框控件的Click事件。该事件发生时系统会自动改变列表框与组合框控件的ListIndex、Selected、Text等属性，无须另行编写代码。

（2）DblClick。当双击某一列表项目时，将触发列表框控件的DblClick事件。

实例6.11 编写一个能对列表框进行项目添加、修改和删除操作的应用程序，“添加”按钮将文本框的内容添加到列表框，“删除”按钮的功能是删除列表框中选定的选项，如果要修改列表框，则首先选定选项，然后单击“修改”按钮，所选的选项显示在文本框中，当在文本框中修改完之后，再单击“修改确定”按钮更新列表框。初始时，“修改确定”按钮是不可选的，此时它的Enabled属性为False。

步骤如下：

（1）在窗体上创建一个文本框；一个列表框，四个命令按钮，属性设置见表6-4所列。

表6-4 实例6.11属性设置

对象	属性	属性值
List1	List	“”

续表

对象	属性	属性值
Text1	Text	“”
Command1	Caption	添加
Command2	Caption	删除
Command3	Caption	修改
Command4	Caption	修改确定

（2）编写程序代码。

```
Private Sub Form_Load()
    List1.AddItem "北京"
    List1.AddItem "上海"
    List1.AddItem "天津"
    List1.AddItem "广州"
    List1.AddItem "南昌"
    Command4.Enabled = False
End Sub
Private Sub Command1_Click()
    List1.AddItem Text1
    Text1 = ""
End Sub
Private Sub Command2_Click()
    List1.RemoveItem List1.ListIndex
End Sub
Private Sub Command3_Click()
    Text1 = List1.Text
    Text1.SetFocus
    Command1.Enabled = False
    Command2.Enabled = False
    Command3.Enabled = False
    Command4.Enabled = True
End Sub
Private Sub Command4_Click()
    '将修改后的选项送回列表框，替换原项目，实现修改
    List1.List(List1.ListIndex) = Text1
    Command4.Enabled = False
    Command1.Enabled = True
    Command2.Enabled = True
    Command3.Enabled = True
    Text1 = ""
End Sub
```

（3）运行程序，结果如图6-9所示。

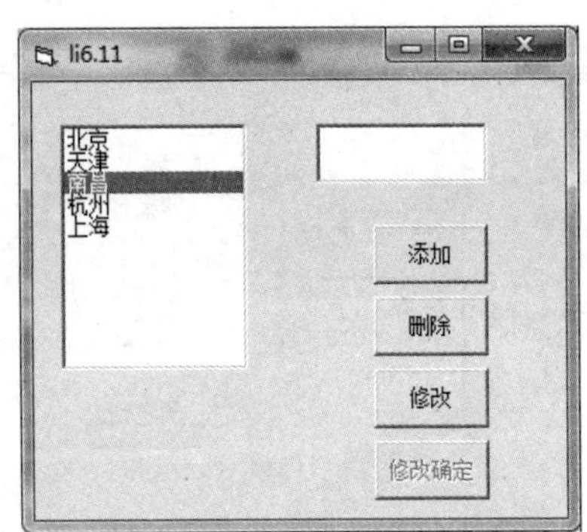

图6-9　实例6.11程序运行结果

6.5.2　组合框

组合框是文本框和列表框的组合，兼有两者的功能，用户既可以在其列表框部分选择一个列表选项，也可以在文本框中输入文本。另外，组合框可以将列表框选项折叠起来，使用时再通过下拉列表进行选择，所以使用组合框比列表框更能节省界面空间，而且组合框不支持多列显示。

组合框有很多属性和列表框相同，在此不再重复说明，现列出组合框的特有属性。

1. 特有属性

（1）Style。该属性决定组合框的类型和显示方式，可供选择的值有以下几项：

0-下拉组合框。显示在屏幕上的仅是文本编辑框和一个下拉箭头按钮，执行时，用户可用键盘直接在文本框内输入内容，也可用鼠标单击右端的箭头按钮，打开列表框供用户选择，选中的内容将显示在文本框中。这种组合框允许用户输入不属于列表内的选项。

1-简单组合框。没有下拉箭头，列表框不能被折叠，但允许用户在文本框内输入列表框中没有的选项。

2-下拉列表框。只允许用户从列表框中进行选择，而不能在文本框中输入。

（2）Text。该属性用来记录用户选中的列表框项目或从文本框中输入的文本。

2. 常用事件

组合框响应的事件与Style属性有关。

（1）Style=0时，能响应Click、Change和DropDown事件。

（2）Style=1时，能响应DblClick、Click和Change事件。

（3）Style=2时，只能响应Click和DropDown事件。

实例6.12　设计一个简单的籍贯登记窗口，要求程序运行时，组合框中提供四个默认的省份，用户从文本框中输入姓名，在组合框中选择其所属省份（用户可以输入其他省份），然后将姓名和省份添加到列表框中。用户可以删除列表框中所选择的项目，也可以把整个列表框清空。

步骤如下：

（1）建立程序界面如图 6-10 所示。

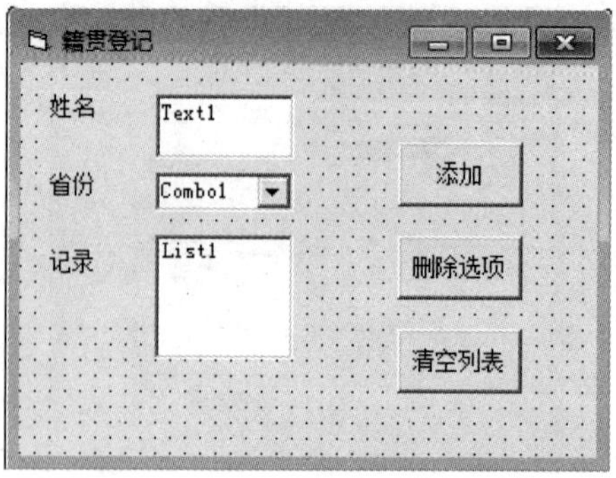

图 6-10　实例 6.12 程序设计界面

（2）属性设置见表 6-5 所列。

表 6-5　实例 6.12 对象属性设置

对象	属性	属性值
Form1	Caption	籍贯登记
Label1	Caption	姓名
Label2	Caption	省份
Label3	Caption	记录
Text1	Text	“”
Combo1	Style	0-Dropdown Combo
List1	MultiSelect	2-Extended
	Sorted	True
Command1	Caption	添加
Command2	Caption	删除选项
Command3	Caption	清空列表

（3）编写程序代码。

```
Private Sub Form_Load()
 Combo1.AddItem "江西"
 Combo1.AddItem "湖南"
 Combo1.AddItem "湖北"
 Combo1.AddItem "河南"
 Combo1.Text = Combo1.List(0)
End Sub
Private Sub Command1_Click()
If ((Text1.Text <> "") And (Combo1.Text <> "")) Then
 List1.AddItem Text1.Text + " " + Combo1.Text
```

```
Else
 MsgBox("请输入添加内容！ ")
End If
End Sub
Private Sub Command2_Click()
 Dim i As Integer
 If List1.ListIndex >= 0 Then
 For i = List1.ListCount - 1 To 0 Step -1
  If List1.Selected(i) Then List1.RemoveItem i
 Next i
 End If
End Sub
Private Sub Command3_Click()
 List1.Clear
End Sub
```

(4)程序运行结果如图6-11所示。

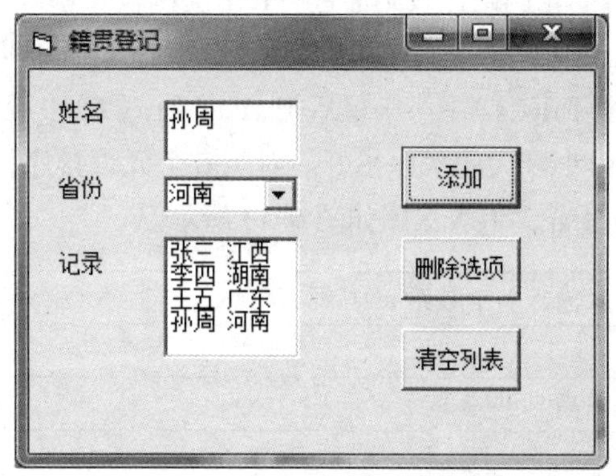

图6-11 实例6.12程序运行结果

6.6 数组的应用

实例6.13 用冒泡排序法实现数据的从小到大排序。

(1)算法描述。设有n个数据，存放在a(1)到a(n)的n个数组元素中。

①从a(1)到a(n)，依次把两个相邻元素两两比较，即a(1)与a(2)比较，a(2)与a(3)比较，…，a(n-1)与a(n)比较。

②每次相邻两元素比较后，若前一个元素值比后一个元素值大，则交换两元素值，否则，不交换。

假如数组a中a(1)~a(6)存放6个数据如下：

```
2  6  5  4  1  3
```

用冒泡法从a(1)到a(6)依次两两元素进行比较，如图6-12所示：

a(1)	a(2)	a(3)	a(4)	a(5)	a(6)	
2	6	5	4	1	3	2和6比不交换
2	6	5	4	1	3	6和5比交换
2	5	6	4	1	3	6和4比交换
2	5	4	6	1	3	6和1比交换
2	5	4	1	6	3	6和3比交换
2	5	4	1	3	6	

图6-12　冒泡法示例

由以上示例可以看出，按上述算法进行一轮两两比较，并依条件进行相邻元素的数交换后，最大数必然被放置在最后一个元素a（6）中。对6个元素进行一轮两两比较需要进行5次比较，对于n个元素，进行一轮两两比较则需进行n-1次比较。

再次重复上述算法，把a（1）到a（5）中的最大数换到a（5），即倒数第二个位置，接下去把a(1)到a(4)中最大值换到a(4)中……最后把a(1)到a(2)中最大值换到a(2)中，即把a数组中6元素中的数据按由小到大的次序拍好。对于6个元素排序，这种重复操作进行5轮，对n个元素，则需要重复n-1轮。其N-S图如图6-13所示。

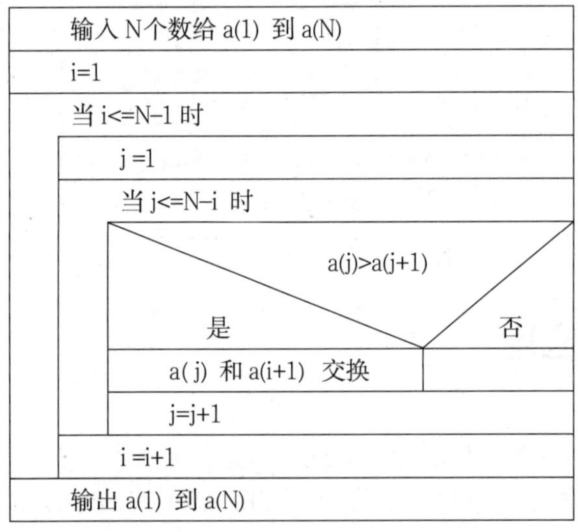

图6-13　冒泡法排序算法N-S图

（2）编写程序代码。

```
Private Sub Form_Click()
Dim a(1 To 6) As Integer
Dim i As Integer, j As Integer
For i = 1 To 6
    a(i) = Val(InputBox("Enter number for sort:"))
```

```
Next i
For i = 1 To 5
    For j = 1 To 6 - i
        If a(j) > a(j + 1) Then
            t = a(j + 1)
            a(j + 1) = a(j)
            a(j) = t
        End If
    Next j
Next i
For i = 1 To 6
    Print a(i);
Next i
End Sub
```

实例 6.14 用选择排序法实现数据的从小到大排序。

（1）算法描述。

①从N个数中选出最小数的下标，出了循环最小数与第1个数交换位置。

②除第1个数外，其余N-1个数再按上述不走的方法选出次小的数，与第2个数交换位置。

③重复步骤（1）N-1遍，最后构成递增序列。其N-S图如图6-14所示。

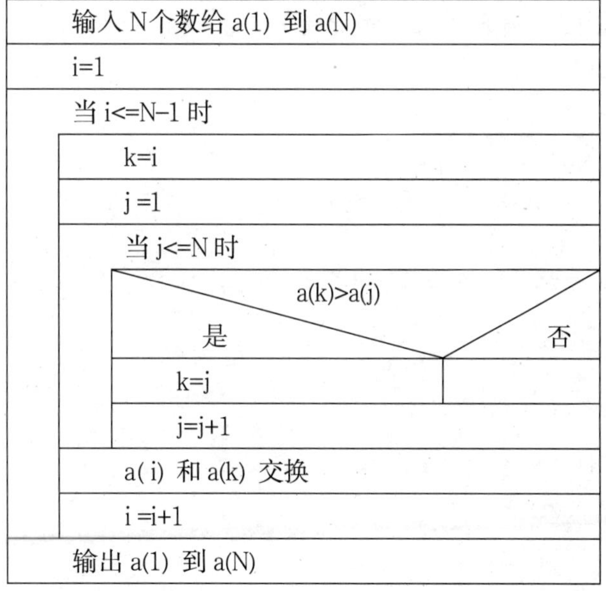

图6-14 选择排序法算法N-S图

（2）编写程序代码。

```
Private Sub Form_Click()
Dim a(1 To 6) As Integer
Dim i As Integer, j As Integer, k As Integer
For i = 1 To 6
```

```
    a(i) = Val(InputBox("Enter number for sort:"))
Next i
For i = 1 To 5
    k = i
    For j = k + 1 To 6
        If a(j) > a(k) Then
            k = j
        End If
    Next j
    t = a(i)
    a(i) = a(k)
    a(k) = t
Next i
For i = 1 To 6
    Print a(i)
Next i
End Sub
```

实例6.15 将一维数组中的n个数逆序输出。

（1）算法描述。设置两个代表数组元素下标的变量i和j。i的初始值为1，指向第一元素的位置；j的初始值为n（n为元素个数），表示最后一个元素的位置。在循环中，每进行一次两数交换，i自增1，j自减1，直到i>=j（成对的元素交换完）为止。

（2）编写程序代码。

```
Private Sub Form_Click()
    Dim a(1 To 7) As Integer
    Dim i As Integer, j As Integer
    For i = 1 To 7
        a(i) = Val(InputBox("Enter number :"))
    Next i
    i = 1
    j = 7
    While i < j
        t = a(i)
        a(i) = a(j)
        a(j) = t
        i = i + 1
        j = j - 1
    Wend
    For i = 1 To 7
        Print a(i)
    Next i
End Sub
```

第7章 过程

7.1 过程概述

在编制程序时，经常使用系统提供的事件过程和内部函数。然而在实际编程工作中仅依赖系统提供的事件过程和内部函数，往往是不够的。在VB中，还允许用户自己定义以Sub关键字开始的子程序，以Function关键字开始的函数过程，以Property关键字开始的属性过程和以Event关键字开始的事件过程这四类过程。

在程序设计中，对于一个复杂的应用问题，往往要把它逐层细分成一个个简单问题去解决，这是一个被称为“自顶向下”“逐步求精”的过程。对每一个简单问题，都通过编制一段程序来实现，这段程序称为“过程”，也叫“子程序”。VB中的过程可以看作是编写程序的功能模块。VB应用程序就是由过程组成的。

当多个不同的事件过程需要使用一段相同的程序代码时，就可以把这一段代码独立出来，作为一个过程。这样的过程称为“通用过程”（general procedure），它可以单独建立，供事件过程或其他通用过程调用。VB中的通用过程分为两类，即子程序过程和函数过程，其中前者通常叫作Sub过程，后者通常叫作Function过程。

使用过程进行程序设计，主要有以下优点：

（1）有利于程序的设计、调试及维护。这是因为将一个十分复杂的任务分解成多个较小的模块，每个模块的功能将变得比较简单、单一，这样每个小模块无论从设计、调试、维护及改进等诸多方面，都将变得更为可行。

（2）可以实现代码段的重复使用，简化程序设计，节省系统资源，提高系统效率。因为采用过程程序设计以后，相同的程序段只需编写一次，当用户需要调用该过程时，就像使用VB内部函数一样，在需要调用此过程的地方直接调用即可。

（3）有利于组织多人合作编写大型应用程序，同时还可以提高编程效率。这是由于在一个程序中的过程，往往不必修改或只需稍做改动，便可以成为另一个程序的构件，从而大大提高了编程效率。

7.2 Sub过程

7.2.1 事件过程和通用过程

在VB中，Sub过程可分为事件过程和通用过程两大类。因为sub过程的特点是执行完后没有返回值，所以其不能出现在表达式中，不具有数据类型。

1. 事件过程

事件过程由VB预先定义，编程人员所要做的工作就是在已经存在的过程中编写代码。

事件过程是和一个具体的窗体或控件相联系的过程，只能放在窗体模块中定义。事件过程不能由用户任意定义，只能由系统指定。当窗体或控件对一个事件的发生作出识别时，就会自动用事件的名称调用相应的事件过程，从而使相关事件得到及时响应。

当用户对一个对象发出一个动作时，就会产生一个事件，然后自动调用与该事件相关的事件过程。事件过程是在响应事件时执行的代码段。事件过程一般是由VB创建的，用户不能增加或删除。缺省时，事件过程是私有的。

控件事件的格式如下：

```
Private Sub <控件名>_<事件名>([<虚参表>])
  [<语句组>]
End Sub
```

控件对象的事件过程名的格式是“控件名_事件名”，控件名就是该控件的Name属性。如果更改了控件的Name属性，则一定也要更改控件对象的事件过程名，以符合控件的新名字。否则，VB无法使控件和过程相符。过程名与控件名不符时，过程就成为通用过程。例如，对一个名称为“cmd1”的命令按钮，用鼠标单击之后，会调用的控件事件过程是：cmd1_Click( )。

窗体事件的格式：

```
Private Sub Form_<事件名>([<虚参表>])
  [<语句组>]
End Sub
```

窗体对象的事件过程名的格式是“Form_事件名”（注意，格式中是Form而不是窗体名，这点与控件对象的事件过程名不同）。例如，如果希望在单击窗体之后，窗体会调用事件过程，则窗体对象的事件过程名要写成Form_Click。

如果使用的是多文档界面窗体（MDIForm），则窗体对象的事件过程名的格式是“MDIForm_事件名”。如多文档界面窗体的装入事件过程是MDIForm_Load。

2. 通用过程

实际应用中，为了使程序结构清楚，或减少代码的重复性，可将重复性较大的代码段独立出来形成一个过程，在需要使用该过程的位置可根据不同的参数调用该过程，实现该过程所规定的功能。这种独立定义的过程叫作“通用过程”。

通用过程由编程人员建立，供事件过程或其他通用过程使用（调用），通用过程也称为“子过程”或“子程序”，可以被多次调用。而调用该子过程的过程称为“调用过程”。

VB中，过程分为两类：Function过程和Sub过程。

通用过程是多个不同的事件都要调用的子过程，它可以定义在窗体模块、标准模块或类模块中。不同模块中的过程（包括事件过程和通用过程）可以互相调用。

7.2.2 Sub过程的定义

1. Sub过程的定义

Sub过程是在响应事件时执行的代码块。定义Sub过程的语法格式是：

```
[Static] [Private|Public] Sub 过程名[(参数表列)]
    语句块
    [Exit Sub]
    [语句块]
End Sub
```

说明：

（1）Sub过程以Sub开头，以End Sub结束，夹在Sub和End Sub之间的语句块，称为“过程体”或“子程序体”，它决定着子程序的功能。

（2）Static、Private、Public的作用。

①Static指定过程中的局部变量在内存中的默认存储方式。如果使用了Static，则过程中的局部变量就是Static型的，即在每次调用过程时，局部变量的值保持不变；如果缺省Static，则局部变量就默认为“自动”的，即在每次调用过程时，局部变量被初始化为0或空字符串，而在调用子过程之后，局部变量的值全部消失。Static属性对在Sub外声明的变量不会产生影响，即使过程中也使用了这些变量。通常Static关键字和递归的子过程不在一起使用。

②Private表示Sub过程是私有过程（局部过程），只能被本模块中的其他过程访问，不能被其他模块中的过程访问。

③Public表示Sub过程是公有过程，可以在程序的任何地方调用它。各窗体通用的过程通常在标准模块中用Public定义，在窗体层定义的通用过程一般在本窗体模块中使用，也可以在其他窗体模块中使用。

（3）过程名的命名规则与变量名相同，它是一个长度不超过255个字符的标识符。

（4）参数表列是可选的，有参数表列的过程称为有参过程，否则，称为无参过程。参数表列中的参数是形式参数（简称形参），它可以是变量或数组，用来接收该过程被调用时传来的实际参数（简称实参），当有多个形参时，各个形参之间用逗号隔开。形参指明了调用时传送给过程的参数的个数和类型，每个形参的格式为：

```
[ByVal | ByRef] 变量名[( )] [As数据类型] [默认值]
```

使用时，ByVal | ByRef只能选择一个。ByVal表示该参数按值传递；ByRef表示该参数按地址传递，ByRef是VB的默认选项。

“变量名”是一个合法的VB变量名或数组名。如果是数组，则要在数组名后加上一对括号。

“数据类型”指的是变量的类型，可以是Byte、Boolean、Integer、Long、Currency、Single、Double等。

在定义Sub过程时，“参数表列”中的参数不能是定长字符串变量或定长字符串数组。但在调用语句中可以用简单定长字符串变量作为“实际参数”，在调用Sub过程之前，VB把它转换为变长字符串变量。

(5)Exit Sub语句可以提前结束过程调用，使执行立即从一个Sub过程中退出。程序接着从调用该Sub过程的语句下一条语句执行。在Sub过程的任何位置都可以有Exit Sub语句。当然，该语句只有和条件选择语句配合才有实际意义。

(6)在Sub过程中使用的变量分为两类：一类是在过程内显式定义的，另一类则不是。在过程内显式定义的变量(使用Dim或等效方法)都是局部变量。对于使用了但又没有在过程中显式定义的变量，除非其在该过程外更高级别的位置有显示地定义，否则也是局部的。

(7)Sub过程不能嵌套。也就是说，在Sub过程内，不能定义Sub过程或Function过程；不能用GoTo或Return语句进入或退出一个Sub过程，只能通过调用执行Sub过程，而且可以嵌套调用。

2. Sub过程的建立

通用过程不属于任何一个事件过程，因此不能放在事件过程中。通用过程可以在标准模块和窗体模块中建立。如果在标准模块中建立通用过程，则有以下两种方法。

方法一：

① 单击“工具”菜单中的“添加过程”命令，打开“添加过程”对话框。在“名称”框内输入要建立的过程的名字；在“类型”栏内选择“子程序”；在“范围”栏内选择过程的适用范围(“公有的”或“私有的”)。如果选择“公有的”，则所建立的过程可用于本工程内的所有窗体模块；如果选择“私有的”，则所建立的过程只能用于本标准模块，如图7-1所示。

② 单击“确定”按钮，回到模块代码窗口。此时可以在Sub和End Sub之间键入程序代码。

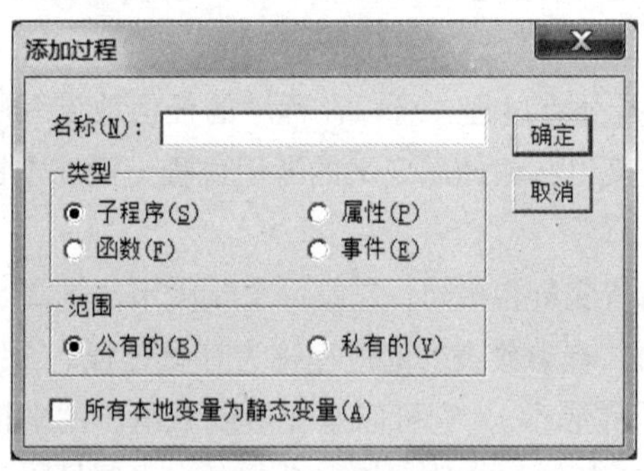

图7-1 添加过程方法一

方法二：

① 单击“工程”菜单中的“添加模块”命令，打开“添加模块”对话框。选择“新建”选项卡，双击“模块”图标，打开模块代码窗口。

②键入过程的名字。例如，键入“Sub A1( )”，按回车键后显示：

```
Sub A1( )
End Sub
```

即可在Sub和End Sub之间键入程序代码。

在模块代码窗口中，通用过程出现在“对象”框的“通用”项目下，其名字可在“过程”框中找到，如图7-2所示。

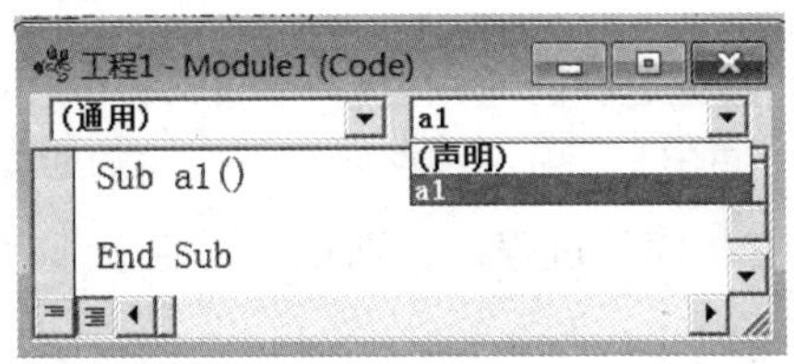

图7-2　添加过程方法二

如果在窗体模块中建立通用过程，则可双击窗体进入代码窗口，然后在“对象”框中选择“通用”，在“过程”框中选“声明”，直接在窗口内键入“Sub A1( )”，并按回车键，窗口内显示：

```
Sub A1( )
End Sub
```

此时即可键入代码。当然，最简单的办法就是手工在代码窗口中直接键入。

如果要建立事件过程，应先在对象框上选择对象，再到过程框上选择过程。例如：当在对象框上选择Command1，在过程框上选择了“Click”，则在代码编辑器窗口中将出现如下格式：

```
Private Sub Command1_Click( )
End Sub
```

此时，就可以在Sub和End Sub之间键入事件过程中所包含的程序代码了。

7.2.3 Sub过程的调用

事件过程的调用是当窗体或控件对一个事件的发生作出识别时自动进行的，而通用过程的调用是在程序中用调用语句实现的。使用过程调用语句可以将控制权从当前过程转移到另一个过程，执行完后再返回到当前过程的调用处再继续执行。

格式一：

```
Call<子过程名>[(<实际参数表>)]
```

格式二：

```
<子过程名> [<实际参数表>]
```

说明：

（1）用Call语句调用一个过程时，如果过程本身没有参数，则“实际参数”和括号可以省略；否则应给出相应的实际参数，并把参数放在括号中。即：Call 过程名（实际参数表列）

（2）如果省略关键字Call调用一个过程时，过程名可以作为一个语句使用，但必须省略实

际参数表外的圆括号（除非没有参数）。即：过程名　实际参数表列

（3）定义过程时的参数表列称为形参（也叫虚参），调用过程时的参数表列称为实参，实参表列中列出了调用过程时要传递给过程的实际参数，各参数之间用逗号分隔。实参可以是变量、常量、数组或表达式。如果要将整个数组传递给一个过程，则可以使用数组名作实际参数并再数组名后加上空括号。实参与虚参在个数、类型和顺序上必须匹配。实参与形参相匹配的过程称为参数传递。

（4）通用过程之间、事件过程之间、通用过程和事件过程之间，都可以互相调用，甚至过程还可以自己调用自己（递归调用）。当过程名唯一时，可以直接通过过程名调用；如果两个或两个以上的标准模块中含有相同的过程名，则在调用时必须写上模块名加以限定，其格式为：模块名.过程名（参数表）

（5）当在一个模块中调用其他模块中的过程时，被调用的过程必须是公有的（Public）。

下面两条语句是等价的，其作用都是调用有参过程ABC。

```
Call ABC(x1,x2,x3)
ABC x1,x2,x3
```

下面两条语句也是等价的，其作用都是调用无参过程XYZ。

```
Call XYZ
XYZ
```

实例 7.1　编程打印同字符组成的字符直角三角形，结果如图7-3所示。

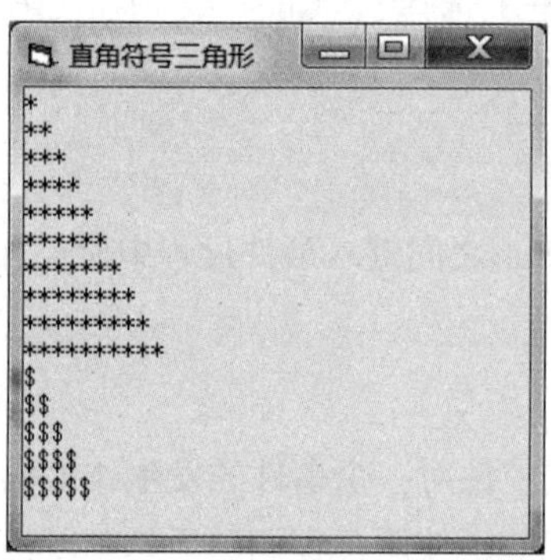

图7-3　打印字符直角三角形

```
Private Sub Command1_Click()
Dim Chx As String, Num As Integer
Chx = "*"
Num = 10
'与形式参数Str,n依次对应。打印由"*"号组成的8行直角三角形。
Call triangle(Chx, Num)    '使用Call关键字的调用格式。实际参数Chx,Num
Chx = "$"
'与形式参数Str,n依次对应。打印由"$"号组成'的4行直角三角形
triangle Chx, Num / 2      '不用Call关键字的调用格式。实际参数Chx,Num
End Sub
```

```
Private Sub triangle(Str As String, n As Integer)
'定义子过程，形参为Str,n
Dim i  As Integer, j  As Integer
   For i = 1 To n
      For j = 1 To i
           Print Str;
      Next j
      Print
   Next i
End Sub
```

实例 7.2 已知密码组成是由若干个用数字 8 分隔的 8 进制数组成的字符串，每个 8 进制数所对应的 10 进制数是一个字符的 ASC Ⅱ码。编写一程序进行译码。例如：密码为 "1028101812381118103 8"，结果为“BASIC”。运行结果如图 7-4 所示。

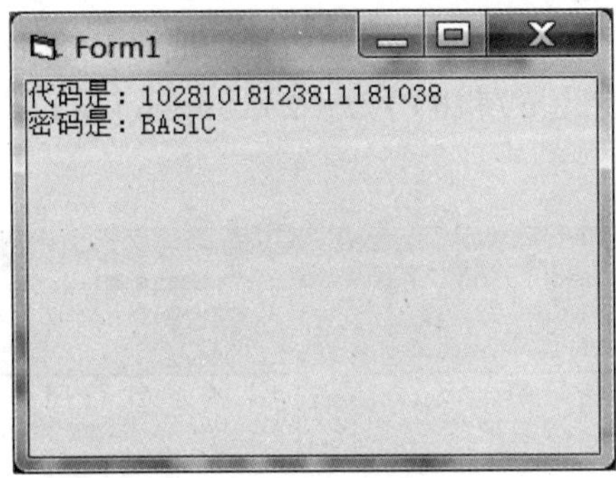

图 7-4　破译密码

```
Option Explicit
Option Base 1
Private Sub Form_Click()
   Dim St As String, Char As String
   Dim data() As String, I As Integer, J As Integer
   St = "102810181238111181038"
   For I = 1 To Len(St)
      If Mid(St, I, 1) <> "8" Then  '以 8 为定界符，进行字符串分离
         Char = Char & Mid(St, I, 1)
      Else
         J = J + 1
         ReDim Preserve data(J)    '把分离的字符串放进数组
         data(J) = Char
         Char = ""
      End If
   Next I
  Print "代码是："; St
   Call Conver(data(), Char)          '调用过程
```

```
    Print "密码是:"; Char
End Sub
Private Sub Conver(A() As String, Ch As String)
    Dim I As Integer, J As Integer, N As Integer, Dec As Integer
    For I = 1 To UBound(A)
       Dec = 0
       N = Len(A(I))
       For J = 1 To N
          Dec = Dec + Val(Mid(A(I), J, 1)) * 8 ^ (N - J) '把字符
串转换成数字
       Next J
     Ch = Ch & Chr(Dec)                    '转换成字符
    Next
End Sub
```

其中过程Conver起到把字符串转换成数字，再通过函数转换成字符。

实例 7.3 编写自定义的子过程或函数过程，把两个随机生成的按升序（从小到大）排列的数列a（1），a（2），…，a（n）和b（1），（2），…，b（m）合并成一个仍为升序的新数列。运行界面如图 7-5 所示。

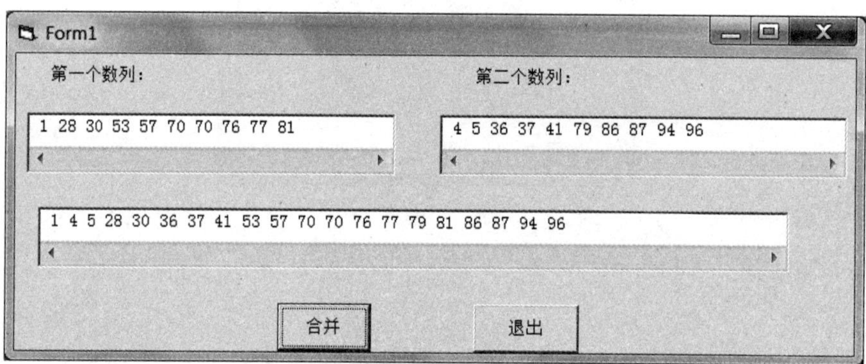

图 7-5 数列合并

程序代码如下：

```
Dim a(10), b(10), c(20)
Sub sort(a(), n)           '排序
  Dim j, k, t
  For i = 1 To n - 1
     k = i
     For j = i + 1 To n
      If a(j) < a(k) Then k = j
     Next j
      t = a(i)
      a(i) = a(k)
      a(k) = t
   Next i
```

```
End Sub
Private Sub Form_Load() '初始化程序
  For i = 1 To 10
    a(i) = Int(Rnd * 100)
  Next i
  Call sort(a(), 10)
  For i = 1 To 10
    Text1.Text = Text1.Text & " " & a(i)
  Next i
  For i = 1 To 10
    b(i) = Int(Rnd * 100)
  Next i
  Call sort(b(), 10)
  For i = 1 To 10
    Text2.Text = Text2.Text & " " & b(i)
  Next i
End Sub

Private Sub Command1_Click()      '合并
  Dim i, j, k, t
  i = 1: j = 1: k = 1
  Do While i <= 10 And j <= 10
    If a(i) < b(j) Then
      c(k) = a(i): i = i + 1
    Else
      c(k) = b(j): j = j + 1
    End If
    k = k + 1
  Loop
Do While i <= 10
    c(k) = a(i)
    i = i + 1
    k = k + 1
  Loop
  Do While j <= 10
    c(k) = b(j)
    j = j + 1
    k = k + 1
  Loop
  For i = 1 To 20
    Text3.Text = Text3.Text & " " & c(i)
  Next i
End Sub
```

7.3 Function过程

7.3.1 Function过程的定义

VB的函数分为标准函数和用户自定义函数。在前面的章节，已经介绍了常用的标准函数，本节介绍用户自定义函数——以Function关键字开始的函数过程。

无论是Sub过程还是Function过程，它们都是能完成一定功能的程序段。所不同的是，Sub过程不存在类型问题，调用完毕后，不返回结果；而Function过程具有一定的数据类型，调用后能够返回一个相应数据类型的值，即函数值。因此，当仅仅需要完成某种例行操作而无须返回结果时，一般使用Sub过程；如果在完成相关操作后还需返回一个最终结果，则一般使用Function过程。当然，如果需要返回的值不止一个时，就需借助其他手段来实现。

1. Function过程的定义

定义Function过程的语法格式是：

```
[Static] [Private|Public] Function 函数名[(参数表列)] [As 类型]
语句块 1
[函数名=表达式]
[Exit Function]
[语句块 2]
[函数名=表达式]
End Function
```

说明：

定义函数过程和定义子过程基本上是一样的，格式中相同的关键字的含义和使用方法，以及参数表列中参数的格式完全一样。与Sub过程相比，其不同点在于：

(1)Function过程以Function开头，以End Function结束，两者之间是描述过程操作的语句块，即"函数体"。

(2)在过程体中如果执行了Exit Function语句，则将退出函数过程，返回函数值。当然，Exit Function语句只有和选择语句配合才有实际意义。

(3)"As类型"是可选的，用来指定由Function过程返回的值的数据类型，可以是Integer、Long、Single、Double、Currency或String；如果省略，则为Variant。不允许任何类型的数组作为返回值，但包含数组的变体型变量可以作为返回值。

(4)要从函数返回一个值，只需将该值赋给"函数名"即可，并且可以在函数体的任意位置上都可出现这种赋值。如果在函数体中对函数名没有赋值，则该函数过程将返回一个默认值：数值函数过程返回0值，字符串函数过程返回空字符串，变体型函数返回Empty。

(5)同sub过程一样，函数的定义也不能嵌套。因此，不能在事件过程中定义通用过程(包括Sub过程和Function过程)，只能在事件过程内调用通用过程。

2. Function过程的建立

Function过程的建立与通用子过程的建立类似。如果在窗体模块中建立函数过程，可以直接在代码编辑器窗口中完成。打开代码编辑器窗口后，在对象框上选择“通用”，然后按定义函数过程的语法格式进行。例如，当在编辑器窗口中输入：Function fun1（x1%,x2%）并按回车键后，代码编辑器窗口中将出现如下格式：

```
Function fun1(x1%,x2%)
End Function
```

这里，fun1 是函数名，x1%,x2%是形式参数。此时，可以在Function和End Function之间输入该函数所包含的程序代码了。

如果是在标准模块中建立函数过程，则用类似建立子过程的方法，在打开的对话框后，在类型单选按钮中选择“函数”即可，其他和建立子过程完全一样。

7.3.2 Function过程的调用

调用Function过程与调用VB内部函数的方法一样，没有什么区别，只不过内部函数由语言系统提供的，而Function过程由用户自己定义的。调用结束后都会返回一个函数值。

形式如下：

```
函数过程名([实际参数列表])
```

由于函数过程名返回一个值,故函数过程不能作为单独的语句加以调用，必须作为表达式或表达式中的一部分，再配以其他的语法成分构成语句。

例如：area（12,4） 不能单独作为一条语句

要成：s=area（12,4） 或print area（12,4）等。

实例 7.4 例编程计算表达式 $\frac{m!}{n!(m-n)!}$ $(m \geqslant n > 0)$ 的值。要求：m、n的值用输入对话框实现，求阶乘用函数过程实现。程序代码如下：

```
Function Fact( k As Integer) As Long       'k的阶乘
Dim i As Integer
Fact=1
For i=1 To  k
Fact=Fact*i
Next i
End Function

Private Sub Form_Click( )
Dim m As Integer, n  As Integer
Do
m = Val(InputBox("请输入m的值:"))
n = Val(InputBox("请输入n的值:"))
Loop While m<n And n<=0
```

```
Print fact(m)/fact(n)/fact(m-n)
End Sub
```

7.4 参数传递

形参（也叫虚参）是指出现在Sub和Function过程形参表中的变量名、数组名，该过程在被调用前，没有为被分配内存，其作用是说明自变量的类型和形态及在过程中的作用。形参可以是除固定长字符串变量之外的合法变量名，也可以是带括号的数组名。

实参就是在调用Sub 和Function过程时，从主调过程传递给被调用过程的参数值。实参可以是变量名、数组名、常数或表达式。在过程调用传递参数时，形参与实参是按位置结合的，形参表和实参表中对应的变量名可以不必相同，但它们的数据类型、参数个数及位置必须一一对应。

在调用一个过程时，必须把实参传送给过程，完成形参与实参的结合，然后用实参执行调用的过程。这种参数的传递也称为参数的结合。

传递参数时，形参与对应的实参名称可以相同，也可以不相同，他们是两个不同的变量。形参如同公式中的符号，实参就是符号具体的值，在调用过程前必须得到赋值；调用过程就是实现形参与实参的结合，把实参的值通过调用传递给形参，相当于把值代入公式进行计算。

在VB中，实参与形参的结合有两种方式，即地址传递（ByRef）与值传递（ByVal），地址传递又称为引用。

7.4.1 按地址传递

在VB中，在形参前加ByRef或缺省该关键字，则实参与形参的结合就是地址传递方式。

所谓的按地址传递，实际上是当调用一个过程时，将实参变量的内存地址传递给被调用过程中相对应的形参，即形参与实参使用相同的内存地址单元（或形参与相对应的实参共享同一个存储单元），这样就可以通过改变形参数据，从而达到同时改变实参数据的目的。

采用按地址传递方式时，实参必须是变量或数组，而不能是常量或表达式。

实例 7.5 通过调用子过程实现将两个字符串进行互换。

分析：首先定义一个能够实现字符串交换的子过程Swap，该子过程包含两个形参。在主调过程中，分别对两个字符变量A和B进行赋值，将这两个变量作为调用子过程Swap的实参，要使得形参的改变能够影响实参的值，应该采用地址传递的方式。

```
'传址子过程Swap
Public Sub Swap(X As String, Y As String)
    Dim T As String
    Print "传址子过程中互换变量值前:"; "X="; X; "  "; "Y="; Y
    T = X                    '下面三行语句用于交换形参的值
    X = Y
```

```
    Y = T
    Print "传址子过程中互换变量值后:"; "X="; X; "   "; "Y="; Y
    Print "________________________________________"
    Print
End Sub

'以下为主调过程(事件过程)
Private Sub Form_Click()
  Dim A As String, B As String         '定义字符串变量A、B
  Cls                                  '清除窗体文字
  A = "sky"                            '为变量A赋值
  B = "123"                            '为变量B赋值
  Print "主过程在调用子过程之前:"; "A="; A; "   "; "B="; B
  Print "________________________________________"
  Print
  Swap A, B                            '调用子过程
  Print "主过程调用传址子过程之后:"; "A="; A; "   "; "B="; B
End Sub
```

程序运行结果如图 7-6 所示，从程序的运行结果可以看出，对形参的改变就是对实参的改变。如果不希望这种改变，则在被调用过程中不要出现对形参值改变的语句，或使用按值传送方式传递数据，将不会引起实参值的改变。

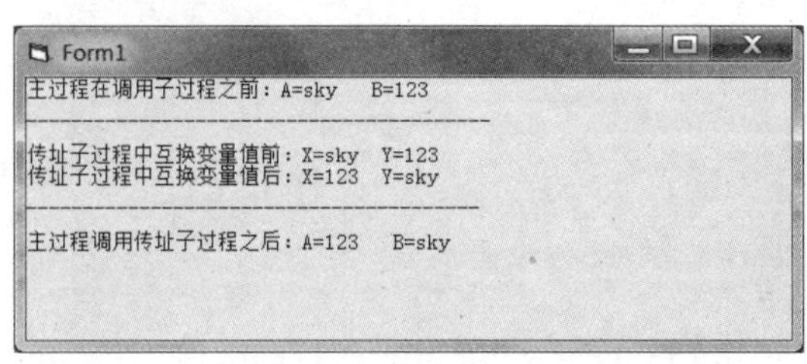

图 7-6　传址子过程示例运行结果

在 VB6.0 中，允许使用数组作为实参传递到子过程的形参中，数组传递必须采用地址传递的方式来传递参数，数组参数在传递时应注意以下两个问题：

（1）在实参和形参列表中只写数组名，忽略维数的定义，但圆括号不能省略，当数组作为参数传递时，系统将实参数组的起始地址传给过程，使形参数组也具有与实参数组相同的起始地址，若参数是多维数组，每维以逗号分隔。

（2）被调过程可分别通过 Lbound 和 Ubound 函数确定实参数组的下界和上界

实例 7.6 在主调过程定义一个二维数组，在子过程中将数组对角线上的元素改变成 1。

```
'函数过程改变数组值
Private Sub Arraychange(m())           '数组作为形参只有传址方式
  Dim I%, J%
  For I = LBound(m, 1) To UBound(m, 1)
```

```
    For J = LBound(m, 2) To UBound(m, 2)
          If I = J Or I + J = UBound(m, 1) Then m(I, J) = 1
    Next J
  Next I
End Sub
'函数过程打印数组
Private Sub Arrayprint(m())
For I = LBound(m, 1) To UBound(m, 1)
    For J = LBound(m, 2) To UBound(m, 2)
       Print Tab(J * 5 + 1); m(I, J);
    Next J
    Print
  Next I
End Sub

Private Sub Command1_Click()
  Dim C(), I%, J%, I1%, J1%
  X = InputBox("输入数组的维数")
  ReDim C(X, X)
  For I = 0 To X                            '生成数组
    For J = 0 To X
       C(I, J) = Int(Rnd * 101)
    Next J
  Next I
   Print "调用前"
  Call Arrayprint(C())                      '打印数组
  Call Arraychange(C())
   Print "调用后"
  Call Arrayprint(C())                      '打印数组
End Sub
```

程序运行后如图 7-7 所示。此时，采用传址方式，实现数组的整体赋值。在程序中我们定义了两个过程。Arraychange 用于改变数组的值，Arrayprint 过程用于打印数组。

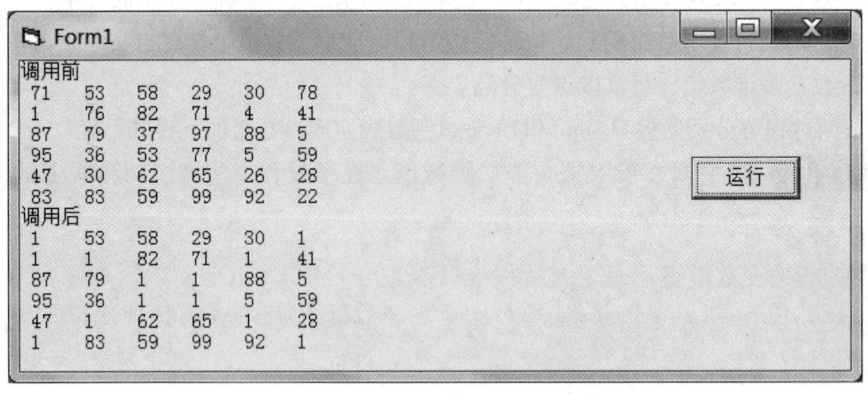

图 7-7　数组传址子过程示例运行结果

7.4.2 按值传递

当调用一个过程时，系统将实参的值复制给形参，实参与形参就断开了联系。

当过程调用结束时，形参所占用的存储单元也同时被释放，因此在过程体内对形参的任何操作不会影响到实参。

实例 7.7 将两个字符串在子过程中实现互换，但主调过程的字符串不互换。

分析：首先定义一个能够实现字符串交换的子过程Swap，该子过程包含两个形参。在主调过程中，分别对两个字符变量A和B进行赋值，将两个变量作为调用子过程Swap的实参，要使得子过程中形参的值进行互换而不影响主调过程的实参，应该采用值传递的方式。

```
'传值子过程Swap
Public Sub Swap(ByVal X As String, ByVal Y As String)
    Dim T As String
    Print "传值子过程中互换变量值前的变量数据:"; "X="; X; "    "; "Y=";
Y
    T = X
    X = Y
    Y = T
    Print "传值子过程中互换变量值后的变量数据:"; "X="; X; "    "; "Y=";
Y
    Print "______________________________________________"
End Sub

'以下为主调过程(事件过程)
Private Sub Form_Click()
  Dim A As String, B As String
  Cls                               '清除窗体文字
  A = "shy"
  B = "123"
  Print "主过程在调用子过程之前的原变量数据:"; "A="; A; "    "; "B=";
B
  Print "______________________________________________"
  Call Swap(A, B)
  Print "主过程调用传值子过程之后的变量数据:"; "A="; A; "    "; "B=";
B
End Sub
```

程序运行结果如图 7-8 所示。从程序的运行结果可以看出，使用按值传送方式传递数据，将不会引起实参值的改变。也就是说，两个形参的值虽然进行了互换，但没有影响实参的值，实参的值在调用子过程后仍然保留了初值。

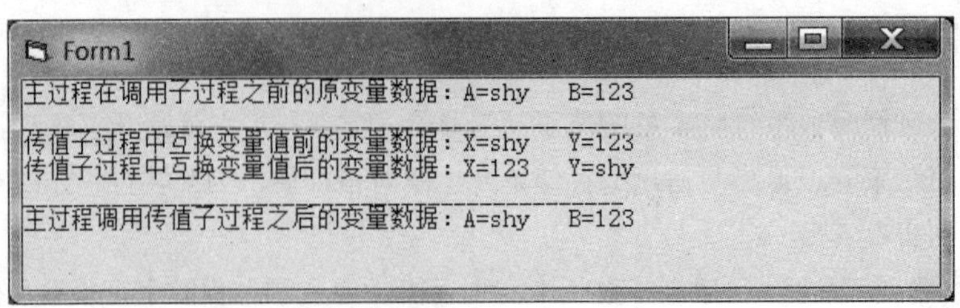

图 7-8 传值子过程示例运行结果

7.4.3 可变参数与可选参数

VB 6.0 提供了十分灵活和安全的参数传送方式，允许使用可选参数和可变参数。在调用一个过程时，可以向过程传送可选的参数或任意数量的参数。

1. 可选参数

如果过程中形参的个数是固定的，在调用过程时，要求实参和形参的个数要相等、类型要相容、次序要一致；否则，在调用过程时就会出错。

如果在定义过程时，在形参表中某一个参数使用了关键字 Optional，则该关键字后的参数都是可选参数，且从第一个使用了关键字 Optional 参数起，其后的参数全部要用关键字 Optional 定义。也就是说，形参表中可选参数的数目不限，但是，必须放在参数表的最后，而且必须是 Variant 类型（未指定类型）。调用时，允许实参的个数少于形参的个数，此时，形参使用默认值。

在前面的例子中，一个过程中的形式参数是固定的，调用时提供的实参也是固定的。也就是说，如果一个过程有 3 个形参，则调用时必须按相同的顺序和类型提供 3 个实参。在 VB 6.0 中，可以指定一个或多个参数作为可选参数。

为了定义带可选参数的过程，必须在参数表中使用 Optional 关键字，并在过程体中通过 IsMissing 函数测试调用时是否传送可选参数。

使用 Optional 关键字，就可以指定过程的参数为可选的。如果指定了可选参数，则参数表中此参数后面的其他参数也必是可选的，并且要用 Optional 关键字来声明。

IsMissing 函数：用来检测在调用一个过程时是否提供了可选 Variant 参数。其返回值 Boolean（布尔）类型。在调用过程时，如果没有向可选参数传送实参，则该函数返回 True。否则返回 False。

例如，假定建立一个计算两个数的乘积的过程，它能可选择地乘以第三个数。在调用时，既可以给它传送两个参数，也可以给它传送 3 个参数。

IsMissing（num3）表示实参 num3 不存在，而对其进行取反操作，其意思就是实参 num3 存在。

我们来看一下具体示例。

实例 7.8 利用可选参数，进行列表项的添加。

```
Dim strName As String, varAddress As Variant
Sub ListText(x As String, Optional y As Variant)
```

```
    List1.AddItem x
    If Not IsMissing(y) Then
      List1.AddItem y
    End If
End Sub

Private Sub Command1_Click()
Call ListText("firstname") '未提供第二个参数。
Call ListText("secondname", "thirdname")
End Sub
```

运行程序，结果如图 7-9 所示，在未提供某个可选参数时，实际上将该参数作为具有 Empty 值的变体来赋值。实例 7.8 也说明了如何用 IsMissing 函数测试丢失的可选参数。

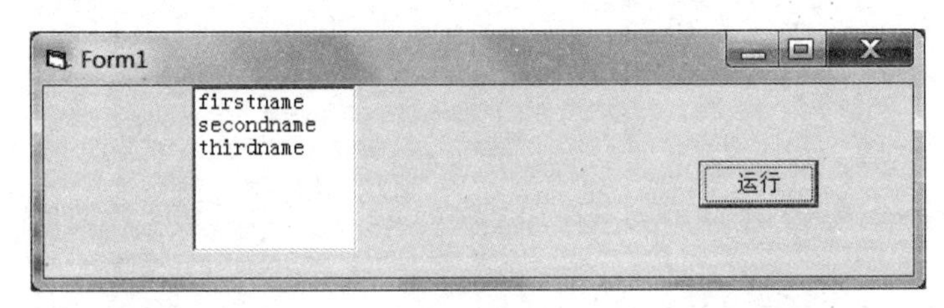

图 7-9　可选参数示例运行结果

我们再来看一个示例：

实例 7.9　利用可选参数，进行数据的累加。

```
Private Sub Form_Click()
     Call cxcs(100, 200, 300)
End Sub
Private Sub cxcs(x1 As Integer, x2 As Integer, Optional x3)
    If IsMissing(x3) Then
        m = x1 + x2
    Else
        m = x1 + x2 + x3
    End If
    If IsMissing(x3) Then
        Print "向可选参数未传值,两数之和为:" & m
    Else
        Print "向可选参数已传值,三数之和为:" & m
    End If
End Sub
```

运行结果为：

```
向可选参数已传值，三数之和为：600
```

如果将 Call cxcs(100, 200, 300)改为 Call cxcs(100, 200)，则运行结果如下：

```
向可选参数未传值，两数之和为：300
```

定义过程时，当把某个形参使用关键字Optional定义为可选参数的同时，还可以为该可选参数设定默认值，格式为：

```
Optional <形参变量> As <类型>=值
```

在此情况下，如果未向可选参数传值，则按指定的默认值计算；否则，则按实际传的值计算。

注意：当为可选参数设置了默认值时，此时再用IsMissing函数测试可选参数，返回值均为False（系统认为在此情况下，可选参数都被传了值）。因此，再再用IsMissing函数测试可选参数的值，已没有实质性的意义。

还以实例7.9为例，将程序代码修改为：

```
Private Sub Form_Click()
  Call cxcs(100, 200, 300)
End Sub

Sub cxcs(x1 As Integer, x2 As Integer, Optional x3 As Integer =
1000)
    m = x1 + x2 + x3
    Print "可选参数的值为" & x3; ",三数之和为:" & m
End Sub
```

运行结果为：

```
可选参数的值为300，三数之和为:600
```

如果将Call cxcs（100, 200, 300）改为Call cxcs（100, 200），则运行结果如下：

```
可选参数的值为1000，三数之和为:1300
```

要注意的是Optional声明arr（）数组与Variant方法有所不同，通常用Optional arr（）as TypeName为非法，此时可声明函数变量为Optional arr as Variant，调用时可使用Fun（arr（）），此时函数中可用LBound（arr）的UBound（arr）确定数组边界。

2. 可变参数

在定义过程时，如果在形参的前面使用了关键字ParamArray，则此过程可以接受任意多个参数。故在调用这样的过程时，实参的个数是不固定的，可以根据实际需要，可多可少。

可变参数过程通过一个固定的paramarray（参数数组）命令来定义，一般格式为：

```
sub过程名称(paramarray 数组名)
```

这里的“数组名”是一个形式参数，只有名字和括号，没有上下界。由于省略了变量类型，“数组”的类型默认为Variant。因此可以把任何类型的实参传递给该过程。

在含有可变参数的过程体中，如果要处理传给Variant型数组中的数据时，则可以使用专门针对数组或对象“集合”循环语句——For Each...Next语句，它是一种特殊的循环语句。

实例7.10 设计一个通用过程，统计下面每组数的个数并计算其平均值。

第 1 组　34，67，89，12，45，77，25

第 2 组　346，56.7，456.2，4352.785，125.87

第 3 组　23.3，56.45，768.5，4234，23.8

在窗体的代码窗口中分别定义整型变量p，通用子过程jspjz及窗体的单击事件过程，代码如下：

```
Dim p As Integer            '用来统计当前是第几次调用子过程jspjz
Private Sub Form_Click()
p = 0
Call jspjz(34, 67, 89, 12, 45, 77, 25)
Call jspjz(346, 56.7, 456.2, 4352.785, 125.87)
Call jspjz(23.3, 56.45, 768.5, 4234, 23.8)
End Sub
Sub jspjz(ParamArray x())
Dim n                        ' 用于统计每一组中数据的个数
Dim sum As Single            ' 用于存放累加和
Dim aver As Single           ' 用于存放平均值
Dim item                     ' 用于表示某一组中的某个数
p = p + 1
Print "第" & p; "组";
For Each item In x
Print item; "  ";
    sum = sum + item
n = n + 1
Next item
aver = sum / n
Print
Print "共有" & n; "个数，平均值为" & aver
Print
Print
End Sub
```

运行程序，结果如图 7-10 所示。

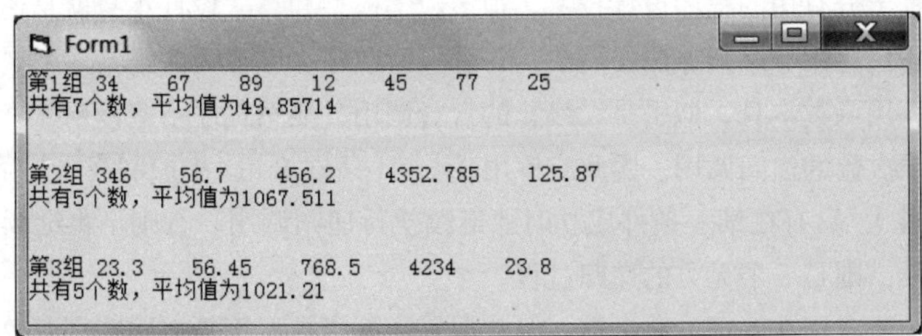

图 7-10　可变参数运行结果

实例 7.11　计算 $\frac{m!}{n!(m-n)!}\ (m \geqslant n > 0)$

在前面我们讲解了如何用过程的方法计算 $\frac{m!}{n!(m-n)!}$ $(m \geqslant n > 0)$ 的值。下面我们通过过程的嵌套来实现。

```
'过程 Fact完成k!
Function Fact(k As Integer) As Long
Dim i As Integer
Fact = 1
For i = 1 To k
Fact = Fact * i
Next i
End Function
'过程Fact1 调用过程Fact
Function Fact1(m As Integer, n As Integer) As Long
Fact1 = Fact(m) / (Fact(n) * Fact(m - n))
End Function

Private Sub Form_Click()
Dim a As Integer, b  As Integer
Do
a = Val(InputBox("请输入a的值:"))
b = Val(InputBox("请输入b的值:"))
Loop While a < b And b <= 0
Print Fact1(a, b)
End Sub
```

在上述程序中采用了过程的嵌套调用方式。在事件过程中调用Fact1 过程，在 Fact1 过程中 3 次调用了Fact过程，从而形成嵌套。

7.4.4 过程的递归调用

Sub过程可以是递归的，递归调用是指在过程中直接或间接地调用过程本身。

递归是一种十分有用的程序设计技术，很多数学模型和算法设计本身就是递归的。因此用递归过程描述它们比用非递归方法要简洁，并且可读性好、可理解性好。

在函数中调用函数本身，似乎是无终止的自身调用，显然程序不应该永无终止的调用，而只应该出现有限次数的递归调用。因此应该用If语句（条件语句）来控制终止的条件（称为边界条件或结束条件），只有在某一条件成立时才继续执行递归调用，否则不再继续。若一个递归过程无边界条件，则是一个无穷的递归过程。

递归调用主要应用在处理阶乘运算、级数运算、幂指数运算等方面特别有效。采用递归调用的方法来解决问题时，必须符合以下两个条件：

（1）可以将需要解决的问题转化为一个新的问题，而这个新的问题的解决方法与原来的解法相同。

（2）有一个明确的结束递归的条件（终止条件），否则过程将会永远“递归”下去。

实例 7.12 用递归的方法计算 n ！，如：5！ =4！ ×5，4！ =3！ ×4，…。

根据阶乘得出表达式：n ！ =1×2×3×…×（n-1）×n,但这不是递归的形式。因此需要对它进行改造如下：

```
n! =n*(n-1)!
(n-1)! =(n-1)*(n-2)!
……
n=1时,n! =1
```

于是得出下面的递归公式：

$$n! = \begin{cases} 1 & n=1 \\ n\times(n-1)! & n>1 \end{cases}$$

递归的结束条件为：n=1 时，n ！ =1。

Muln 函数过程就是递归求解函数，程序代码如下：

```
Private Function Muln(n As Integer) As Integer
If n = 0 Or n = 1 Then
'结束条件n=0或n=1
    Muln = 1
Else
    Muln = Muln(n - 1) * n
End If
End Function
Private Sub Form_Click()
Dim M As Integer, I As Integer
I = InputBox("请输入一个正整数")
M = Muln((I))
Print I; "! ="; M
End Sub
```

单击窗体，输入数据 5。

递归求解的过程分成两个阶段：第一阶段是“递推”，第二阶段是“回归”。

在递推阶段，每一步都是未知的，即求 Muln（5）必须先得出 Muln（4）×5 的值，而 Muln（4）的值又必须得出 Muln（3）×4 的值，……直到推到 Muln（1）为止。前面的都是执行 Muln 函数的 Else 语句，当 n=1 时才满足 If 条件。

回归阶段：

回归阶段是根据 Muln（1）的值得出，Muln（2）：Muln（1）×2，一直到得出 Muln（5）为止。因此，执行“Muln=1”将函数值返回到调用函数，计算出 Muln（2）再返回，直到 Muln（5）。

7.5 多模块程序设计

7.5.1 程序模块概述

一个VB的应用程序也称为一个工程。一个工程一般由三类模块组成，即窗体模块（Form）、标准模块（Module）和类模块（Class）。它们之间的关系如图7-11所示。模块（Module）是相对独立的程序单元。每个工程可以包含多个模块，所有模块共同属于一个工程。但每个模块又相对独立，用一个单独的文件保存，例如：.bas文件（标准模块）、.frm文件（窗体模块）、.cls文件（类模块）、.vbp文件（工程）、.vbg文件（工程组）。但在装入时，只需装入.vbp文件（单工程）或.vbg文件（多工程组），其他与该工程有关的文件将在工程管理器窗口中显示出来。

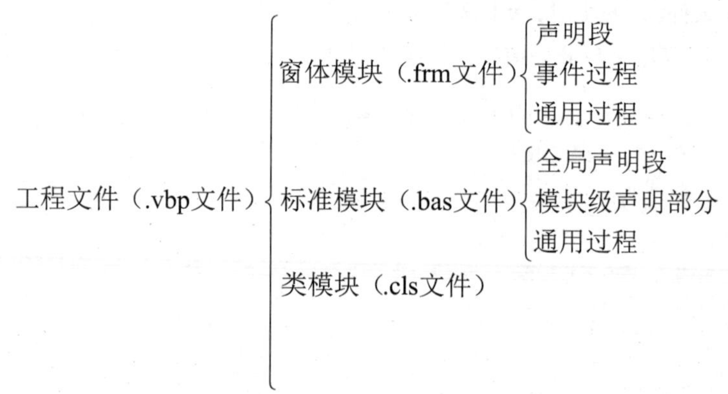

图7-11 VB应用程序结构

注意：除上述文件外，一个工程还包括如下几个附属文件，它们在资源管理窗口中是看不到的。

（1）资源文件（.res）。它包含不必重新编辑代码就可以改变的位图、字符串和其他数据。

（2）窗体的二进制数据文件（.frx）：若窗体上的控件含有二进制属性，当保存窗体文件时，就会自动产生与窗体文件同名的.frx文件。

（3）ActiveX控件的文件（.ocx）：它是一段设计好的可以重复利用的程序代码和数据，可以添加到工具箱，并可像其他控件一样在窗体中使用。

7.5.2 窗体模块

窗体模块（.frm文件）是大多数应用程序的基础。窗体模块由声明部分、通用过程（Sub过程和Function过程）和事件过程等三部分组成。在声明部分，可以包含窗体级的常量、变量、类型定义及通用过程的声明，被声明的变量的作用域是整个窗体模块（包括该模块内的每个过程）。在窗体模块代码中，声明部分一般放在最前面，通用过程和事件过程的位置没有限制。另外，窗体模块文件还包含窗体本身的数据属性、方法和事件过程；窗体还包含控件，每个控件都有自己的属性、方法和事件过程集。简单的应用可以只包含一个窗体模块。

添加新窗体的步骤为：从“工程”菜单中执行“添加窗体”命令，则打开“添加窗体”对话框中的“新建”选项卡。在该对话框中双击需添加的窗体类型，新建的窗体就会出现在工程窗口中。

7.5.3 标准模块

标准模块(.bas文件)是由一些与特定窗体或控件无关的代码组成的另一种模块。标准模块由全局变量声明、模块层声明和通用过程(Sub过程和Function过程)等几部分组成。如果一个过程可能用来响应几个不同对象中的事件，则应将此过程放在标准模块中，而不必在每一个对象的事件过程中重复相同的代码。标准模块通过“工程”菜单中的“添加模块”命令来建立或打开。

全局变量声明放在标准模块的首部，用Public声明，且变量名必须唯一。模块层声明包括在标准模块中使用的变量和常量，模块层变量用Dim或Private声明。当需要声明的全局变量或常量较多时，可以把全局声明放在一个不含任何过程的单独模块中，此模块将在所有基本指令开始之前处理。

在大型应用程序中，主要操作在标准模块中执行，程序和用户之间的通信在窗体模块中实现。但如果应用程序只有一个窗体，所有操作都可通过窗体实现，在此情况下，标准模块就不是必需的。

多个标准模块可以同时存在于一个工程文件中，这些标准模块可以是新建的，也可以是从原有模块中加入的。当然，这些标准模块的过程名及每一个标准模块内的过程也不能重名。

通常情况下，VB从启动窗体开始执行指令。在此之前，不会执行标准模块中的通用过程，故只能在窗体或控件事件过程中调用。

另外，在标准模块中，还可以包含一个特殊过程Sub Main。这是由于在一个含有多个窗体或多个工程的应用程序中，有时需要在显示多个窗体之前对有关条件进行初始化，这就需要在启动时执行一个特定过程，这个过程便是Sub Main过程，它类似于C语言中的Main函数。和在标准模块中建立其他过程的方法一样，建立Sub Main过程的方法是：执行“工程”菜单中的“添加模块”命令，打开标准模块窗口并键入“Sub Main”，按回车后，在该过程的开头和结束语句之间输入程序代码即可。Sub Main过程在标准模块中必须是唯一的。

在一般情况下，由于应用程序从设计时的第一个窗体开始执行，所以，经常将需要最先执行的程序代码放在Form_Load事件过程中。当需要从其他窗体开始执行应用程序时，则可以通过“工程”菜单中的“工程属性”命令(“通用”选项卡)指定启动窗体。当Sub Main过程出现在标准模块中时，可以先执行Sub Main过程，但不是必需的。

与C语言中Main( )不同的是，Sub Main过程并不能被Visual Basic系统自动识别，当希望将它指定为启动过程时，方法与指定启动窗体一样。只需将“启动对象”选为“Sub Main”即可，如图 7-12 所示。

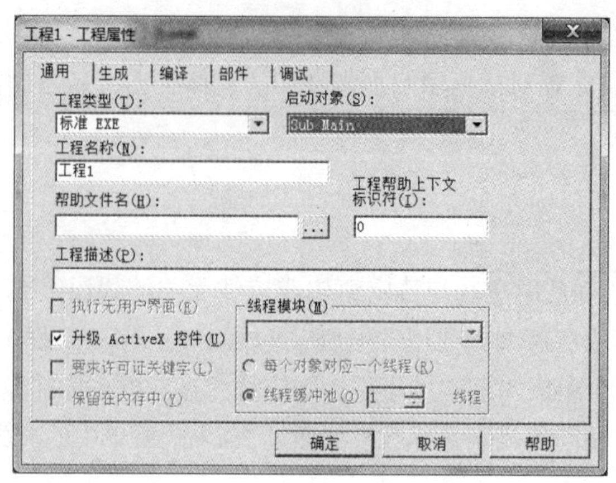

图 7-12　设置Sub Main过程

当把Sub Main过程指定为启动过程时，则可以在运行时最先自动执行（优先于窗体模块）。因此常用来设置初始化条件或指定其他过程的执行顺序。

7.5.4　类模块

在VB中类模块（文件扩展名为.cls）是面向对象编程的基础，它与窗体模块类似，只是没有可见的用户界面。类模块可在类模块中编写代码建立新对象，这些新对象可以包含自定义的属性和方法，它们可以被应用程序内的过程调用。实际上，窗体正是这样一种类模块，在其上可安放控件、可显示窗体窗口。标准模块只包含代码，而类模块既包含代码又包含数据，可视为没有物理表示的控件。

在类模块中，对模块级的变量不能声明为Static。Static数据只能在过程中使用。

7.5.5　过程和变量的作用域

1. 过程的作用域

过程的作用域分为：窗体/模块级和全局级。

（1）窗体/模块级。指在某个窗体或标准模块内定义的过程，定义的子过程或函数过程前加有Private关键字，此过程只能被本窗体（在本窗体内定义）或本标准模块（在本标准模块内定义）中的过程调用。

（2）全局级。指在窗体或标准模块中定义的过程，其默认是全局级的，也可加Public进行说明。全局级过程可供该应用程序的所有窗体及所有标准模块中的过程调用，但是根据过程所处的位置不同，其调用的方式有所区别：

①在窗体定义的过程：外部过程需要调用时，必须在过程名前加该过程所处的窗体名。

②在标准模块定义的过程：外部过程均可调用，但是过程名必须唯一，否则需要在过程名前加标准模块名。

不同作用范围的两种过程定义及调用规则见表 7-1 所列。

表 7-1　不同作用范围的两种过程定义及调用规则

作用范围	模块级		全局级	
	窗　体	标准模块	窗　体	标准模块
定义方式	过程名前加 Private		过程名前加 Public 或默认	
能否被本模块其他过程调用	能	能	能	能
能否被本应用程序其他模块调用	不能	不能	能，但须在过程名前加窗体名	能，但过程名须唯一，否则需加标准模块名

2. 变量的作用域

变量的作用域决定了哪些子过程和函数过程可以访问该变量。

根据变量的作用范围（作用域）变量可分为 3 个层次：局部变量（私有变量）、模块级变量和全局变量（公共变量）。表 7-2 列出了这 3 种变量的作用范围及使用规则。

表 7-2　不同作用范围得中变量声明及使用规则

作用范围	局部变量	窗体/模块级变量	全局变量	
			窗　体	标准模块
声明方式	Dim、Static	Dim、Private	Public	
声明位置	在过程体内	窗体/模块的“通用声明”段	窗体/模块的“通用声明”段	
能否被本模块的其他过程存取	不能	能	能	
能否被其他模块存取	不能	不能	能，但需在变量名前加窗体名	能

下面来详细说明三种变量的作用范围及使用规则。

（1）局部变量。顾名思义，局部变量就是只能在局部范围内被程序代码识别和访问的变量。这类变量就是指在过程内用语句声明的变量（或不声明直接使用的变量），它只能在本过程中使用，其他过程不可访问。局部变量随过程的调用而分配存储单元，并进行变量的初始化，在此过程体内进行数据的存取，一旦该过程执行结束，该变量的内容自动消失，所占用的存储单元被释放。不同的过程中可以有同名的变量，彼此互不相干。使用局部变量，有利于程序的调试。

实例 7.13　在窗体上添加一个按钮，其功能是给两个变量赋值，计算并输出它们的和。完整的代码如下：

```
Option Explicit
Private Sub Command1_Click()
Dim x As Single          '声明局部变量
Dim y As Single          '声明局部变量
```

```
Dim R As Single          '声明局部变量
x =2
y =3
R = x + y
Print R
End Sub
```

以上是在按钮Command1 的单击事件过程Click ( )里编写代码，用Dim声明了 3 个变量x、y、R。这 3 个变量就属于局部变量，它们只能被这个过程访问使用。其他的过程里访问不到它们，甚至在一个程序的任何其他地方都访问不到它们。这个过程就是局部变量的作用域。

而且，这些变量只有在该过程的执行阶段才会存在，也就是说当系统执行这一段代码的时候，从Private Sub Command1_Click ( )进入过程的时候起，这 3 个变量才是存在的，当执行结束，从End Sub退出这段代码后，这些变量就消失了，这就是所谓的变量的生命周期。

在不同的过程中，可以分别声明相同名称的局部变量，它们各自独立，互相不会干扰影响。

实例 7.14 在实例 7.13 的窗体上再增加一个命令按钮，它的单击事件代码如下：

```
Private Sub Command2_Click()
Dim x As Single          '声明局部变量
Dim y As Single          '声明局部变量
Dim R As Single          '声明局部变量
x = x+1
y = y+1
R = x+y
Print R
End Sub
```

我们单击Command1，程序运行结果是 5。我们单击Command2，程序运行结果是 2。二个事件中的x、y、R是三个不同的变量。

（2）模块级变量。通过前面的学习，我们知道模块包括窗体模块、标准模块。窗体模块是指一个窗体代码的全部；标准模块是指通过菜单“工程”中的“添加模块”选项添加的模块。

模块级变量是指在模块的任何过程之外，即在模块的声明部分使用Dim语句或Private语句声明的变量。为了区别于局部变量，建议使用Private进行变量的声明，这种变量可以被本模块的任何过程访问；可以在本模块的任何位置被识别、访问。

实例 7.15 使用模块变量的例子，编写程序代码如下：

```
Dim x As Single
Dim R As Single
Private Sub Command1_Click()
Dim y As Single
x = x + 1
y = y + 1
R = x + y
```

```
Print "命令按钮一中X,Y,R的值:"; "x="; x; "y="; y; "R="; R
End Sub
Private Sub Command2_Click()
Print "命令按钮X,二中Y,R的值:";
Print "x="; x; "y="; y; "R="; R
End Sub
```

我们运行程序，先单击命令按钮一然后单击命令二，再单击命令按钮一然后单击命令二，如图 7-13 所示，在运行结果中我们可以看到程序运行结果，本例中x和R定义成了模块级变量，在两个按钮的单击事件过程里都能访问，所以我们看到x从 1 变化到 2，且在命令按钮 2 中能被访问，而y在命令按钮一事件中定义成了局部变量，所以我们可以看到y二次单击命令按钮一直都为 1，而命令按钮二中y与命令按钮二中的y不是相同的变量，所以在输出其值时，由于未被赋值，所以我们看到是空的。

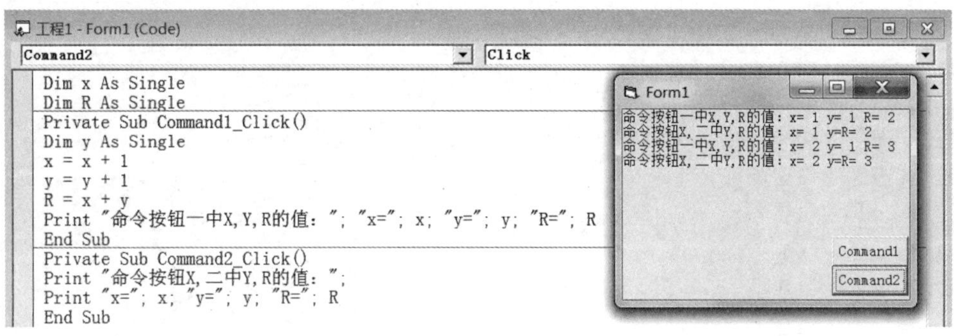

图 7-13　实例 7.15 程序运行结果

（3）全局变量。全局变量是指在模块的任何过程之外，即在模块的“通用声明”段使用 Public语句声明的变量。全局变量可被本模块的任何过程访问，还可以被本工程的任何位置访问。

需要注意的是：

①在窗体模块声明的全局变量，在本窗体内访问的时候，可以直接访问；而在本工程的其他窗体内访问时需要在变量名前加窗体名。

②在标准模块中声明的全局变量，在本工程的任何位置可以直接访问。

下面我们来看一个在窗体模块中声明的全局变量的实例。

实例 7.16　首先在form1 中创建 3 个命令按钮，在窗体模块中声明的全局变量x1、y1、R1，并编写相对应的 3 个命令按钮事件。程序代码如下：

```
Public x1 As Single
Public y1 As Single
Public R1 As Single
Private Sub Command1_Click()
x1 = 1: x2 = 1
y1 = 1: y2 = 1
R1 = 1: R2 = 1
```

```
Print "第一步单击form1 中的command1:"; "x1="; x1; "y1="; y1;
"R1="; R1
Print "第一步单击form1 中的command1:"; "x2="; x2; "y2="; y2;
"R2="; R2
Form2.Show    '调用 form2
End Sub

Private Sub Command2_Click()
Print "第三步单击form1 中的command2:"; "x1="; x1; "y1="; y1;
"R1="; R1
Print "第三步单击form1 中的command2:"; "x2="; x2; "y2="; y2;
"R2="; R2
Print "第三步单击form1 中的command2:"; "x2="; Form2.x2; "y2=";
Form2.y2;_
"R2=";Form2.R2
End Sub

Private Sub Command3_Click()
x1 = x1 + 10
y1 = y1 + 10
R1 = x1 + y1
x2 = x2 + 10
y2 = y2 + 10
R2 = x2 + y2
Print "第四步单击form1 中的command3:"; "x1="; x1; "y1="; y1;
"R1="; R1
Print "第四步单击form1 中的command3:"; "x2="; x2; "y2="; y2;
"R2="; R2
End Sub
```

然后我们再创建另一个窗体 2，添加一命令按钮，编写代码如下：

```
Public x2 As Single
Public y2 As Single
Public R2 As Single
Private Sub Command1_Click()
x2 = x2 + 2
y2 = y2 + 3
R2 = x2 + y2
Print "第二步单击form2 中的command1:"; "x1="; x1; "y1="; y1;
"R1="; R1
Print "第二步单击form2 中的command1:"; "x2="; x2; "y2="; y2;
"R2="; R2
End Sub
```

我们首先运行窗体 1，单击 command1，调用窗体 2，单击窗体 2 的 command1，运行结束，返回窗体 1，再依次单击 command2 和 command3。程序运行结果如图 7-14 和图 7-15 所示。

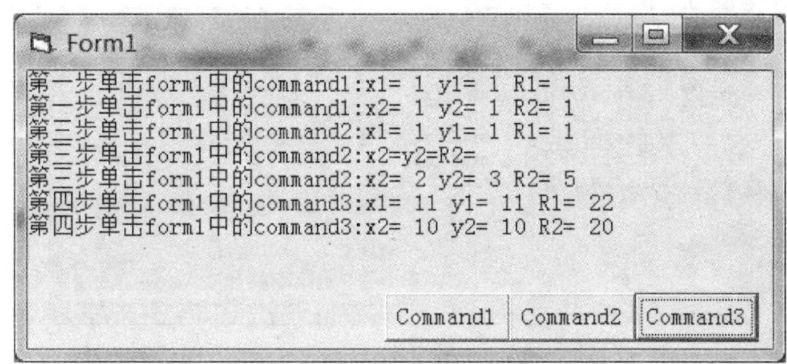
Form1
第一步单击form1中的command1:x1= 1 y1= 1 R1= 1
第一步单击form1中的command1:x2= 1 y2= 1 R2= 1
第三步单击form1中的command2:x1= 1 y1= 1 R1= 1
第三步单击form1中的command2:x2=y2=R2=
第三步单击form1中的command2:x2= 2 y2= 3 R2= 5
第四步单击form1中的command3:x1= 11 y1= 11 R1= 22
第四步单击form1中的command3:x2= 10 y2= 10 R2= 20
Command1
Command2
Command3

图 7-14　form1 窗体模块中声明的全局性变量运行结果

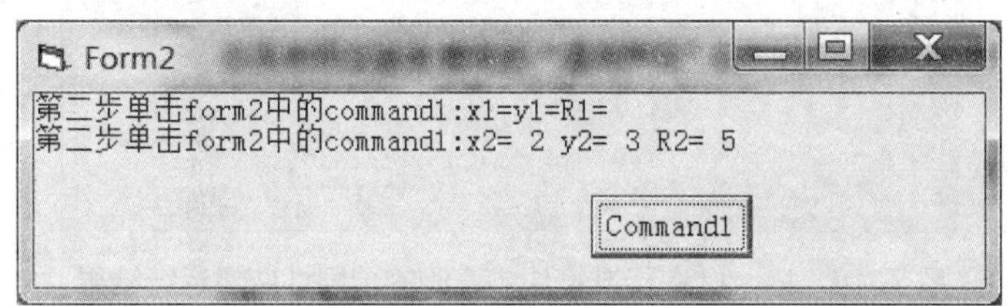
Form2
第二步单击form2中的command1:x1=y1=R1=
第二步单击form2中的command1:x2= 2 y2= 3 R2= 5
Command1

图 7-15　form2 窗体模块中声明的全局性变量运行结果

本实例说明，x1，y1，R1 是用Public声明的全局变量，所以可以在本窗体里的任何过程里直接访问使用。

在窗体 1 的Command2_Click（ ）事件过程里使用窗体 2 的全局变量，使用时，变量名前面要使用窗体名。输出语句Print，可以显示在窗体 2 里全局变量里x2，y2，R2 的数值。

结果表明在窗体/模块的“通用声明”段声明的变量，能被本模块的其他过程存取，也能被其他模块存取，但需在变量名前加窗体名。

如果是在标准模块中声明全局变量，可以通过菜单中“工程”中的“添加模块”，完成标准模块的添加，并在模块里，声明全局变量x2，y2 和R2，如图 7-16 所示。

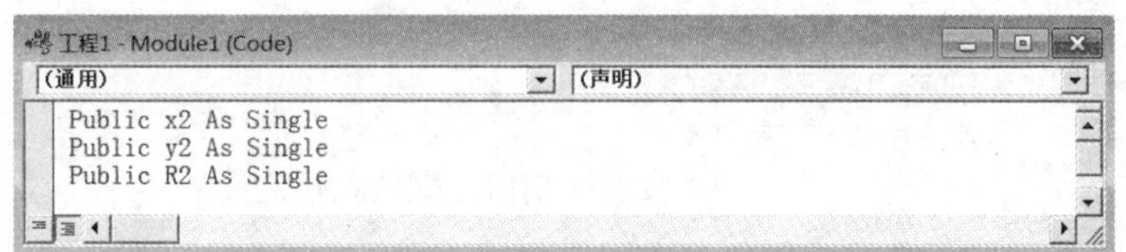
工程1 - Module1 (Code)
(通用)
(声明)
Public x2 As Single
Public y2 As Single
Public R2 As Single

图 7-16　在标准模块中声明全局变量

程序界面和代码和上一例的代码基本相同，只是把Command2_Click（ ）事件删除了一条语句，代码如下：

```
Private Sub Command2_Click()
Print "第三步单击form1中的command2:"; "x1="; x1; "y1="; y1;
"R1="; R1
Print "第三步单击form1中的command2:"; "x2="; x2; "y2="; y2;
"R2="; R2
End Sub
```

程序运行结果如图 7-17 和图 7-18 所示。

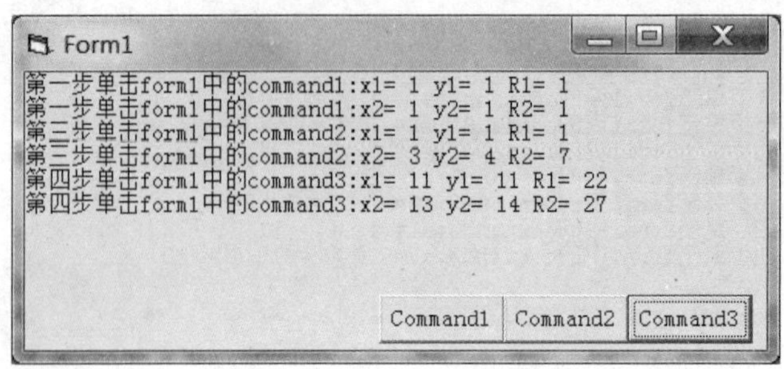
Form1
第一步单击form1中的command1:x1= 1 y1= 1 R1= 1
第一步单击form1中的command1:x2= 1 y2= 1 R2= 1
第三步单击form1中的command2:x1= 1 y1= 1 R1= 1
第三步单击form1中的command2:x2= 3 y2= 4 R2= 7
第四步单击form1中的command3:x1= 11 y1= 11 R1= 22
第四步单击form1中的command3:x2= 13 y2= 14 R2= 27
Command1
Command2
Command3

图 7-17 form1 在标准模块中声明的全局性变量运行结果

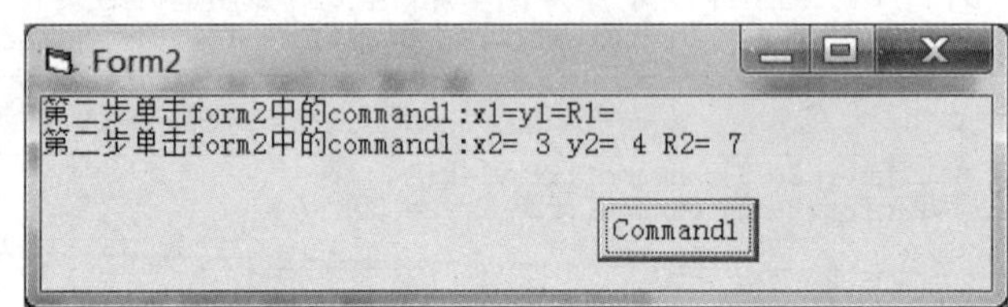
Form2
第二步单击form2中的command1:x1=y1=R1=
第二步单击form2中的command1:x2= 3 y2= 4 R2= 7
Command1

图 7-18 form2 在标准模块中声明的全局性变量运行结果

在这里用Public声明的变量，在整个工程的任何位置都能被直接访问，并不需要带上附加的说明。

本例说明，x2，y2是标准模块里用Public声明的全局变量，所以可以在本工程的任何窗体里的任何过程里直接访问使用。

实例 7.17 当三种变量同名时，查看作用域的优先级。

分析：当一个工程中，出现全局变量、模块变量和局部变量同名的时候，那么使用该变量名到底是指哪个变量呢，VB系统规定，作用域小的变量的优先级高，也就是说，局部变量优先于模块变量被识别访问，模块变量优先于全局变量被识别访问。

```
Option Explicit
Private n As Integer
Private Sub Command1_Click()
   Dim n As Integer
   n = n + 1                  '没有赋初值。默认初值为 0
   Print n
End Sub

Private Sub Form_Load()
   n = 100
End Sub
```

运行程序，单击按钮Command1，显示显示为1。说明当三种变量同名时，作用域小的变量的优先级高。

尽管在Form_Load（）过程里n赋值100，因为本例声明了模块变量n，所以这里的n显然是模块变量。同时在Command1_Click（）过程里声明了局部变量n，这个时候在Command1_Click（）过程里，局部变量为优先，所以访问的是自身声明的局部变量。VB系统并不会产生互相干扰影响。

类似：如果在本例基础上，添加标准模块，并用Public声明变量n，会出现以下情况。

（1）如果在Command1_Click（）过程里声明了局部变量n，那么在Command1_Click（）过程里使用变量n时，优先为自身的局部变量n。

（2）如果在Command1_Click（）过程里没有声明局部变量n，那么在Command1_Click（）过程里使用变量n时，优先为模块变量n。

（3）如果在Command1_Click（）过程里没有声明局部变量n，在窗体里也没有声明模块变量n，那么在Command1_Click（）过程里使用变量n时，就只有识别为全局变量n了。

7.5.6 变量的生存期

变量除了有作用域（使用范围）之外，变量还有生命周期（存活期），在这一期间变量能够保持它们的值。

从变量的作用空间来说，变量有作用范围；而从变量的作用时间来说，变量有生存期。

假设过程内有一个变量，当程序执行进入该过程体内时，系统要分配给该变量一定的内存单元，一旦执行退出该过程，那么变量所占有的内存单元是被释放呢还是被继续保留呢？根据变量在程序运行期间的生命周期，将变量分为静态变量和动态变量。静态变量不释放内存单元，而动态变量将释放内存单元。

1. 动态变量

动态变量是指程序执行进入变量所在的过程，才分配该变量的内存单元，当执行退出此过程后，该变量所占用的内存单元自动被释放，其值消失，释放的内存单元被其他变量占用。

用Dim声明的变量属于动态变量，在其所在的过程执行结束后其值不被保留，在每次重新执行过程时，该变量重新声明。

2. 静态变量

局部变量在过程执行结束后其值不能被保留下来，在每一次过程重新执行时，变量会被重新初始化。如果希望在该过程结束之后，还能继续保持过程中局部变量的值，就应该用Static关键字将这个变量声明为静态变量。这样，即使过程结束，该静态变量的值也仍然保留着。

静态变量只指程序执行进入该变量所在的过程，修改该变量的值后，结束退出该过程时，其变量的值仍然被保留，即变量所占内存单元没有被释放，当再次进入该过程时，原来该变量的值可以继续使用。在过程体内用Static声明的局部变量，就属于静态变量。

格式定义如下：

```
static<变量名>[As<数据类型>]
```

实例 7.18 为一个窗体编写下面这样一段程序，在窗体上添加一标签，可以对用户在窗体上单击的次数计数并用显示出来。

```
Private Sub Form_click()
Static I As Integer
I = I + 1
Label1.Caption = I
```

```
End Sub
```

单击窗体五次，标签的显示内容分别是 1、2、3、4、5。

实例 7.19 编写一程序，模拟一蝴蝶飞的动画，程序设计界面如图 7-19 所示，运行结果如图 7-20 所示。

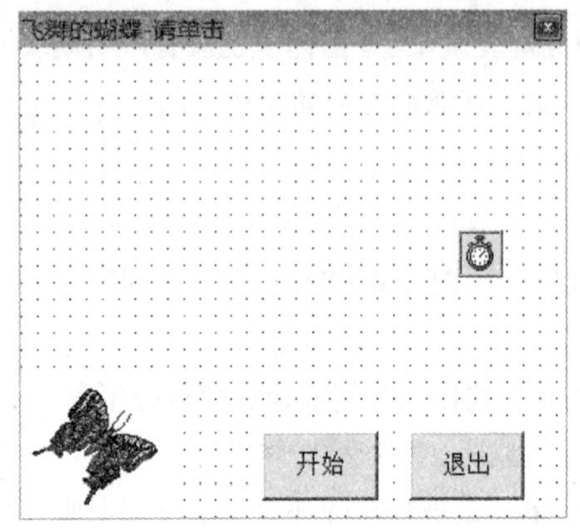

图 7-19 蝴蝶飞设计界面

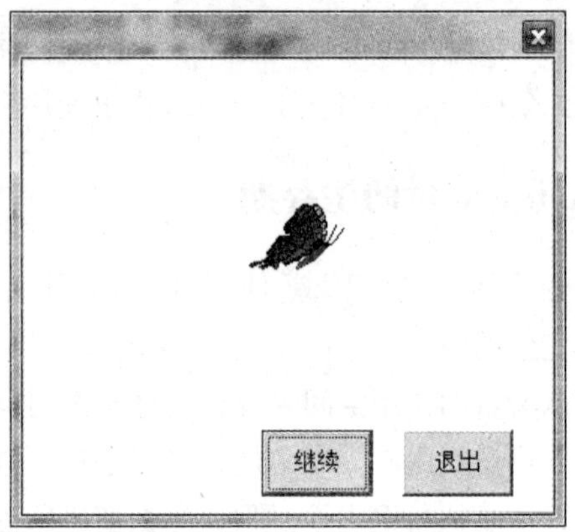

图 7-20 蝴蝶飞运行界面

分析：要实现图片动起来，我们需要二张蝴蝶的图片，一张是张开蝴蝶翅膀的图片，

一张是关闭蝴蝶翅膀的图片 bfly2.bmp，我们在窗体上添加一图像框，一个时钟 Timer1 和两个命令按钮 Command1、Command2，并按表 7-3 中的参数，设置控件属性，当我们单击“开始”后，加载蝴蝶图片的图像框 Image1 根据时钟控件的 Timer1 事件不断调用不同的图片，同时改变图像框 Left 和 Top 的值。与此同时，单击“开始”后，命令按钮标题会变成“停止”，当单击“停止”后，命令按钮标题又会变成“继续”。

表 7-3 蝴蝶飞属性设置

控件名	属性名	属性值
Form1	Caption	飞舞的蝴蝶-请单击
Image1	Picture	bfly1.bmp
Command1	Caption	开始
Command2	Caption	退出
Timer1	Interval	100

编写程序代码如下：

```
Private Sub Form_Load()
Image1.Left = 0
Image1.Picture = LoadPicture("bfly2.bmp")
End Sub

Private Sub Command1_Click()
Static n As Integer           '用于在命令按钮上显示不同标题
```

```
If n = 0 Then
    Timer1.Enabled = True
    Command1.Caption = "停止"
    n = 1
Else
    Timer1.Enabled = False
    Command1.Caption = "继续"
    n = 0
End If
End Sub

Private Sub Command2_Click()
End
End Sub

Private Sub Timer1_Timer()
Static k As Integer      '用于调用不同的图片
If Image1.Left + Image1.Width < Form1.ScaleWidth Then
   If k = 0 Then
      Image1.Picture = LoadPicture("bfly1.bmp")
      k = 1
   Else
      Image1.Picture = LoadPicture("bfly2.bmp")
      k = 0
   End If
   Image1.Left = Image1.Left + 150
   Image1.Top = Image1.Top - 150
  Else
   Image1.Left = -Image1.Width
   Image1.Top = Form1.Height
End If
End Sub
```

第 8 章 界面设计

界面作为应用程序与用户之间的媒介，在应用程序系统中所占得比重非常大。前面我们已经学习了界面设计的基本方法：定制窗体和使用基本控件。本章将重点介绍菜单、对话框、工具栏、鼠标与键盘事件、通用对话框、多窗体及多文档设计等。

8.1 菜单设计

在Windows环境下，通过窗体菜单来实现复杂的操作具有快捷、安全的明显优势。窗体菜单是Windows应用程序界面中最有特色的部分，主要有下拉式菜单、弹出菜单、动态菜单 3 种形式。

本节通过例题来介绍菜单编辑器的常用方法，通过一个菜单例子“实例 8.1”，演示如何设计下拉式菜单、弹出式菜单，动态菜单如何编写菜单的Click事件，如何运行时动态改变菜单属性。

8.1.1 菜单编辑器（Menu Editor）

Visual Basic为程序设计者提供了一个操作简单、功能强大的菜单编辑器，通过菜单编辑器，程序设计人员可以很方便地设计出精美的菜单。

1. 进入菜单编辑器

打开“菜单编辑器”窗口有 3 种方法：

（1）从“工具”菜单中，单击“菜单编辑器”选项。

（2）在工具栏上单击“菜单编辑器”快捷按钮。

（3）用鼠标选中窗体后，单击鼠标右键，在弹出菜单中单击“菜单编辑器”选项。

几种方法弹出的菜单编辑器窗体如图 8-1 所示。

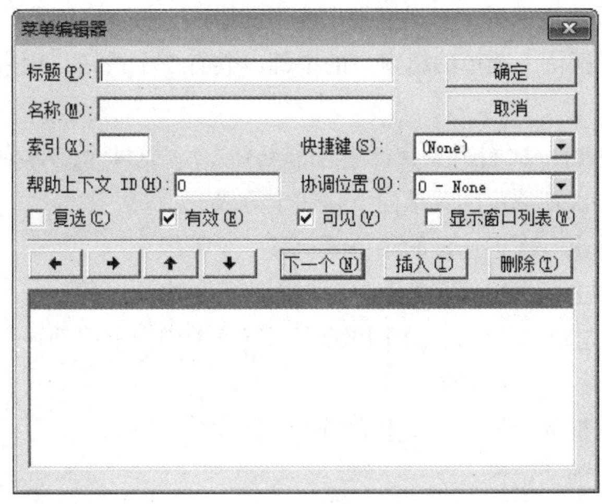

图 8-1　菜单编辑器窗口

2. 菜单编辑器简介

菜单编辑器窗口分成 3 部分：

(1)数据区。位于窗口的上半部，用于输入或修改菜单项的各种属性。数据区各栏目的作用如下：

①“标题”：用来输入菜单项显示的字符串，相当于控件的Caption属性，输入的字符串将出现在菜单中。

②“名称”(Caption)：用来输入菜单项的控件名。控件名是用户自定义的标识符，仅用于在代码中访问菜单项，不会出现在菜单中。菜单的名称相当于控件的Name属性，建议命名前缀为mnu。

③“索引”(Index)：用来指定一个数字值来确定菜单项控件在控件数组中的序号。该序号与控件的屏幕位置无关。

④“快捷键”：又称为热键。用于为菜单项命令选定快捷键。

⑤“帮助上下文”：用于帮助信息的上下文编号。允许指定一个ID数值，在HelpFile属性指定的帮助文件中用该数值查找适当的帮助主题。

⑥“协调位置”：用于设定选择菜单的NegotiatePosition属性。该属性决定是否及如何在容器窗体中显示菜单。有 4 个选项：0(菜单项不显示)，1(菜单项靠左显示)，2(菜单项居中显示)，3(菜单靠右显示)。

⑦“复选”(Check)：允许在菜单项的左边设置复选标记。通常用它来指出切换选项是否处于活动状态。

⑧“有效”(Enable)：用于决定是否让菜单项对事件做出响应。清除菜单项事件也可以使该项失效并灰度显示。

⑨“可见”(Visible)：用于设置是否将菜单项显示在菜单上。

⑩“显示窗口列表”：用于在MDI(多文档界面)应用程序中打开的MDI子窗体列表。

对于每个菜单项，其最重要的两个属性是“标题”和“名称”。因此在菜单编辑窗口中被放置在最重要位置，并且名称属性作为菜单的必要属性，必须予以指定。如果没有设定名称属性就试图退出，并且系统将显示一个对话框指出程序的错误。

(2)编辑区。编辑区位于菜单编辑窗口的中部，共有7个按钮，用来对输入的菜单项进行简单编辑。

①“右箭头”：每单击一次右箭头，产生4个点(....)。这4个点称为内缩符号，用来确定菜单的层次。每单击一次把选定的菜单向下移一个等级。

②“左箭头”：每单击一次把选定的菜单向上移一个等级。

③“上箭头”：每单击一次把选定的菜单项在同级菜单内向上移动一个位置。

④“下箭头”：每单击一次把选定的菜单项在同级菜单内向下移动一个位置。

⑤“下一个”：开始一个新的菜单项。

⑥“插入”：在列表框的当前选定行上方插入一行。

⑦“删除”：删除当前选定行。

(3)菜单项显示区。菜单项显示区位于窗口的下部，输入的菜单项都在这里显示，并通过内缩符号表明菜单项的层次。条形光标所在的菜单项是当前菜单项。

窗口右上角的“确定”按钮用于关闭菜单编辑器，并对选定的最后一个窗体进行修改。“取消”按钮则用于关闭菜单编辑器，取消当前编辑器所作的修改。

当一个窗体的菜单创建完成后，退出菜单编辑器，所设计的菜单就显示在窗体上。只要选取一个没有子菜单的菜单项，就会打开代码编辑窗口，并产生一个与这一菜单项相关的Click事件过程，程序员可编写与它相关的代码。

在当前窗体已经建立菜单后，再打开菜单编辑器，系统就会在菜单编辑器中显示出它的结构，程序员可以对每一菜单项进行修改。选取要修改的菜单项，编辑器的各文本框和列表框就会显示这一菜单项的相应属性。

对于当前窗体，可以在属性窗口的对象列表中找到每一个菜单的名称。选取一个菜单项，属性窗口就会列出这一菜单项的相关属性，程序员也可以通过属性表来修改菜单。

3. 菜单项的控制

制作的菜单可以拥有自己的特色，如某些菜单呈灰色，菜单的某个字母有下划线等，完成这些功能就是要掌握对菜单项的控制。

有效性设置是根据条件的不同而进行的动态设置，条件满足则执行，不满足则不执行。“菜单项”的“有效”(Checks)属性就是通过有效属性来设置的。有效属性为False时失效，运行后菜单项变为灰色；而设置成有效时，只要设置“有效”属性为True即可。

(1)菜单项标记。菜单项标记指可以在菜单项前添加复选标记“√”，它也可以使用有效属性在代码中设置。

利用菜单项标记可以明显地表示当前某个或某些命令状态是可用还是不可用；利用菜单项标记可以表示当前选择的是哪个菜单项。

菜单项标记通过菜单设计窗口中的“复选”属性设置，值为True时，有“√”；值为False时，无“√”。

(2)键盘选择。菜单项可以用鼠标进行选择，也可以用键盘进行选择。用键盘选择有两种方法：快捷键(热键)和访问键。它们都在设计菜单时直接指定。

①快捷键。利用快键可以直接执行菜单命令。在菜单编辑器中有编辑热键选择的控制选取项，如图 8-2 所示。

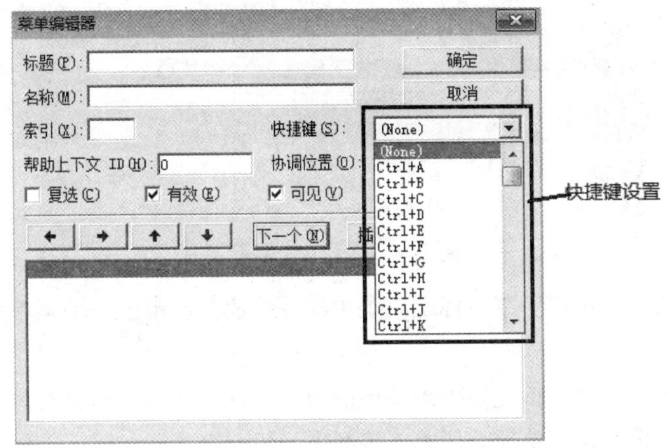

图 8-2　菜单编辑器中的快捷键选项

②访问键。访问键是指在菜单项中加了下划线的字母，只要按 Alt 键和加了下划线的字母键，如选择“文件”菜单选项，在大多数应用程序里也可以按访问键 Alt+F。用访问键选择菜单项时，必须一级一级地选择，即只有在下拉显示下一级菜单后，才能用 Alt 键和菜单项中有下划线的字母键选择。

设置访问键，必须在准备加下划线的字母的前面加上一个“&”，如 &File。在设计菜单时，如果按上面的格式输入菜单项的标题，则程序运行后，就可以在字母“C”的下面加上一个下划线，按 Alt+C 组合键即可选取这个菜单项，如图 8-3 所示。在设置访问键时，应注意避免重复。

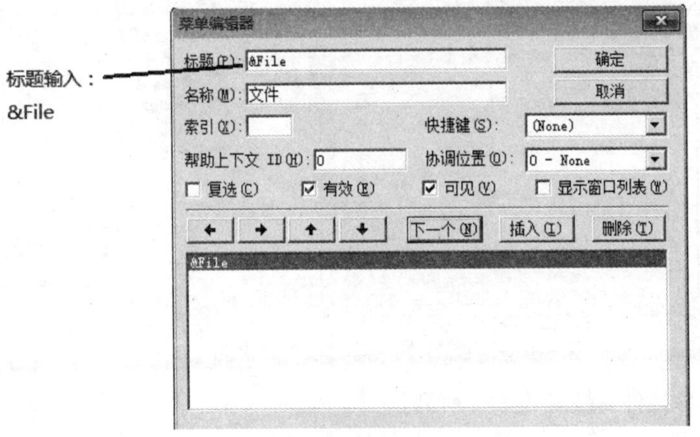

图 8-3　设置访问键

8.1.2　下拉式菜单

下拉式菜单一般通过单击菜单标题，即可出现下拉式菜单命令列表，其样式如图 8-4 所示：

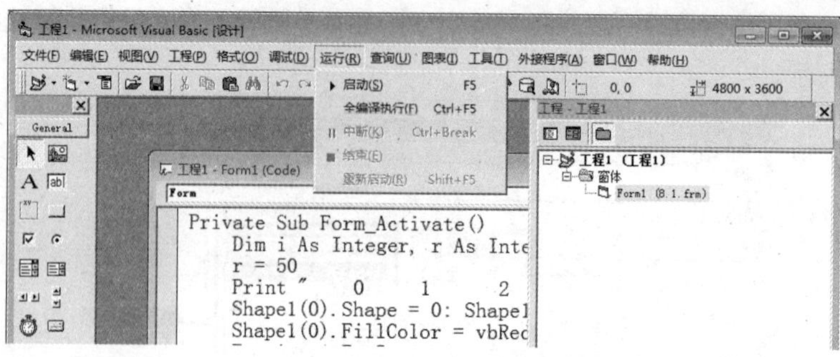

图 8-4 “下拉式菜单”

下拉式菜单一般由菜单栏、菜单标题、菜单项等组成。若单击一个菜单标题则拉出由若干菜单项构成的下拉列表。

建立一个下拉式菜单时，首先要列出菜单的组成，然后在菜单编辑器窗口按着菜单组成进行设计。设计完后，再把各菜单项与代码连接起来。

实例 8.1 设计制作一个窗体，效果如图 8-5 所示：

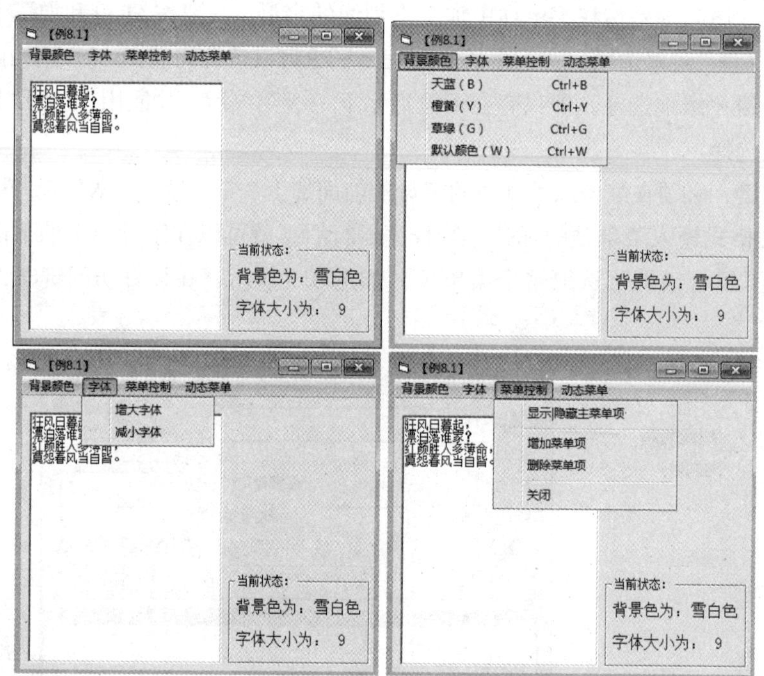

图 8-5 实例 8.1 效果图

设计窗体的各控件属性见表 8-1 所列。

表 8-1 实例 8.1 窗体各控件属性

控件名	属性名	属性值
myform	Caption	菜单例题
myFrame	Caption	当前状态

续表

控件名	属性名	属性值
mytext	Text	狂风日暮起， 漂泊落谁家？ 红颜胜人多薄命， 莫怨东风当自嗟。

启动“菜单编辑器”，进行菜单设计，菜单的属性见表8-2所列。

表8-2 “例8.1”菜单各项值设置

标　题	名　称	快捷键	标　题	名　称	索引值
背景颜色	Mnucolor		菜单控制		
天蓝(&B)	MnuBlue	Ctrl+B	显示/隐藏主菜单项	MnuShowHide	
橙黄(&Y)	MnuYellow	Ctrl+Y	…-	SeprateBar2	
草绿(&G)	MnuGreen	Ctrl+G	增加菜单项	MnuAdd	
默认颜色(&W)	MnuWhite	Ctrl+W	删除菜单项	MnuDel	
字体	mnuFont		…-	SeprateBar1	
增大字体(&I)	MnuAddFont	Ctrl+A	关闭	MnuClose	
减小字体(&D)	MnuDecFont	Ctrl+D	动态菜单	MnuDyna	
			新增的菜单项1	MnuD	1

几点说明：

(1)在设置快捷键时，要注意与其他应用软件快捷键设置的通用性，例如：剪切操作的快捷键是“Ctrl+X”，获得在线帮助的快捷键是“F1”；等等。

(2)虽然分融符(-)是当作菜单控件来创建的，它们却不能响应Click事件，而且也不能被选取。

(3)菜单中不能使用重复的访问键。如果多个菜单项使用同一个访问键，则该键将不起作用。

8.1.3 菜单的Click事件

在VB中，每一菜单项甚至分隔符都被看作一个控件。每一菜单项都要响应某一事件过程。一般来说，菜单项都响应鼠标单击(Click)事件，即每个菜单项都拥有一个事件处理过程Name_Click ( )。每当单击菜单项时，VB就会调用Name_Click过程，执行这一过程中的代码。下一步开始为各菜单项添加代码。

编写代码是在代码窗口中进行的。首先在窗体窗口中单击菜单条，在下拉菜单中选择要连接代码的菜单项，然后单这一菜单项，在屏幕上会出现代码窗口，并在窗口中出现这一菜单项的控制名和相应事件组成的事件处理过程的过程头和过程尾。用户只要在过程头与过程尾之间输入需执行的代码即可。当然用户也可以直接在代码窗口中选择相应菜单项的Click事件进行代码编写。

如果想为其他菜单项添加代码，可按上面的方法，也可以从对象列表框中选择菜单项控制名，再在过程列表框中选择Click事件，这时代码窗口中出了这一菜单的过程头与过程尾，在其中添加代码即可。如果有多个菜单项需要与代码过程连接，就得多次重复上述步骤。

实例8.1的菜单项Click事件代码如下：

```
Private Sub Form_Load()
        '为标签控件赋值
    m_str = "背景色为:雪白色"
     If Trim(Str(myText.BackColor)) = "12640511" Then
        m_str = "背景色为:橙黄色"
    End If
     If Trim(Str(myText.BackColor)) = "16777152" Then
        m_str = "背景色为:天蓝色"
     End If
     If Trim(Str(myText.BackColor)) = "12648384" Then
        m_str = "背景色为:草绿色"
     End If
    m_str = m_str + Chr(10) + Chr(13) + Chr(10) + Chr(13) +"字体
大小为:"_
 + Str(myText.FontSize)
    myLabel.Caption = m_str
End Sub

Private Sub MnuYellow_Click()
    myText.BackColor = &HC0E0FF                '将文本框背景设为橙黄色
    Call Form_Load
End Sub

Private Sub MnuGreen_Click()
    myText.BackColor = &HC0FFC0                '将文本框背景设为青绿色
    Call Form_Load
End Sub

Private Sub MnuWhite_Click()
    myText.BackColor = &H80000005              '将文本框背景设回默认白色
    Call Form_Load
End Sub
```

```
Private Sub MnuAddFont_Click()
   myText.FontSize = myText.FontSize + 1  '将文本框中字体大小加1
     Call Form_Load
End Sub

Private Sub MnuClose_Click()
     End
End Sub

Private Sub MnuDecFont_Click()
        myText.FontSize = myText.FontSize - 1'将文本框中字体大小减1
        Call Form_Load
End Sub

Private Sub MnuBlue_Click()
        myText.BackColor = &HFFFFC0              '将文本框背景设为天蓝色
        Call Form_Load
End Sub
```

8.1.4 运行时动态改变菜单属性

在Windows应用程序中，往往随着用户不同的操作，菜单项也会有相应的变化，常见的有“复选菜单”、“失效菜单”和“不可见菜单”等变化。

（1）“复选菜单”是由菜单控件的Checked属性决定的。当控件的Checked属性为True时，则菜单中对应选项前出现选中标志“√”；否则，当Checked属性为False时，选中标志消失。通过复选菜单来标志菜单对应功能的打开和关闭状态，这一操作是需要用程序代码来保证实现的。

（2）“失效菜单”和“不可见菜单”是在程序设计中，当程序运行处于特殊状态时，菜单中的某些菜单的功能将无法发挥作用或根本就不出现，此时应该把这些菜单设置成为失效菜单或不可见菜单。

（3）“失效菜单”通常在菜单功能只是暂时失效，例如当剪切板中已经存放剪切内容后，则编辑菜单中的“剪切”选项将失效，这时不应该把“剪切”选项设置成不可见，因为经过“粘贴”操作后“剪切”选项就合重新生效。

（4）“不可见菜单”即使菜单控件不可见，同时产生使之无效的作用。该控件通过菜单、访问键或快捷键都再无法访问。如果一级菜单不可见，则该级菜单上所有菜单项控件均无效、不可见。

设置菜单的“生效|失效”只要把Enabled属性设置为True|False；而设置菜单的“可见|不可见”只要把Visible属性设置为True|False即可。

单击本例的菜单项“菜单控制”下的“显示|隐藏主菜单”，会在“显示|隐藏主菜单”前出现选中标志“√”，同时“动态菜单”“可见”；再单击一次，则“显示|隐藏主菜单”前的“√”会去掉，“动态菜单”“不可见”。单击“菜单控制”下的“增加菜单项”，会在“动态菜单”下按秩序动态生成一个新菜单项，同时“删除菜单项”从“失效”变成“有效”；单击一击“删除菜单项”，则会在删除当前“动态菜单”最下面的一个新菜单项。当删除所有利用“增加菜单项”新增的菜单项后，“删除菜单项”“失效”。

“显示|隐藏主菜单”“增加菜单项”及“删除菜单项”的Click事件代码如下：

```
Private Sub MnuShowHide_Click()
        If MnuShowHide.Checked = True Then
            MnuShowHide.Checked = False
            MnuDyna.Visible = False
        Else
            MnuShowHide.Checked = True
            MnuDyna.Visible = True
        End If
End Sub

Private Sub MnuAdd_Click()
        Dim Dm As Integer
        Dm = MnuD.Count + 1
        Load MnuD.Item(Dm)
        MnuD.Item(Dm).Caption = "新增的菜单项" + Str(Dm)
        MnuD.Item(Dm).Visible = True
        MsgBox "新增的菜单项" + Str(MnuD.Count)
        mnuDel.Enabled = True
End Sub

Private Sub mnuDel_Click()
        If MnuD.Count > 1 Then
            MsgBox "删除新增菜单项" + Str(MnuD.Count)
            Unload MnuD.Item(MnuD.Count)
            If MnuD.Count = 1 Then
                MnuD.Enabled = False
            End If
        End If
End Sub
```

8.1.5 弹出式菜单

在使用Windows应用程序的过程中，除去下拉式菜单，当选中对象之后，单击右键还会出现一种弹出式菜单也被称为快捷菜单。弹出式菜单中一般包括了在当前选定状态下的常用命令。如图 8-6 所示：

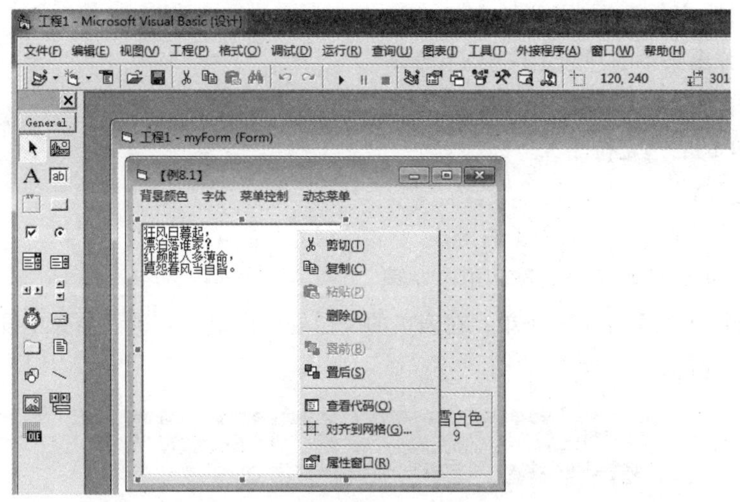

图 8-6　弹出式菜单

当选中对象之后，单击弹出式菜单是独立于菜单栏而显示在窗体上的浮动菜单，在Windows应用程序中，通常使用鼠标右键激活上下文菜单。

弹出式菜单根据鼠标指针所处屏幕位置的不同，可弹出不同的菜单。

定义弹出式菜单的方法与定义下拉式菜单的方法一样，任何含有一个或一个以上子菜单的菜单项都可以作为弹出式菜单。

弹出式菜单的最高一级菜单项称为顶级菜单项。顶级菜单项的标题将不会被显示出来，这一点与下拉式菜单不同。顶级菜单项必须被定义，因为顶级菜单项的名字要用于激活弹出菜单。

如果这个菜单仅在某个位置单击鼠标右键时才弹出，而不需要以下拉式菜单的形式显示在屏幕上，则应在设计时使顶级菜单项目为不可见，即取消菜单编辑器里的“可见”复选框选择或在属性窗口设定Visible属性值为False。

当一个菜单既作下拉式菜单使用，又作弹出式菜单使用时，激活的弹出式菜单将自动地不显示顶级菜单的项目。

激活弹出式菜单使用PopupMenu方法，格式如下：

```
[<对象名>.]PopupMenu <菜单名> [,flags[,x [,y[,boldcommand ] ] ]
]
```

说明：

(1)对象名默认为当前窗体。

(2)flags参数用于设定弹出菜单的性能。

(3)x，y参数为坐标值。

(4)boldcommand参数用于在弹出式菜单中显示一个菜单控制。

(5)flags参数可以定义弹出式菜单的位置与性能。取值分两组：位置常量和行为常量。

Flags各常量取值如下：

①位置常量取值。

0(默认)：弹出菜单的左边定位于X坐标；

4：弹出菜单以X点坐标为中心线；

8：弹出菜单的右边定位于X坐标。

②行为常量取值。

0(默认)：菜单命令只接收单击右键；

2：菜单命令可以接收单击右键和单击左键。

我们为实例8.1加上弹出式菜单，在表单的空白处单击鼠标右键，会弹出设置文本框背景菜单项,如图8-7所示。

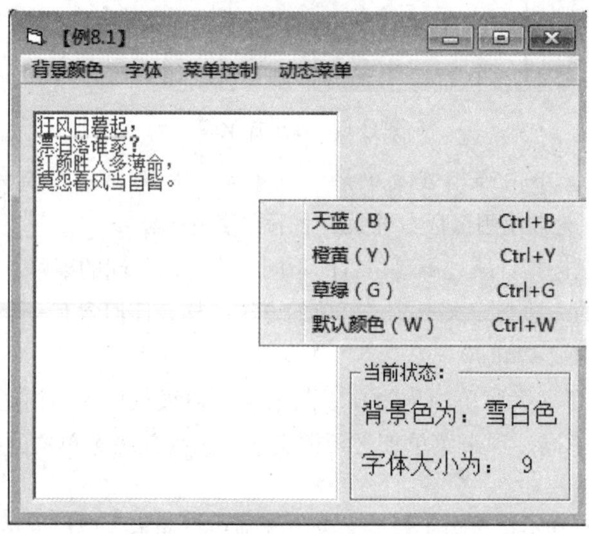

图8-7 “例8.1”弹出式菜单效果

添加弹出式菜单代码如下：

```
Private Sub myText_MouseDown(Button As Integer, _
Shift As Integer, X As Single, Y As Single)
    If Button = vbRightButton Then    '判断是否右击了鼠标
        myText.Enabled = False
        PopupMenu MnuColor            '调用MnuColor菜单项
        myText.Enabled = True
    End If
End Sub
```

实例8.2 设计一个具有数学运算和三角函数及清除功能的菜单。从键盘上输入两个数，利用菜单命令求出它们的和、差、积、商及正弦、余弦、正切函数，并显示出来。

(1)创建界面。根据题意，可以将菜单分为3个主菜单项，分别为“四则运算”“三角函数”和“清除与退出”，它们各有两个子菜单，即：

①“四则运算”的子菜单项分别为：加、减、乘、除；

②“三角函数”的子菜单项分别为：正弦、余弦、正切；

③“清除与退出”的子菜单项：清除、退出。

另外，为了输入和显示，再建立两个文本框（输入数据）和四个标签，如图 8-8 所示。输入各对象的属性，界面如图 8-9 所示。其中Lable4 的BorderStyle属性设置为 1。

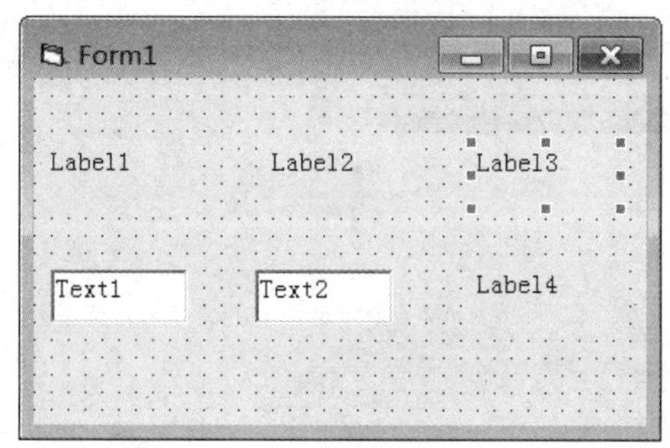

图 8-8　用户对象创建

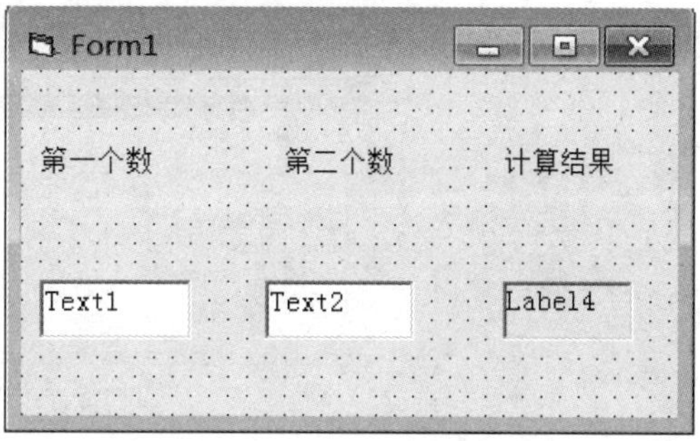

图 8-9　对象属性设置

（2）菜单项属性见表 8-3 所列。

表 8-3　各菜单属性

分类	标题	名称	内缩符号	热键
主菜单项 1	四则运算	Calc1	无	无
子菜单项 1	加	Add	1	Ctrl+A
子菜单项 2	减	Min	1	Ctrl+B
子菜单项 3	乘	Mul	1	Ctrl+C
子菜单项 4	除	Div	1	Ctrl+D
主菜单项 2	三角函数	Calc1	无	无
子菜单项 1	正弦	sin1	1	Ctrl+E
子菜单项 2	余弦	cos1	1	Ctrl+F
子菜单项 3	正切	tan1	1	Ctrl+G
主菜单项 3	清除与退出	Calc3	无	无
子菜单项 1	清除	Clean	1	Ctrl+H
子菜单项 2	退出	Quit	1	Ctrl+I

（3）设计菜单步骤。打开“菜单编辑器”如图 8-10 所示，在标题栏中键入“四则运算”（主菜单项 1），在菜单项显示区出现同样的标题名称。

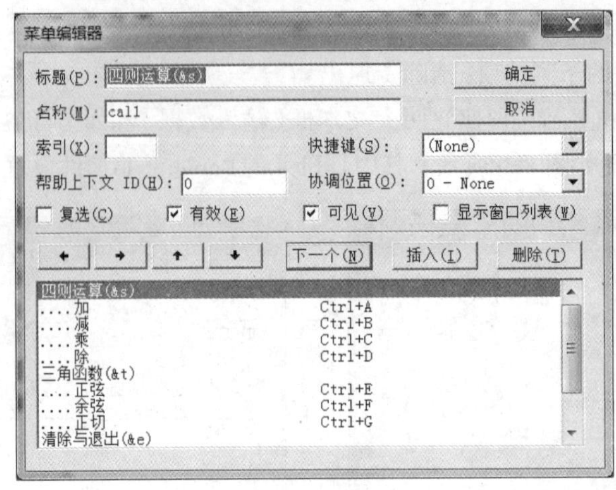

图 8-10　编辑菜单

①按Tab键或用鼠标把输入光标移到“名称”栏。

②在“名称”栏中键入“Calc1”，此时菜单项显示区中没有变化。

③单击编辑区中“下一个”按钮，菜单项显示区中条形光标下移，同时“标题”栏、“名称”栏被清空，光标回到“标题”栏。

④同样在“标题”栏和“名称”栏分别输入“加”和“Add”。

⑤单击编辑区的右箭头“→”，菜单显示区的“加”右移，同时在左侧出现一个内缩符号，表明“加”是“计算加、减”的下一级菜单。

⑥单击“快捷键”右端的箭头，从中选出“Ctrl+A”作为“加”菜单项的热键，此时，在该菜单项右侧出现“Ctrl+A”。

⑦按照前面的步骤同样建立“减”菜单项，“标题”为“减”，“名称”为“Min”，热键为“Ctrl+B”。

⑧单击“下一个”按钮，建立主菜单项 2，由于要建立的是主菜单项，所以要消除内缩符号。单击左箭头“←”，内缩符号消失，即可建立主菜单。

⑨其他两个主菜单的建立与前面步骤类似，不再重复。设计完成后的窗口如下图。“确定”后结束。

另外取消 Add、Min、Mul、Div 等 7 个菜单项的“有效”属性设置。

设计完成后，窗体顶行显示主菜单项，单击某个主菜单项，即可下拉显示其子菜单。

(4)程序代码设计。

```
Option Explicit
Dim x As Single
Private Sub Add_Click()
    x = Val(Text1.Text) + Val(Text2.Text)
    Label4.Caption = Str$(x)
End Sub

Private Sub Min_Click()
    x = Val(Text1.Text) - Val(Text2.Text)
```

```
    Label4.Caption = Str$(x)
End Sub

Private Sub Mul_Click()
    x = Val(Text1.Text) * Val(Text2.Text)
    Label4.Caption = Str$(x)
End Sub

Private Sub Div_Click()
    If Text2.Text = "0" Or Text2.Text = "" Then
MsgBox "除数不能为0！ "
    Else
        x = Val(Text1.Text) / Val(Text2.Text)
        Label4.Caption = Str$(x)
    End If
End Sub

Private Sub sin1_Click()
    x = Sin(Text1.Text) * Sin(Text2.Text)
    Label4.Caption = Str$(x)
End Sub

Private Sub cos1_Click()
    x = Cos(Text1.Text) * Cos(Text2.Text)
    Label4.Caption = Str$(x)
End Sub

Private Sub tan1_Click()
    x = Tan(Text1.Text) * Tan(Text2.Text)
    Label4.Caption = Str$(x)
End Sub

Private Sub Clear_Click()
    Text1.Text = ""
    Text2.Text = ""
    Label4.Caption = ""
    Text1.SetFocus
End Sub

Private Sub Quit_Click()
    End
End Sub

Private Sub Text1_Change()
If Text1.Text = "" Then
```

```
        add.Enabled = False
        min.Enabled = False
        mul.Enabled = False
        div.Enabled = False
        sin1.Enabled = False
        cos1.Enabled = False
        tan1.Enabled = False
Else
        add.Enabled = True
        min.Enabled = True
        mul.Enabled = True
        div.Enabled = True
        sin1.Enabled = True
        cos1.Enabled = True
        tan1.Enabled = True
End If
End Sub

Private Sub Text2_Change()
If Text1.Text = "" Then
        add.Enabled = False
        min.Enabled = False
        mul.Enabled = False
        div.Enabled = False
        sin1.Enabled = False
        cos1.Enabled = False
        tan1.Enabled = False
Else
        add.Enabled = True
        min.Enabled = True
        mul.Enabled = True
        div.Enabled = True
        sin1.Enabled = True
        cos1.Enabled = True
        tan1.Enabled = True
End If
End Sub

Private Sub mnuvisible_Click()
    cal2.Visible = Not cal2.Visible
    If cal2.Visible Then
        mnuvisible.Caption = "三角函数不可见"
    Else
        mnuvisible.Caption = "三角函数可见"
    End If
```

```
End Sub
```

运行程序，结果如图 8-11 所示。

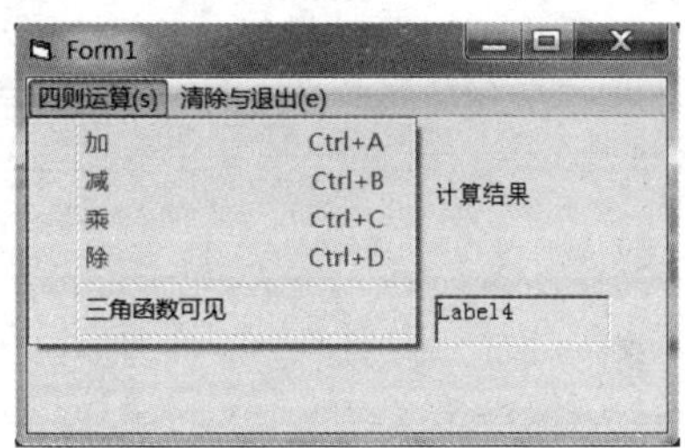

图 8-11 实例 8.2 程序运行界面

8.1.6 创建菜单控件数组

菜单控件数组就是在同一菜单上共享相同名称和事件过程的菜单工程的集合。菜单控件数组的作用有两个方面：一是在运行时要创建一个新菜单项，它必须是菜单控件数组中的成员。二是简化代码，对菜单控件数组中任意元素的事件触发都会共用一段代码。

每个菜单控件数组元素都由唯一的索引值来标识，该值在菜单编辑器上“Index属性框”中指定。当一个控件数组成员识别一个事件时，VB将其Index属性作为一个附加的参数传递给事件过程。事件过程必须包含有核对Index属性的代码，因而可以判断出正在使用的是哪一个控件。

我们在实例 8.2 中加入一个菜单控件数组 mnuFS，用来控制文本框中文字的大小。

通过菜单编辑器中创建菜单控件数组有以下几个步骤。

增加“字体”菜单，在“字体”菜单标题下增加的所需菜单项，其属性按照表 9-2 所示设定。然后再在标题为“大小”的菜单项下创建一个名称为mnuFS，标题为“10”的下级菜单，设置索引值为“0”，此时产生第一个数组。见表 8-4 所列。

表 8-4 菜单控件数组创建

菜单项	标题	名称	索引	快捷键
字体	字体	mnuFont		
....粗体	粗体	mnuBold		Ctrl+B
....斜体	斜体	mnuItalic		Ctrl+I
....大小	大小	mnuSize		
.......10	10	mnuFS	0	
.......20	20	mnuFS	1	
.......30	30	mnuFS	2	

依次建立第二和第三个菜单控件数组元素，其级别和属性如图 8-12 所示。

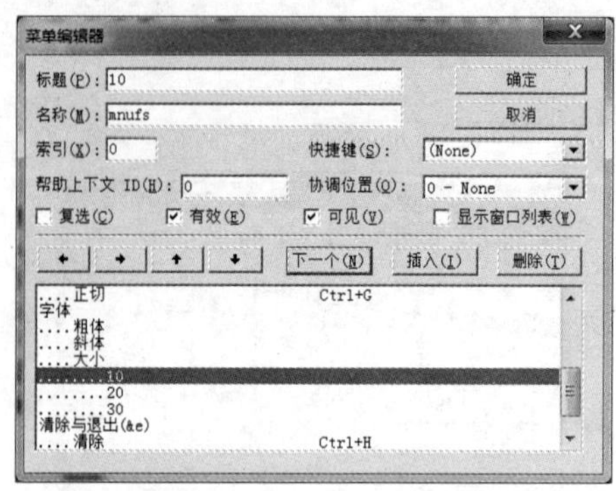

图 8-12　菜单控件数组创建

它们拥有各自的属性，却共享同一个事件，在事件中加入一个参数Index，以确定数组中哪一个控件或菜单发生事件，单击“确定”按钮确认设置。

菜单控件数组mnuFS的Click事件响应代码如下：

```
Private Sub mnuFS_Click(Index As Integer)
    Select Case Index
        Case 0
            Text1.FontSize = 10
        Case 1
Text1.FontSize = 20
        Case 2
            Text1.FontSize = 30
    End Select
End Sub
```

运行结果如图 8-13 所示。

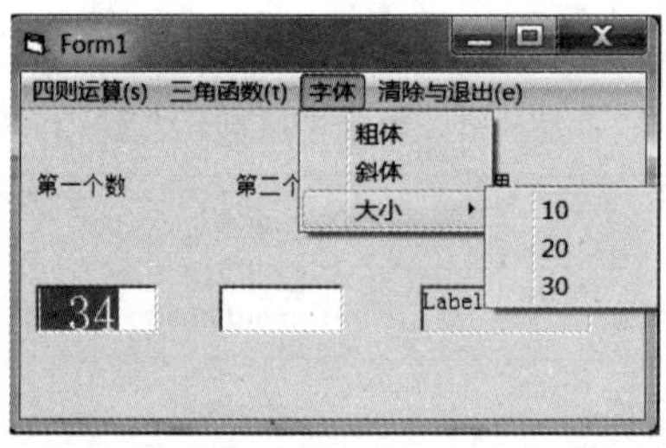

图 8-13　菜单数组运行界面

8.2 工具栏和状态栏

8.2.1　工具栏

VB提供了工具栏ToolBar控件，可以方便地为应用程序制作工具栏，为了使工具按钮更生动，VB还提供了图像列表ImageList控件，使用这两个控件可以制作出非常形象的应用程序工具栏。但这两个控件不是标准控件，使用之前要把它们添加到工具箱中，具体操作方法如下：

（1）右击“工具箱”空白位置，选择弹出菜单中的“部件”命令，弹出“部件”对话框。

（2）在对话框的“控件”列表框中选择MicorSoft Windows Common Controls 6.0选项，如图 8-14 所示。

（3）单击“确定”按钮。

此后，在工具箱中增加如下图的一组控件。ToolBar（工具栏）控件和StatusBar控件（状态栏）也在其中，如图 8-15 所示。

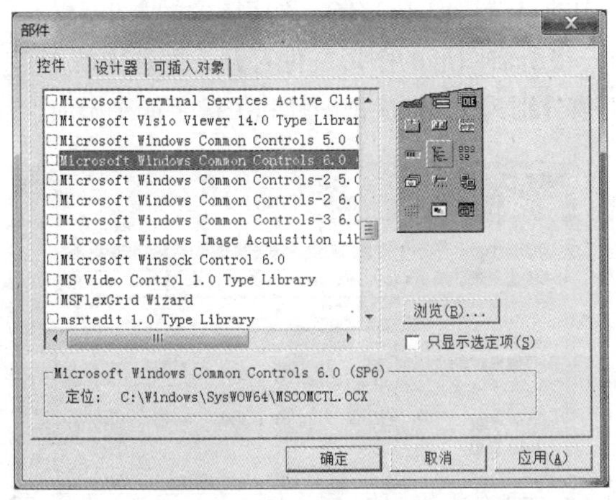

图 8-14 插入部件对话框

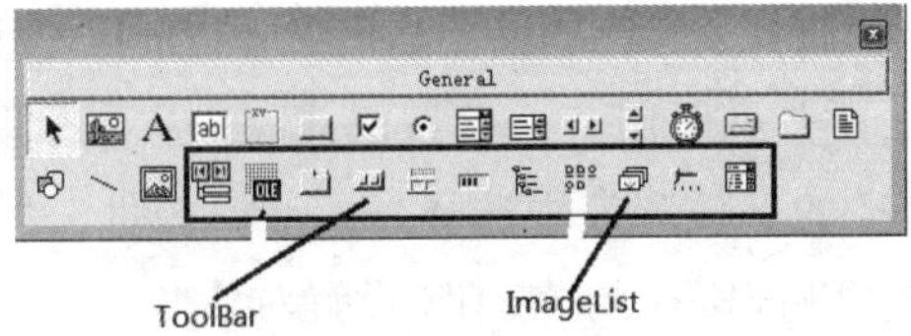

图 8-15 添加部件后的工具栏

使用ToolBar控件创建工具栏也是非常简单的工作，基本的属性设置可以通过对话框完成。我们同样在前面的示例中设计一个具有3个工具按钮的工具栏，分别对应菜单中的“粗体”“斜体”“下划线”3个菜单项，并完成相应的功能，程序界面如图 8-16 所示。

设计工具栏的主要步骤是：

（1）将Toolbar和ImageList添加到窗体。Toolbar自动显示在窗体顶部，ImageList控件将它拖到窗体中的任何位置（位置不重要，因为它运行时是不可见的，它只是存放图标的数据库）。

（2）为ImageList添加所需图标。在ImageList控件图标图上右击，选择快捷菜单中“属性”命令，打开ImageList属性页窗口，如图 8-17 所示。

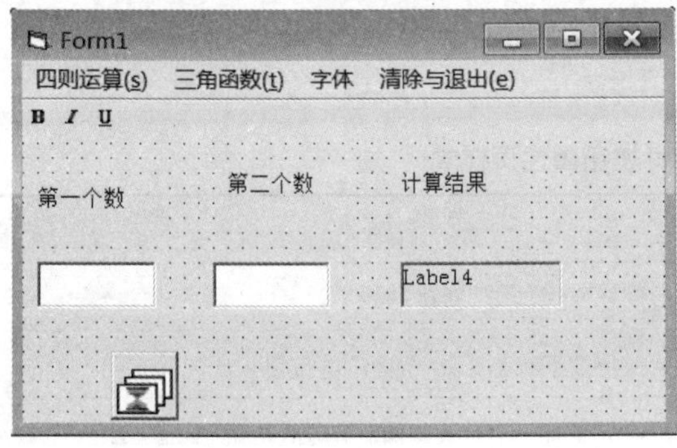

图 8-16 程序界面

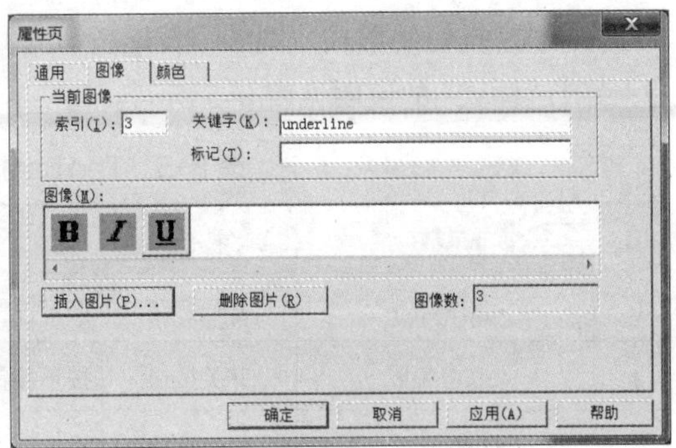

图 8-17 ImageList属性页窗口

ImageList控件的主要属性：

①索引(Index)：表示每个图像的编号，对应于工具栏个每个按钮属性页中的图像属性选项；

②关键字(Key)：表示每个图像的标识名，也可以为工具栏每个按钮属性页的图像属性引用；

③图像数：表示已经插入的图像数目；

④“插入图片”按钮：可以插入.ico、.bmp、.jpg等图像文件；

⑤“删除图片”按钮：用来删除选中的图。

设置ImageList控件属性窗口中“通用”标签中的单选按钮16×16，确定图像的大小。

选择“图像”标签，单击“插入图片”按钮，将所需图形的图形文件打开，则选中的图形将自动的添加到图形对话框中，设置它们的索引值分别为1，依次把图片和关键字依次添加。

(3)创建Toolbar的按钮对象。把Toolbar控件添加到窗体上后，右单击该控件，从弹出的快捷菜单中选择“属性”，便打开Toolbar控件“属性页”对话框，如图8-18所示。通用选项卡主要用于连接ImageList，从“图像列表”的下拉列表中选择ImageList控件，然后选中ToolBar1的“按钮”设置对话框。

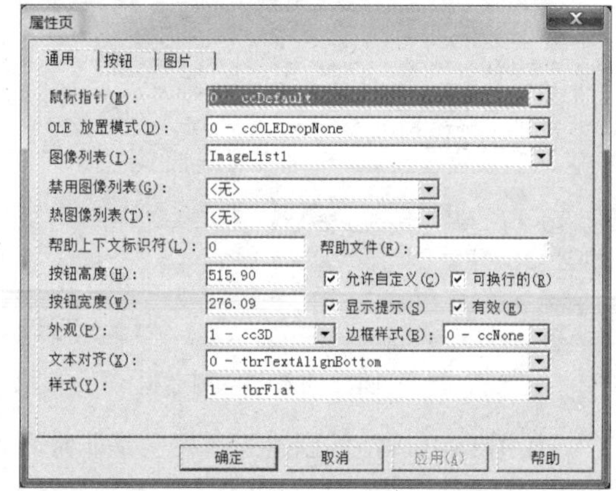

图8-18 Toolbar控件“属性页”对话框

Toolbar控件“按钮”选项使用说明如下：

①插入按钮：在工具栏添加一个按钮，每次单击“插入按钮”，系统在索引号指定的按钮之后插入一个按钮。

②索引：工具栏中按钮的序号，索引号从1开始。每次单击“插入按钮”，系统在索引号指定的按钮之后插入一个按钮，并自动生成索引号，在事件过程中可引用索引号。

③关键字：可选项，按钮的名称，可在事件过程中引用。

④图像：可以输入ImageList控件图标的序号(索引号)，也可以输入ImageList控件图标的名称(关键字)，代表在Toolbar的按钮中引用索引号或关键字指定的图标。

⑤样式：按钮的形式，例如，普通按钮为0，开关按钮为1，分隔线按钮为3等。

关于“样式”的说明见表8-5所列。

表8-5 Toolbar控件按钮属性页样式

值	常数	按钮	说明
0	tbrDefault	普通按钮	按下按钮后恢复原状，如“新建”按钮
1	tbrCheck	开关按钮	按下按钮后保持按下状态，如“加粗”等按钮
2	tbrButtonGroup	编组按钮	在一组按钮中只能有一个有效，如对齐方式按钮
3	tbrSepatator	分隔按钮	将左右按钮分隔开

续表

值	常数	按钮	说明
4	tbrPlaceholder	占位按钮	用来安放其他按钮，可以设置其宽度
5	tbrdropdown	菜单按钮	具有下拉菜单，如 Word 中的“字符缩放”按钮

设置每个按钮的图像值，经过上述设置即可得到所需的图像按钮，如图 8-19 所示。

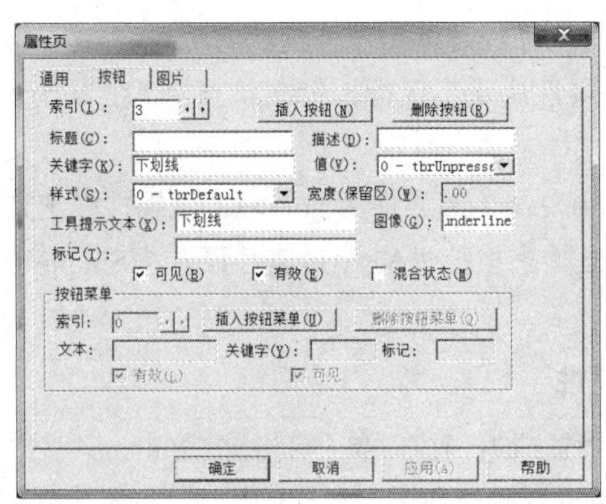

图 8-19 Toolbar控件“按钮”选项

注意：每个按钮的图像值对应的是相应的 ImageList1 中每个图像的索引值

(4)编写按钮对象的事件过程。

```
Private Sub Toolbar1_ButtonClick(ByVal Button As MSComctlLib.
Button)
Select Case Button.Index
   Case 1
         Text1.FontBold = Not text1.FontBold
   Case 2
         Text1.FontItalic = Not text1.FontItalic
   Case 3
         Text1.FontUnderline = Not text1.FontUnderline
End Select
End Sub
```

8.2.2 状态栏

StatusBar 控件能提供一个长方条的框架—状态栏，通常在窗体的底部，也可通过 Align 属性决定状态栏出现的位置。用它可以显示出应用程序的运行状态，如光标位置、系统时间、键盘的大小写状态等。StatusBar 控件提供了设置状态栏的功能，该控件由最多十六个面板构成，每个面板都有一个 Panel 对象。

1. 状态栏控件的常用属性

（1）Align属性。该属性决定状态栏控件在窗体中的显示位置和大小。其值为1~4，分别表示在窗体的顶部、底部、左边和右边，且随窗体自动调整。

（2）Style属性。该属性设置或返回状态栏控件的样式。默认值0表示Normal样式，正常显示所有Panel对象；值为1时表示Simple样式，仅显示一个大窗格。

（3）Height和Width属性。该属性决定控件的高度和宽度。

（4）Top属性。该属性决定控件顶端距窗体顶端的距离。

（5）ShowTips属性。该属性决定当鼠标指针在状态栏上的某个窗格停留时，是否显示该窗格的文本，默认为True。

（6）ToolTipText属性。当ShowTips属性为True时，该属性设定要显示的提示文本。

（7）SimpleText属性。当状态栏控件的Style属性设置为Simple时，该属性返回或设置显示的字符串文本。

2. Panel对象的常用属性

（1）Key属性。该属性设置或返回该对象（窗格）在Buttons集合中的唯一字符串标识。

（2）Index属性。该属性设置或返回该对象（窗格）在集合中的索引值。

（3）Picture属性。该属性设置或返回控件（窗格）中要显示的图片文件名。

（4）Text属性。该属性设置或返回该对象（窗格）中显示的文本。

（5）Style属性。设置该对象的样式，默认为0，表示显示文本和位图。

（6）Alignment属性。该属性设置或返回该对象的标题文本对齐方式。

（7）Bevel属性。设置或返回该对象的斜面样式，0为没有显示斜面，1为凹下显示，2为凸起显示。

（8）AutoSize属性。调整状态栏的大小后，该属性返回或设置确定Panel对象的宽度值。

（9）Count属性。该属性返回Panels集合中Panels对象的数目。

3. 创建状态栏

把StatusBar控件添加到窗体上，右击该控件，从弹出的快捷菜单中选择“属性”，便打开StatusBar控件“属性页”对话框。

（1）通用选项卡设置，如图8-20所示。

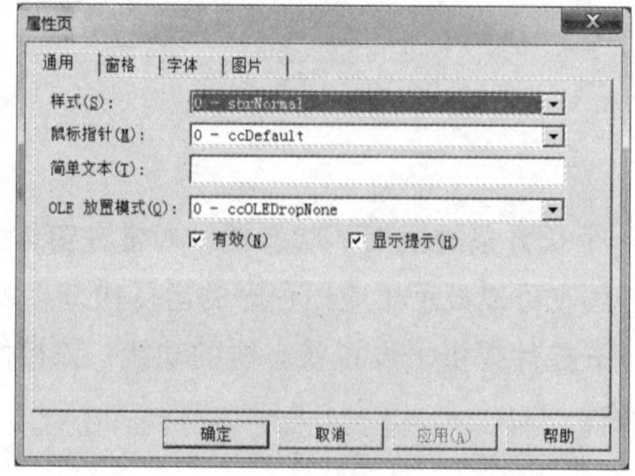

图8-20 状态栏通用选项卡

①样式(Style)。该属性设置状态条控件显示的样式，取值为 0 和 1。

a. 0(SbNormal): 正常样式，状态栏中可显示所有的窗格；

b. 1(SbSmiple): 简单样式，控件中显示一个窗格。

②鼠标指针属性(MousePointer)。该属性指定鼠标指针的显示形状

③简单文本(SimpleText)。该属性返回或设置显示文本。

④显示提示属性(ShowTips)。该属性用于显示提示。取值为True时则当鼠标在对象上逗留时，给出提示信息。

(2)窗格卡设置，如图 8-21 所示。

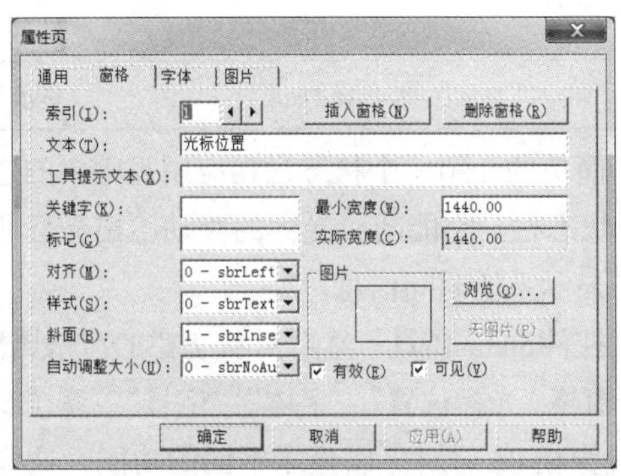

图 8-21 状态栏窗格选项卡

状态栏(StatusBar)是由多个窗格(Panel)对象构成，通过“插入窗格”按钮在一个状态栏(StatusBar)控件最多能创建 16 个窗格(Panel)对象。

①索引：状态栏中窗格的序号，索引号从 1 开始，属性说明见表 8-6 所列。每次单击“插入窗格”，系统在索引号指定的窗格之后插入一个窗格，并自动为新窗格生成索引号，索引号可在事件过程中引用。对于一个状态栏(StatusBar)即为一个窗格数组，通过索引值(Index)也可以通过关键字(Key)对窗格对象进行访问。例如StatusBar1.Panels (i)即指的是第i个窗格对象。

②插入窗格：在状态栏添加一个窗格，每次单击“插入窗格”，系统在索引号指定的窗格之后插入一个窗格。

③删除窗格：删除选择(索引号指定)的窗格。

④文本：窗格上显示的字符串。

⑤工具提示文本：当鼠标指针指向窗格并停留时，出现的提示信息。

⑥关键字：窗格的名称，可在事件过程中引用，可选项 。

⑦对齐方式(Alignment): 指定文本的对齐方式，取值为 0、1、2。

⑧样式：下拉列表，选择其中列表项目，便指定了该窗格显示的信息。

⑨有效属性(Enabled): 值为True时，信息正常显示；值为Fasle时，以灰色显示。

a. 0(SbrLeft): 缺省值，文本右边齐；

b. 1((SbrCenter): 文本居中；

c. 2((SbrRight): 文本左对齐。

表 8-6　索引属性

索引	样式	说明
0	sbrText	显示文本，确省值
1	sbrCaps	显示 Caps Lock 键状态
2	sbrNum	显示 Num Lock 键状态
3	sbrIns	显示 Insert 键状态
4	sbrScrl	显示 Scroll Lock 键状态
5	SbrTime	显示系统时间
6	sbrData	显示系统日期

下面我们用实际应用来简单的介绍一个状态栏在应用程序中的作用。

在实例 8.2 中增加一个状态栏。它能随着光标的移动给出光标所在位置及当前光标所在的字符的字体、字号，同时还显示系统时间信息。

窗体中插入一个状态栏控件StatusBar1，然后对状态栏的窗格属性进行设置。点击“插入窗格”的按钮，依次插入四个窗格“光标位置”“字体”“字号”“系统日期”，索引号分别为 1、2、3、4。运行时，能重新设置窗格Panel对象以显示不同的功能，这些功能取决于应用程序的状态和各控制键的状态。有些状态要通过编程实现，有些系统已具备。

(3)编写程序代码。

```
Private Sub Form_Load()   '调用窗体时，即在窗格四中显示日期
    StatusBar1.Panels(4).Text = Date
End Sub

Private Sub Text1_Change()
'例题中已有此事件。因此只要把这事件代码加到例题中的该事件就可。
    StatusBar1.Panels(1).Text = "光标位置:" + Str(Text1.SelStart)
    StatusBar1.Panels(2).Text = "字体:" + Text1.FontName
    StatusBar1.Panels(3).Text = "字号:" + Str(Text1.FontSize)
End Sub
Private Sub Text1_Click()
    StatusBar1.Panels(1).Text = "光标位置:" + Str(Text1.SelStart)
    StatusBar1.Panels(2).Text = "字体:" + Text1.FontName
    StatusBar1.Panels(3).Text = "字号:" + Str(Text1.FontSize)
End Sub
```

程序运行界面如图 8-22 所示。

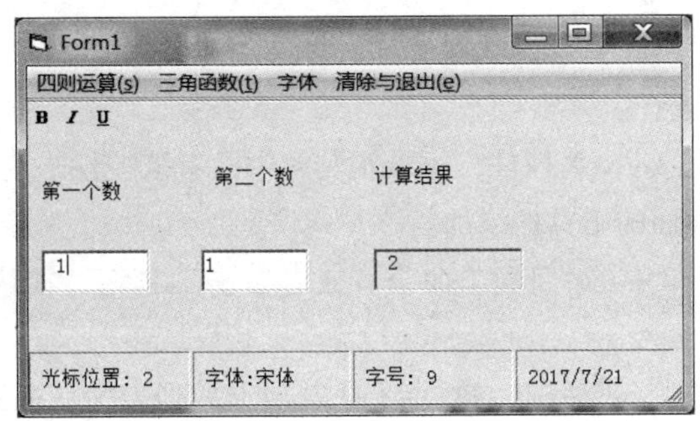

图 8-22 状态栏运行结果

8.3 对话框

对话框是应用程序执行某项操作后打开的一个人机交互界面，用户在使用Winodows应用程序的过程中都会遇到各式各样的对话框。界面美观、提示清晰的对话框是实现人机交互的重要元素，通过对话框实现用户数据的输入和计算结果、查询结果的输出。它的主要特点是它是个特殊窗口，一般不能改变大小，一般不能切换到其他窗口。

8.3.1 预定义对话框

预定义对话框是系统已经设计好的对话框，它们可以通过程序执行具体的函数来被显示。在VB 6.0中，预定义对话框包含输入对话框和消息框。

（1）输入对话框。创建输入对话框的标准函数是InputBox函数，该函数显示一个接收用户输入的对话框，对话框中显示提示文本，等待用户输入或按下按钮，并返回文本框的内容。

InputBox函数的语法格式为：

```
InputBox (prompt[,title][,default][,xpos][,ypos]
[,helpfile,context])
```

（2）消息框。创建消息框的标准函数是MsgBox函数，该函数在对话框中显示消息，等待用户按下按钮，并返回一个整数来表示用户按下了哪一个按钮。

MsgBox函数的语法格式为：

```
MsgtBox(prompt[,buttons][,title][,helpfile,context])
```

这两个的使用在前面的章节我们已经讲述，这里我们不再赘述。

8.3.2 通用对话框

VB的通用对话框控件CommonDialog提供了一组标准对话框界面，一个控件即可显示六种对话框：打开文件、保存文件、选择颜色、选择字体、设置打印机及帮助对话框。这些对话框仅用于返回用户输入、选择或确认的信息，不能真正实现文件打开和存储及颜色设置、字体设置等操作。这些功能必须通过编写相应的代码才能实现。

1. 添加通用对话框

CommonDialog控件是ActiveX控件，标准工具箱中没有该控件，使用时需要将其添加到工具箱。添加的方法类似前面的工具栏添加。

（1）选择“工程”菜单中的“部件”命令，或者右击工具箱，在快捷菜单中选择“部件”命令。

（2）打开所示的“部件”对话框，在“控件”选项卡的列表中，将Microsoft Common Dialog Control 6.0前面的复选框选中，单击“确定”按钮。

该控件属于非可视控件，设计时它以图标的形式显示在窗体上，其大小不能改变，位置任意，程序运行时控件本身被隐藏。

2. 通用对话框主要属性

（1）CancelError属性。通用对话框内有一个“取消”按钮，用于向程序表示用户想取消当前的操作。当CancelError属性设置为True时，若用户单击“取消”按钮，通用对话框自动将错误对象（Err，由VB提供）的错误号Err.Number设置为32755（VB常数为cdlCancel）供程序判断，以便进行相应的处理。

（2）DialogeTitle属性。该属性可由用户自行设置对话框标题栏上显示的内容，代替默认的对话框标题。

（3）Flags属性。该属性用于设置对话框的相关选项（各种具体对话框设置的选项略有不同）。

3. 通用对话框的创建

通用对话框的制作过程如下：

（1）双击工具箱中CommonDialog控件或用拖曳的办法将工具栏安置在对象窗口中。（注：通用对话框控件在窗体运行时是不可见的）如图8-23所示。

（2）对通用对话框控件（CommonDialog）属性设置。右击在快捷菜单中选择“属性”选项，列开“属性页”对话框，如图8-24所示。

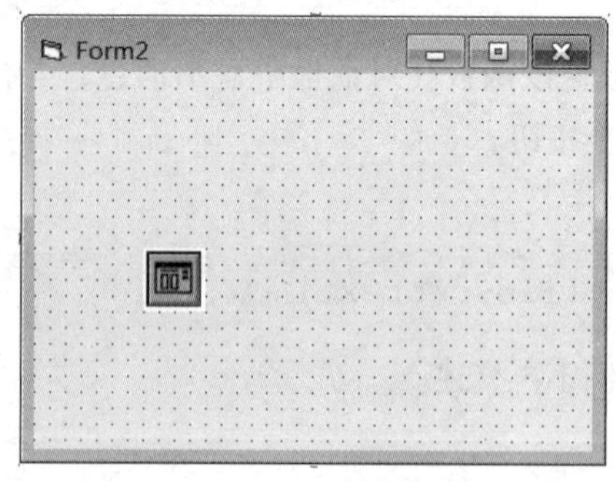

图8-23　插入CommonDialog控件

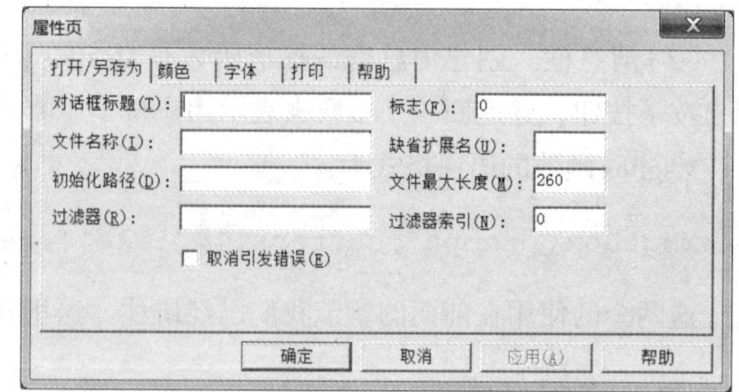

图8-24　通用对话框控件属性设置

通用对话框控件（CommonDialog）Action属性：该属性对话框中无法设计，编写代码时可通过设计此属性设置对话框的类型。Action属性可以有7种不同的值对应7种不同的方法从而调用不同的对话框。见表8-7所列。

表 8-7　Action属性值表

Action值	功能	方法
0	无操作	
1	打开文件对话框	ShowOpen
2	“另存为”对话框	ShowSave
3	“颜色”对话框	ShowColor
4	“字体”对话框	ShowFont
5	“打印”对话框	ShowPrinter
6	帮助文件对话框	ShowHelp

4. 通用对话框介绍

（1）“打开”对话框。“打开”对话框的功能是指定文件的驱动器、目录、文件扩展名和文件名。使用“打开”对话框时，通常首先对其进行属性设置，各属性含义和设置方法如下：

①对话框标题（DialogTitle属性）：设置对话框的标题，缺省值为“打开”。

②文件名称（FileName属性）：设置“打开”对话框中“文件名”区中的初始文件名，同时也能返回用户在对话框中选中的文件名。

③初始化路径（InitDir属性）：设置初始目录，同时也能返回用户选择的目录名。

④过滤器（Filter属性）：设置对话框中的文件列表中显示的文件类型。设置过滤器属性的格式为：

```
description1 | filter1 | description2 | filter2…
```

其中，description是在“打开”对话框中的文件类型列表框中显示的字符串。

⑤标志（Flags属性）：用来修改每个具体对话框的默认操作。

⑥缺省扩展名（DefaultExt属性）：设置在对话框中的缺省扩展名。

⑦文件最大长度（MaxFileSize属性）：设置文件名的最大字节数。

⑧过滤器索引（FilterIndex属性）：用索引值来指定对话框使用哪一个过滤器。

⑨取消引发错误（CancelError属性）：决定当用户单击对话框上的“取消”按钮时，是否会显示一个报错信息的消息框。

注：CancelError属性的设置方法对其他几种对话框也同样适用。

打开对话框的方法将通用对话框控件添加到窗体中后，如何在程序中打开指定类型的对话框呢？通用对话框控件提供了两种打开对话框的方法。一种方法是使用它的Action属性，通过为Action属性赋值，就可以打开对应类型的对话框。Action属性的值及其对应的对话框见表 8-6 所列。

这里给出一个打开“打开”对话框的实例。在窗体中添加一个按钮控件和一个通用对话框控件，设置按钮控件的Caption属性值为“打开”，名称使用默认值，如图 8-25 所示。

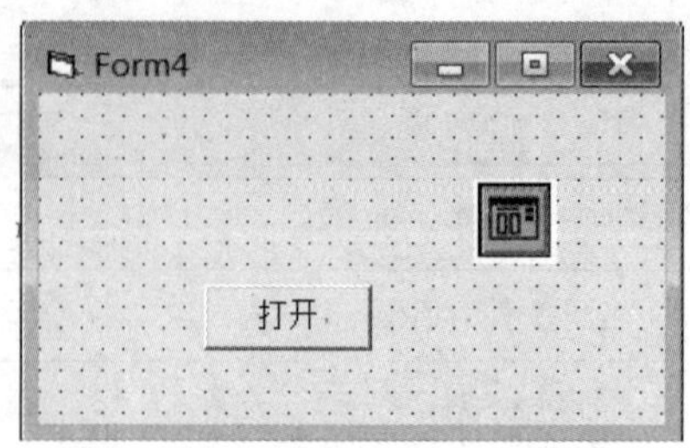

图 8-25 设计界面

双击按钮控件打开“代码”窗口，输入如下代码：

```
Private Sub Commandl_Click()
    CommonDialog1.Action=1
End Sub
```

单击工具栏中的“运行”按钮运行该程序，单击“打开”按钮，即可打开如图 8-26 所示的“打开”对话框。

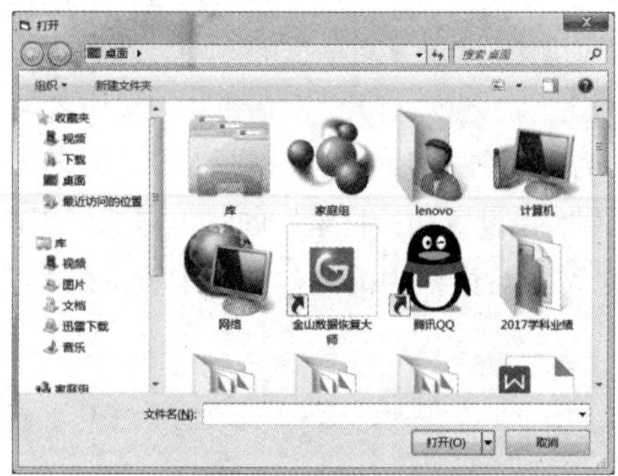

图 8-26 “打开”对话框

另一个打开对话框的方法是使用通用对话框控件的方法，这种方法更直观。通用对话框控件的方法与其对应的对话框见表 8-7 所列。

将上述程序中的代码 CommonDialogl.Action = 1 替换为 CommmnonDialog1.ShowOpen,运行程序，单击“确定”按钮，也可打开上例所示的“打开”对话框。

注意：对话框的类型不是在设计段设置，而是在运行时通过代码设置的。

通用对话框是一组标准的对话框，它们有标准的外观与功能，通过设置通用对话框控件的某些属性，可以部分地改变对话框的外观。如设置 DialogTitle 属性，可以改变对话框的标题；Flags 属性则可以用来设置对话框的外观。

（2）“保存”对话框。“保存”对话框也是在 Windows 应用程序中经常用到的。用 ShowSave 方法显示对话框，它同样能指定文件的驱动器、目录、文件扩展名和文件名，其使用方法和“打开”对话框的使用方法基本相同。

实例 8.3 打开与保存对话框的使用。

在本程序中，用户可以调用“打开”与“保存”对话框，并能获取用户打开或保存文件的路径及名称。可以使用两个通用对话框控件，分别调用“打开”对话框与“保存”对话框。通过它们的属性页，可以分别设置它们的属性，如对话框的初始路径、文件类型等。也可以使用一个通用对话框控件来调用各对话框。为了使“打开”与“保存”对话框的属性设置不同，应该在程序运行阶段在代码中为各属性赋值。

在窗体中放置两个标签控件、两个文本框控件、两个按钮控件和一个通用对话框控件。将下列代码添加到Command1_CLick事件过程中：

```
Private Sub Command1_Click()
   CommonDialog1.DialogTitle = "打开文件"
   CommonDialog1.InitDir = "c:\windows"
   CommonDialog1.Filter = "图像文件|*.bmp|文本文件|*.txt|"
   CommonDialog1.FilterIndex = 2
   CommonDialog1.Flags = 528
   CommonDialog1.Action = 1
   Text1.Text = CommonDialog1.filename
End Sub
```

在该段代码中，前5行代码设置对话框的属性，从中可以看出，对话框的标题为“打开文件”，初始路径为c：\windows 。能显示后缀为bmp和txt的文件，在“文件类型”栏中缺省显示的是“文本文件”，Flags = 528表明它同时具有Flags = 17和Flags = 512的特性，在对话框中显示一个“帮助”按钮，并且允许用户同时选中多个文件。

同样，将下列代码添加到Command2_Click事件过程中：

```
  Private Sub Command2_Click()
       CommonDialog1.DialogTitle = "保存文件"
   CommonDialog1.InitDir = "f:\document"
   CommonDialog1.Filter = "word文档|*.doc|"
   CommonDialog1.Flags = 7
   CommonDialog1.Action = 2
   Text2.Text = CommonDialog1.filename
End Sub
```

运行该程序，单击“打开”按钮，则弹出“打开文件”对话框，如图8-27所示，从中选择一个或多个文件，单击“确定”按钮后，“打开”文本框中将显示用户选择的文件名，若用户选择多个文件，则所选文件的文件名都显示在文本框中。单击“保存”按钮，则打开“保存文件”对话框，如图8-28所示，在“文件名”文本框中输入文件名，单击“保存”按钮后，在“保存”文本框中将显示用户保存的文件名。如果用户输入的文件名已经存在，则弹出消息框，提示用户此文件已经存在。

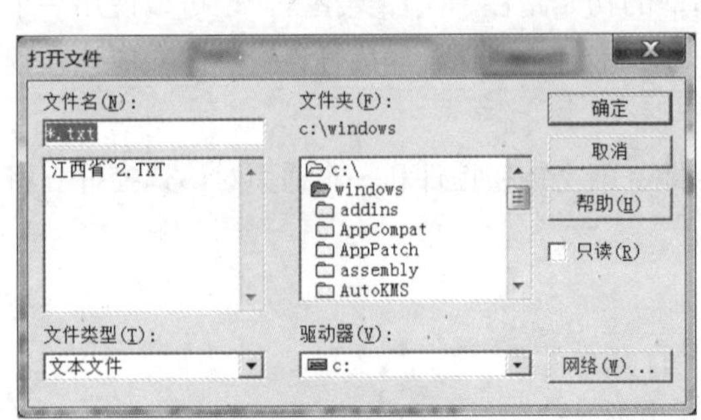

图 8-27 “打开文件”对话框

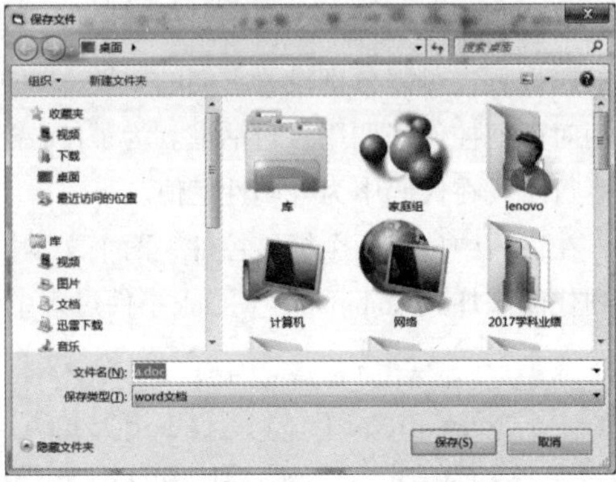

图 8-28 “保存文件”对话框

（3）“颜色”对话框。“颜色”对话框用来在调色板中选择颜色，或者是创建并选择自定义的颜色。要使用“颜色”对话框，通常先设置“通用对话框”控件中与颜色对话相关的属性，然后使用ShowColor方法显示对话框，使用Color属性获得所选择的颜色。

在“通用对话框”控件中和颜色相关的属性主要有“颜色”（Color）和“标志”（Flags）两个。

①“颜色”（Color）属性用来设置用来设置“颜色”对话框的初始颜色，同时它也能返回用户在对话框中选择的颜色。

②“标志”（Flags）属性用来决定“颜色”对话框的样式。

下面通过一个实例介绍如何使用“颜色”对话框。我们想通过程序，用户可以通过“颜色”对话框来选取标签的背景色，并且能显示出所选颜色的颜色值。

首先在窗体中放置 2 个标签控件、1 个文本框控件（TexColor.）、1 个按钮控件（ComColor）和 1 个通用对话框控件（DiaColor）。将下列代码添加到ComColor Click事件过程中：

```
Private Sub ComColor_Click()
    DiaColor.Acttion=3
    LabColor.BackColor=DiaColor.Color
    TexColor.Text=DiaColor.Color
End Sub
```

运行该程序，单击“设置颜色”按钮，在弹出的“颜色”对话框中选择一种颜色，单击“确定”按钮，标签的背景色就变成了用户在“颜色”对话框中所选取的颜色了。

（4）“字体”对话框。“字体”对话框用来指定字体名称、大小、颜色和样式。要使用“字体”对话框，通常先设置“通用对话框”控件中与字体对话相关的属性，然后使用ShowFont方法来显示对话框。

通用对话框用于字体操作时涉及的重要属性包括：Flags、Font、Color。

①Flags属性：在“字体”对话框中常用的Flags属性设置值见表 4-6 所列。其中，前三项必须选择其一才能防止图所示的错误。

②Font属性集：包括FontName（字体名）、FontSize（字号）、FontBold（粗体）、FontItalic（斜体）、FontStrikethru（删除线）和FontUnderline（下划线）。

③Color属性：字体颜色。要使用该属性必须使Flags属性含有cdlCFEffects值。

实例 8.4 字体对话框的使用。

在该程序中，用户可以调用“字体”对话框来设置文本的字体、字号及各种效果。在窗体上放置1个标签控件、1个文本框控件、1个按钮控件和1个通用对话框控件。将下列代码添加到ComFont_Click事件过程中：

```
Private Sub ComFont_Click()
    DiaFont.Action=4
    TexFont.FontName=DiaFont.FontName
    TexFont.FontSize=DiaFont.FontSize
    TexFont.FontBold=DiaFont.FontBold
    TexFont.FontItalic=DiaFont.FontItalic
    TexFont.FontUnderline=DiaFont.FontUnderline
    TexFont.FontStrikethru=DiaFont.FontStrikethru
    TexFont.FontColor=DiaFont.Color
End Sub
```

在ComFont_Click事件过程中，第1行语句用来调用字体对话框，第2行语句是将用户在对话框中所选择的字体赋给文本框TexFont的FontName属性，其他语句的功能与此类似。

运行该程序，在文本框中输入一段文本，文本的字体、字号等特征由文本框的Font属性决定。单击“设置字体”按钮，则出现“字体”对话框，可见，对话框中各项属性的初始值就是在属性页（或“属性”窗口）中设置的值，如默认的字体为在FilelName属性中设置的宋体。从中选择字体、字号及各种效果后，单击“确定”按钮，则文本框中的文本就以新的设置显示。例如，选择字体为“幼圆”，字体样式为“斜体”，字号为“三号”，选中“下划线”效果，并且选择颜色为“红色”，单击“确定”按钮后，则文本框中文本的显示上面所述。

（5）打印”对话框。“打印”对话框可以指定打印输出方式。可以指定被打印页的范围，打印质量，打印的份数等。这个对话框还包含当前打印机的信息，并允许配置或重新安装缺省打印机。

“打印”对话框主要属性及其具体含义如下。

①复制（Copies）：决定打印的份数。

②标志（Flags）：如果把Flags设置为0，设置“打印”对话框中的“打印范围”。

③起始页（FromPage）和终止页（ToPage）：用来设置从第几页打印到第几页。

④最小（Min）和最大（Max）：分别用于设置打印的最小和最大页码数。

⑤方向（Orientation）：用来设定打印的方向（1表示纵向，2表示横向）。

（6）“帮助”对话框。“帮助”对话框可以用来制作应用程序的联机帮助。“帮助”对话框主要属性如下。

①帮助上下文（HelpContext）：返回或设置帮助文件中的主题的上下文ID，指定要显示的帮助主题。

②帮助命令（HelpCommand）：返回或设置联机帮助的类型。

③帮助键（HelpKey）：返回或设置帮助主题的关键字。

④帮助文件（HelpFile）：返回或设置帮助文件的路径及其文件名称。

8.3.3 自定义对话框

除了预定义对话框和通用对话框外，用户还可以根据实际需要自行定义对话框。自定义对话框实际上就是在一个窗体上放置一些控件，以构成一个用来接受用户输入的界面。

通过“通用对话框”控件只能创建的标准的对话框。自定义对话框与使用函数或通过“通用对话框”控件创建的对话框相比，内容和功能都可以有更多的发挥余地。使用函数创建的对话框一般都很简单且功能单一，通常只是用来做简单的输入和提示。而自定义对话框则相对灵活且功能强大，通常会满足用户为应用程序的继续运行而提供数据的需要。自定义对话框实际是一个用户自行设计的，用来完成用户和系统对话的窗体。

创建自定义对话框首先要创建一个窗体，然后在窗体上添加必要的控件，完成对话框的各种功能（对话框的BorderStyle属性通常设置为3—FixedDialog）。

对话框分成两种类型：模式的和无模式的。模式对话框是在继续操作应用程序的其他部分之前必须被关闭的。而无模式对话框允许在对话框与其他窗体之间转移焦点而不必关闭对话框。

显示对话框使用Show方法。Show方法的两个可选参数分别是Style和Ownerform。如果要显示的对话框是模式的，则Style取值为1或vbModoal；如果要显示的对话框是无模式的，则Style取值为0或vbModoaless。Ownerform参数决定该对话框是作为哪一个窗体的子窗体的。

8.4 鼠标与键盘事件

除了响应鼠标的单击（Click）或双击（DblClick）事件以外，VB应用程序还能响应多种鼠标事件和键盘事件。例如，窗体、图片框与图像控件都能检测鼠标指针的位置，并可判定其左、右键是否已按下，还能响应鼠标按钮与Shift、Ctrl或Alt键的各种组合。利用键盘事件可以编程响应多种键盘操作，也可以解释、处理ASC Ⅱ字符。

8.4.1 键盘事件

键盘事件是指能够响应各种按键操作的KeyDown、KeyUp及KeyPress事件，可以把编写响应击键事件的应用程序看作是编写键盘处理器。键盘处理器可在控件级和窗体级这两个层次上工作。有了控件级（低级）处理器就可对特定控件编程。例如，可能希望将Textbox这个控件中的输入文本都转换成大写字符。而有了窗体级处理器就可使窗体首先响应击键事件，于是就可将焦点转换成窗体的控件并重复或启动事件。

1. KeyPress事件

KeyPress事件当用户按下和松开一个ASC Ⅱ字符键时发生。该事件被触发时，被按键的ASC Ⅱ码将自动传递给事件过程的KeyASC Ⅱ参数。在程序中，通过访问该参数，即可获知用户按下了哪一个键，并可识别字母的大小写。其语法格式为：

```
Private Sub 对象名_KeyPress(KeyAscii As Integer)
```

其中参数KeyAscii是被按下字符键的标准ASCⅡ码。对它进行改变可给对象发送一个不同的字符。将KeyAscii改变为0时可取消击键，这样一来对象便接收不到字符。

KeyPress事件可以引用任何可打印的键盘字符、来自标准字母表的字符或少数几个特殊字符之一的字符与“Ctrl”键的组合、“Enter”或“Backspace”键。

实例8.5 在窗体上创建1个文本框，编写一事件过程，保证在该文本框内只能输入字母，且无论大小写，都要转换成大写字母显示。

编写程序代码如下：

```
Private Sub Text1_KeyPress(KeyAscii As Integer)
    Dim str$
    If KeyAscii < 65 Or KeyAscii > 122 Then
        Beep
        KeyAscii = 0
    ElseIf KeyAscii >= 65 And KeyAscii <= 90 Then
        Text1 = Text1 + Chr(KeyAscii)
     Else
        str = UCase(Chr(KeyAscii))
        KeyAscii = 0
        Text1 = Text1 + str
    End If
End Sub
```

2. KeyDown和KeyUp事件

KeyDown和KeyUp事件是当一个对象具有焦点时按下或松开一个键时发生的。当控制焦点位于某对象上时，按下键盘中的任意一键，则会在该对象上触发产生KeyDown事件，当释放该键时，将触发产生KeyUp事件，之后产生KeyPress事件。格式：

```
Private Sub 对象名_KeyDown(KeyCode As Integer, Shift As Integer)
Private Sub 对象名_KeyUp(KeyCode As Integer, Shift As Integer)
```

其中：KeyCode的值是一个字符码，即所按下键在键盘上的位置编码。Shift的值是一个整数，该值指示Shift、Ctrl、Alt三个控制键是否按下。

说明：

（1）KeyCode是按键的实际的ASCⅡ码，该码以“键”为准，而不是以“字符”为准，即大写字母与小写字母使用的是同一个键，他们KeuCode相同。

（2）在默认情况下，当用户对当前具有焦点的控件进行操作时，该控件KeyPress、KeyDown、KeyUp事件都可以被触发，但是窗体的KeyPress、KeyDown、KeyUp事件不会发生。为了启动窗体的这3个事件，必须将窗体KeyPreview属性设置True，而该属性的默认值为False。如果窗体KeyPreview属性设置True，则首先触发窗体的这3个事件。

（3）Shift的值代表着Shift、Ctrl、Alt的状态，这3个键分别以二进制形式表示，每个键有3位，即Shift键为001，Ctrl键为010，Alt键为100。因此Shift参数共有8种取值可能，见表8-8所列。

表 8-8 Shift参数的值

十进制数	二进制数	含义
0	000	没有按下Shift、Ctrl、Alt其中的任何一个键
1	001	按下一个Shift键
2	010	按下一个Ctrl键
3	011	按下Ctrl+Shift键
4	100	按下Alt键
5	101	按下Alt+Shift键
6	110	按下Alt+Ctrl键
7	111	按下Alt+Ctrl+Shift键

编写程序，演示KeyDown和KeyUp事件的功能：

```
Const key_F1 = &H70
Const key_F6 = &H75
Private Sub Text1_KeyDown(KeyCode As Integer, Shift As Integer)
    If KeyCode = key_F1 Then
       Print "压下功能键F1"
    End If
    If KeyCode = KEY_F6 Then
       Print "压下功能键F6"
    End If
End Sub
Private Sub Text1_KeyUp(KeyCode As Integer, Shift As Integer)
    If KeyCode = key_F1 Then
       Print "松开功能键F1"
    End If
    If KeyCode = KEY_F6 Then
       Print "松开功能键F6"
End If
```

程序运行界面如图 8-29 所示。

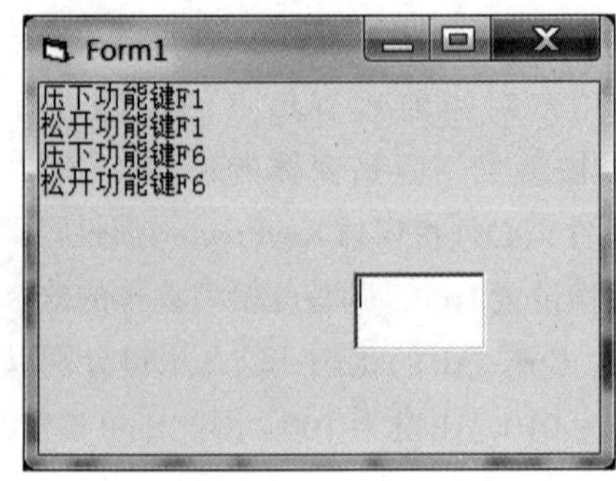

图 8-29 KeyDown和KeyUp事件运行界面

8.4.2 鼠标事件

在前面的例子中曾多次使用鼠标事件，即单击（Click）事件和双击（DblClick）事件，这些事件是通过快速按下并松开鼠标键而产生的。除此之外，VB还可以通过MouseDown、MouseUp、MouseMove事件使应用程序对鼠标位置及状态的变化做出响应（其中不包括拖放事件）。

其实，Click事件是由MouseDown和MouseUp组成。因此MouseDown和MouseUp是更基本的鼠标事件除了单击（Click）和双击（DblClick）外，基本的鼠标事件还有3个：

（1）MouseDown：鼠标的任一键被按下时触发该事件。

（2）MouseUp：鼠标的任一键被释放时触发该事件。

（3）MouseMove：鼠标被移动时触发该事件。

格式如下：

```
Private Sub Form_鼠标事件(Button As Integer, Shift As Integer, X
As Single, Y As Single)
```

①Button：被按下或释放的鼠标按钮。1，2，4值分别表示鼠标的左、右、中键。

②Shift：Shift、Ctrl、Alt键的状态。

③X，Y：鼠标指针的当前坐标位置。

说明：

①对于MouseDown、MouseUp来说，Button表示被按下的鼠标键，可以取3个值，见表8-9所列。

表8-9 （MouseDown、MouseUp事件）鼠标键Button的取值

符号常量	值	含义
LEFT_BUTTON或vbLeftButton	1	按下鼠标左键
RIGHT_BUTTON或vbRightButton	2	按下鼠标右键
MIDDLE_BUTTON或vbMiddleButton	4	按下鼠标中间键

②Shift表示Shift、Ctrl、Alt键的状态，Shift的值与键盘的KeyDown和KeyUp事件相同。

③对于MouseMove来说，可以通过Button参数判断按下或同时按下两个、三个键，Button可以取8个值。见表8-10所列。

表8-10 （MouseMove事件）鼠标键Button的取值

Button参数值	含义	Button参数值	含义
000（十进制0）	未按任何键	100（十进制4）	中间键被按下
001（十进制1）	左键被按下（默认）	101（十进制5）	同时按下中键和左键
010（十进制2）	右键被按下	110（十进制6）	同时按下中键和右键
011（十进制3）	左、右键同时被按下	111（十进制7）	同时按下3个键

实例 8.6 使用鼠标事件设计的画图小程序。

首先我们设计好用户界面如图 8-30 所示，菜单编辑器如图 8-31 所示。

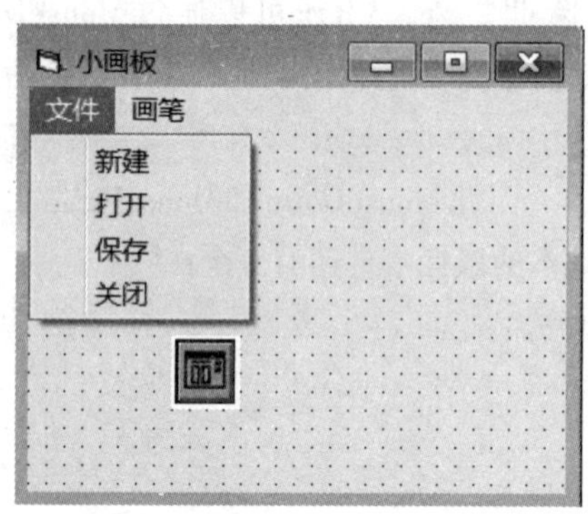

图 8-30 用户界面

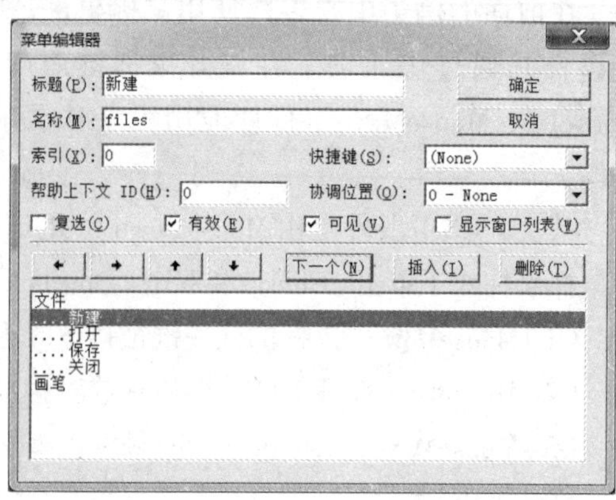

图 8-31 菜单编辑器

编写程序代码如下：

```
Private Sub Form_Load()
    Me.AutoRedraw = True
    Me.Caption = "小画板-" & "未命名"
End Sub

Private Sub Form_MouseDown(Button As Integer, Shift As Integer,
X As Single, Y As Single)
     If Button = 1 Then
          CurrentX = X: CurrentY = Y
     End If
End Sub

Private Sub Form_MouseMove(Button As Integer, Shift As Integer,
X As Single, Y As Single)
     If Button = 1 Then
          Me.Line (CurrentX, CurrentY)-(X, Y)
          CurrentX = X: CurrentY = Y
     End If
End Sub

Private Sub files_Click(Index As Integer)
     Select Case Index
     Case 0
          Me.Picture = LoadPicture("")
          Me.Caption = "小画板-" & "未命名"
     Case 1
          CommonDialog1.ShowOpen
          Me.Picture = LoadPicture(CommonDialog1.filename)
          Me.Caption = "小画板-" & CommonDialog1.filename
```

```
    Case 2
        CommonDialog1.filename = Mid(Me.Caption, 5)
        CommonDialog1.ShowSave
        SavePicture Me.Image, CommonDialog1.filename
    Case 3
        End
    End Select
End Sub

Private Sub pencil_Click()
    If pencil.Caption = "画笔" Then
        pencil.Caption = "擦除"
        Me.DrawMode = 16
        Me.DrawWidth = 8
        a = "E:\BOOK\17vb-vfp\VB-17\example\h_nw.cur"
    Else
        pencil.Caption = "画笔"
        Me.DrawMode = 1
        Me.DrawWidth = 1
a = "C:\Program Files (x86)\Microsoft Visual Studio\COMMON\
Graphics\Cursors\Pencil.cur"
    End If
    Me.MouseIcon = LoadPicture(a)
End Sub
```

程序运行结果如图 8-32 所示。

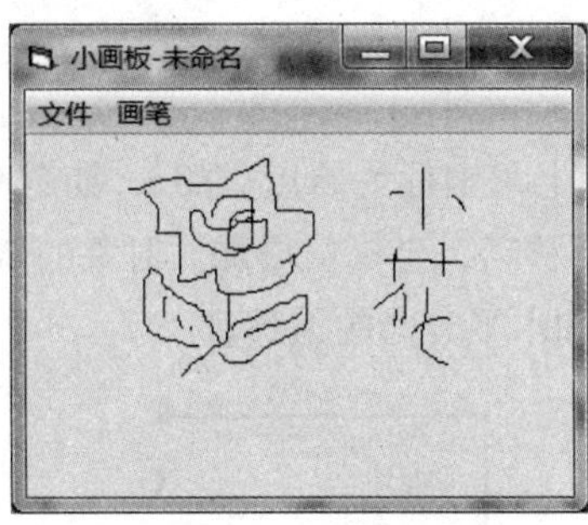

图 8-32　程序运行结果

第9章 图形技术

在Windows应用程序中添加图形会使用户界面更美观友好，使程序更具吸引力。VB具有丰富的图形功能，不仅可以通过图形控件进行图形操作，还可以通过图形方法再窗体上或图片框中绘制各种图形，例如直线、矩形、椭圆及各种曲线等。

9.1 VB的坐标系

在VB中，每个对象都要存放在某一容器中，如屏幕、窗体、框架控件、图片框控件等。为了使对象在容器内准确定位，每个容器都有一个坐标系统。如果要在VB中绘图，必须理解VB的坐标系统。VB的坐标系统分为三类：默认坐标系、标准坐标系和自定义坐标系。

9.1.1 默认坐标系

在默认坐标系中，容器的左上角坐标为原点（0,0），如图9-1所示。当位于容器内的对象沿着x轴向右移动或沿着y轴向下移动，坐标值增加。对象的Top值和Left值指定了该对象左上角距离容器左上角（0,0）在垂直和水平方向的偏移量。

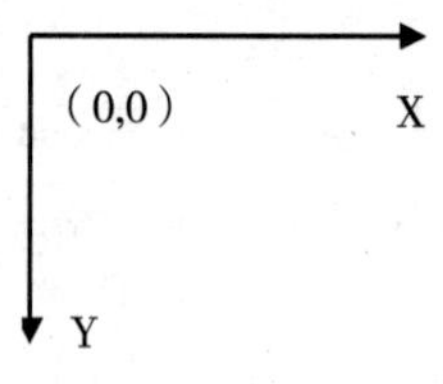

图9-1 VB坐标系

在默认坐标系中使用的度量单位为缇（Twip），1缇的长度大约为1/1440英寸、1/567厘米或1/20磅。

9.1.2 标准坐标系

用户可以使用ScaleMode属性来设置标准坐标系，在设计阶段通过属性窗口进行设置。以窗体为例，其操作方法如下：在对象的属性窗口中找到并单击ScaleMode属性，然后单击右端的下拉三角，打开如图 9-2 所示的属性窗口，进行其他度量单位的选择。

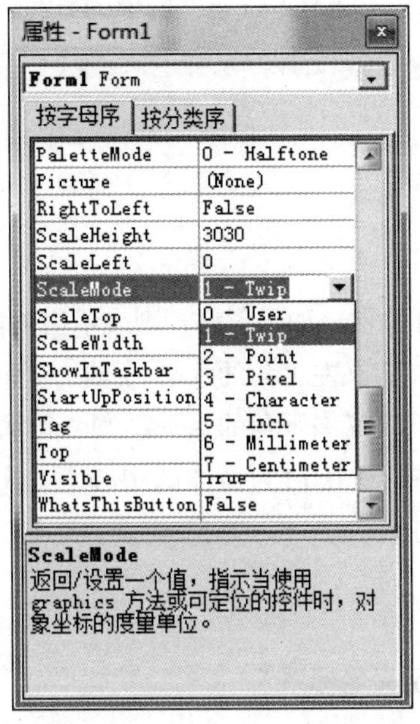

图 9-2 设置ScaleMode属性窗口

VB提供了 8 个度量单位，除属性值 0 外，其他 7 种单位用来设定绘图时所使用的度量单位，如果不设定，则绘图时以缇为单位，使用默认坐标系，如属性值为 2、3、4、5、6、7 中之一，则使用的是标准坐标系。ScaleMode 属性值不同，则坐标系的度量单位不同，具体含义见表 9-1 所列。

表 9-1 VB坐标系度量单位

ScaleMode值	度量单位	说明
0		用户自定义坐标系统。自定义坐标系统该属性自动设置为 0
1	Twip	缇，为默认刻度单位，1 英寸 =1440Twips
2	Point	磅，1 英寸 =72 磅
3	Pixel	像素
4	Char	字符，字符宽度为 1/6 英寸高，1/12 英寸宽
5	Inch	英寸
6	Millimeter	毫米
7	Centimeter	厘米

9.1.3 自定义坐标系

默认坐标系和标准坐标系都以容器的左上角为坐标原点，坐标值沿水平向右或垂直向下增加。有时，可能不希望以左上角为坐标原点，或者希望坐标值沿水平向左或垂直向上时增加等，为了达到最大的编程灵活性，VB中用户可以根据编程需要定义自己的坐标系。VB提供了两种自定义坐标系的方法，一种是使用Scale方法，另一种是使用属性设置的方法，即设置ScaleTop、ScaleLeft、ScaleWidth、ScaleHeight属性的值的方法。

1. 使用Scale方法自定义坐标系

语法格式：

```
[对象名.]Scale (x1,y1)-(x2,y2)
```

说明：

(1)Scale方法中的对象为可选项，如果省略，则表示当前窗体。

(2)x1 和y1 均为单精度值，定义左上角的水平(x轴)和垂直(y轴)坐标。

(3)x2 和y3 均为单精度值，定义右下角的水平(x轴)和垂直(y轴)坐标。

例如，设置窗体坐标系的原点(0,0)为窗体的中心，并实现坐标值向右、向上增加，向左、向下减少，可使用如下语句：

```
Scale(-100,100)-(100,-100)
```

2. 使用属性设置的方法自定义坐标系

通过设置ScaleTop、ScaleLeft、ScaleWidth、ScaleHeight属性的值的方法设置坐标系。

语法格式：

```
[对象名.]ScaleLeft=x
[对象名.]ScaleTop=y
[对象名.]ScaleWidth=宽度
[对象名.]ScaleHeight=高度
```

这里的对象为可选项，如果省略，则表示当前窗体。ScaleTop和ScaleLeft属性值定义了对象左上角的坐标值，也就是确定了坐标原点的位置。ScaleWidth和ScaleHeight属性值定义了对象的高度和宽度。有了原点、高度和宽度，坐标系统也就确定了。

上面的坐标系Scale(-100,100)-(100,-100)也可以用如下属性设置：

```
ScaleLeft=-100
ScaleTop=100
ScaleHeight=-200
ScaleWidth=200
```

9.2 图形的属性

1. CurrentX、CurrentY属性

CurrentX、CurrentY属性给出在容器内绘图时的当前横坐标、纵坐标，这两个属性只能在

程序中设置。

格式为：

```
[对象名.]CurrentX[=x]
[对象名.]CurrentY[=y]
```

功能：设置对象的CurrentX和CurrentY的值。

实例9.1　在Form_Paint事件中通过Scale方法定义窗体Form1的坐标系。

程序代码如下：

```
Private Sub Form_Paint()
 Cls
 Form1.Scale (-200, 250)-(300, -150)
 Line (-200, 0)-(300, 0)
 Line (0, 250)-(0, -150)
 CurrentX = 0
 CurrentY = 0
 Print 0
 CurrentX = 280
 CurrentY = 20
 Print "x"
 CurrentX = 10
 CurrentY = 240
 Print "y"
End Sub
```

程序运行结果如图9-3所示。

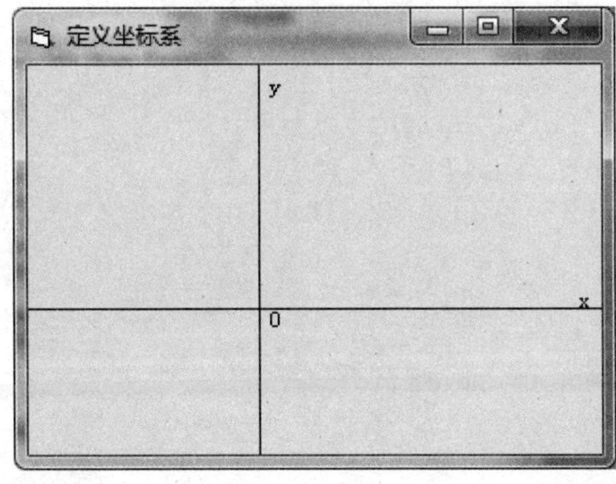

图9-3　自定义的坐标系

2. DrawWidth(线宽)属性

窗体、图片框或打印机的DrawWidth属性给出这些对象上所画线的宽度或点的大小。

格式为：

```
[对象名.]DrawWidth [=n]
```

功能：设置容器输出的线宽。

说明：n为数值表达式，其范围为1~32767，该值以像素为单位表示线宽。默认值为1，即1个像素宽。

3. DrawStyle（线型）属性

窗体、图片框或打印机的DrawStyle属性给出这些对象上所画线的形状，见表9-2所列。

表9-2 DrawStyle属性值的含义

DrawStyle属性值	含义	DrawStyle属性值	含义
0	实线（默认）	4	双点划线
1	长划线	5	透明线
2	点线	6	内收实线
3	点划线		

以上线型仅当DrawWidth属性值为1时才能产生。当DrawWidth属性值大于1且DrawStyle属性值为1~4时，都只能产生实线效果。当DrawWidth的值大于1，而DrawStyle属性值为6时，所画的内收实线仅当是封闭线时起作用。

实例9.2 利用DrawWidth属性在窗体上随机产生10条不同长度、宽度，不同颜色的直线。

程序代码如下：

```
Private Sub Command1_Click()
Dim i As Integer
For i = 1 To 10
 X1 = Int(Rnd * Form2.Width)
 Y1 = Int(Rnd * Form2.Height)
 X2 = Int(Rnd * Form2.Width)
 Y2 = Int(Rnd * Form2.Height)
 Form2.DrawWidth = Int(Rnd * 10) + 1
 Line (X1, Y1)-(X2, Y2), QBColor(Int(Rnd * 16))
Next i
End Sub

Private Sub Command2_Click()
 Form2.Cls
End Sub

Private Sub Command3_Click()
 Unload Me
End Sub
```

程序运行结果如图9-4所示。

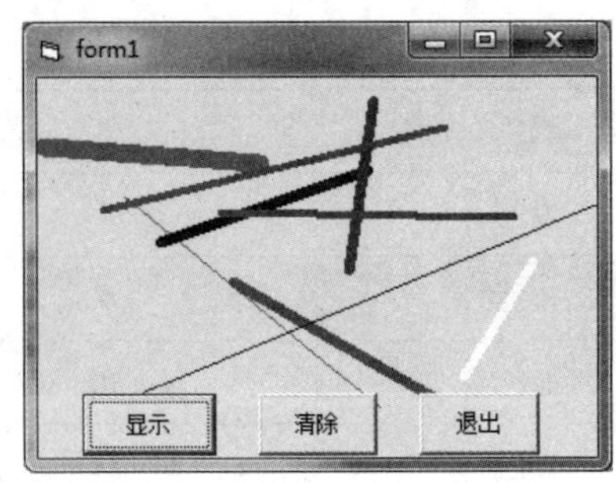

图 9-4 DrawWidth 属性示例结果

4. AutoRedraw 属性

AutoRedraw 属性用于设置和返回对象或控件是否能自动重绘。

若 AutoRedraw 属性值为 True 时，使 Form 对象或 PictureBox 控件的自动重绘有效，否则会不接收重绘事件（Paint）。

5. FillStyle 和 FillColor 属性

封闭图形的填充方式由 FillStyle 和 FillColor 属性决定。

FillColor 属性指定填充图案的颜色，默认的颜色 ForeColor 相同。FillStyle 属性指定填充的图案，共有 8 种内部图案，具体含义见表 9-3 所列。

表 9-3 FillStyle 属性说明

FillStyle 属性值	含义	FillStyle 属性值	含义
0（solid）	实心	4（Upward Diagonal）	左上右下对角线
1（Transparent）	透明	5（Downward Diagonal）	左下右上对角线
2（Horizontal Line）	水平线	6（Cross）	十字交叉线
3（Vertial Line）	垂直线	7（Diagonal Cross）	对角交叉线

6. 色彩

VB 默认采用前景色（ForeColor）绘图，也可以通过以下函数设置颜色。

（1）RGB 函数。RGB 函数通过红、绿、蓝 3 基色混合产生某种颜色，其格式为：

```
RGB(red,green,blue)
```

说明：red、green、blue 代表红、绿、蓝 3 色成分，取值范围为 0~255 之间的整数。例如 RGB（0,0,0）返回黑色，RGB（255,255,255）返回白色。

（2）QBColor 函数。QBColor 函数返回一个用来表示所对应颜色值的 RGB 颜色码。

格式为：

```
QBColor(Color)
```

说明：Color 参数是一个介于 0~15 的整型值，见表 9-4 所列。

表 9-4　Color参数的设置值

值	颜色	值	颜色
0	黑色	8	灰色
1	蓝色	9	亮蓝色
2	绿色	10	亮绿色
3	青色	11	亮青色
4	红色	12	亮红色
5	洋红色	13	亮洋红色
6	黄色	14	亮黄色
7	白色	15	亮白色

9.3 图形控件

1. Line控件

Line控件主要用于绘制直线，该控件可以在设计时使用，也可以在运行时使用。其属性如下：

（1）BorderWidth属性。BorderWidth属性用来设置线条的宽度，只有当BorderWidth=1时，才能调用BorderStyle属性，否则只能使用“透明线”和“内实线”。

（2）BorderColor属性。BorderColor属性用来设置线条的颜色。

（3）X1、X2、Y1、Y2属性。Line控件的X1,、Y1属性用来设置或返回直线的起点坐标（X1，Y1），X2、Y2属性来设置或返回直线的重点坐标（X2，Y2）。

（4）BorderStyle属性。BorderStyle属性主要用来指定直线的类型，在Visual Basic中，可以设置7种不同的线条类型，见表9-5所列。

表 9-5　BorderStyle属性设置值

常量值	描述	常量值	描述
0	透明线	4	点划线
1	实线	5	双点划线
2	虚线	6	内实线
3	点线		

2. Shape控件

形状控件主要用来绘制矩形、正方形、椭圆、圆形、圆角矩形或圆角正方形，其使用方法与其他控件的使用方法相同，都是用鼠标在工具箱中选中“形状”控件，然后在窗体中按下鼠标左键拖动鼠标即可创建图形。

该控件的主要属性如下：

（1）Shape属性。Shape属性主要用来设置所绘图形的类型，在VB中，可以设置6中不同的类型，见表9-6所列。

表9-6　Shape属性设置值

常量值	描述	常量值	描述
0	矩形	3	圆形
1	正方形	4	圆角矩形
2	椭圆	5	圆角正方形

（2）FillColore属性。用来设置矩形等图形的填充颜色。

（3）FillStyle属性。用来设置图形的填充样式。

（4）BackStyle属性。用来设置所绘制图形的背景风格，其属性值只有透明（0-Transqarent）和不透明（1-Opaque），在默认状态下值为"0-Transqarent"。

（5）BorderStyle属性。用来指定图形边界线的类型，与"直线"控件中的BorderStyle属性相同。

（6）BorderWidth属性。用来指定图形边界宽度。

（7）BorderColor属性。用来指定图形边界的颜色。

实例9.3 产生Shape控件的6种形状。

在窗体上添加一个Shape控件，Index属性设置为0。

程序代码如下：

```
Private Sub Form_Activate()
Dim i As Integer, r As Integer
r = 50
Print "    0         1         2         3        4          5"
Shape1(0).Shape = 0
Shape1(0).FillStyle = 2
Shape1(0).FillColor = vbRed
For i = 1 To 5
  Load Shape1(i)
  Shape1(i).Left = Shape1(i - 1).Left + 800
  Shape1(i).Shape = i
  Shape1(i).FillStyle = i + 2
  Shape1(i).FillColor = RGB(r + i * 30, 0, 0)
  Shape1(i).Visible = True
Next i
End Sub
```

运行结果如图9-5所示。

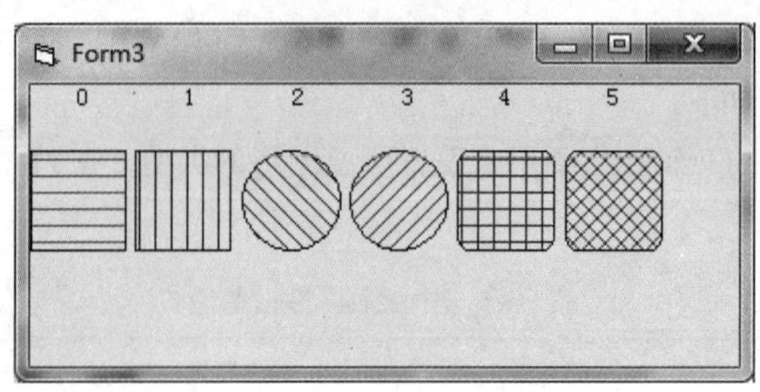

图 9-5 Shape控件示例运行结果

3. PictureBox控件

PictureBox控件的主要作用是为用户显示图片，也可作为其他控件的容器。实际显示的图片由Picture属性决定，Picture属性可设置被显示的图片文件名（包括可选的路径名）。在程序运行时可以使用LoadPicture( )在图形框中装入图形。其格式为：

```
图形框对象.Picture=LoadPicture("图形文件名")
```

为了在运行时从图形框中删除一个图形，可用LoadPicture( )，将一个空白图形装入图形框的Picture属性。

PictureBox控件不提供滚动条，也不能伸展被装入的图形以适应控件尺寸，但可以用图形框的AutoSize属性调整图形框大小以适应图形尺寸。当AutoSize属性设置为True时，图形框能自动调整大小与现实的图形匹配。如果将AutoSize属性设置为False，则图形框不能自动改变大小来适应其中的图形，加载到图形框中的图形保持其原始尺寸，这意味着如果图形比控件大，则超过的部分将被剪裁掉。

PictureBox控件也可以用作其他控件的容器，像Frame控件一样，可以在PictureBox内放置其他控件。这些控件随PictureBox移动而移动，其Top和Left属性是相对PictureBox而言的，而与窗体无关。当PictureBox大小改变时，这些控件在PictureBox中的相对位置保持不变。

4. Image控件

Image控件用于显示保存在图形文件中的图像。Image控件除了具有Name属性、Left属性、Top属性、Width属性、Height属性、Visible属性、BorderStyle属性等与其他控件相同的属性外，还有两个比较重要的属性：Picture属性和Stretch属性。

（1）Picture属性。Image控件的Picture属性用来设置或返回图像框中先后的图片。该属性可支持加载的图形文件格式有位图文件（*.bmp或*.dib）、图标文件（*.ico）、图元文件（.wmf或.emf）、JPEG文件（.jpg或.jpeg）及GIF文件（.gif）等。

设置Picture属性的方法有三种：

①在程序设计时，单击属性窗口的Picture属性，通过选择图片文件的方式来指定所显示的图片内容。如果要取消加载的图片，只需要将Picture属性重新设置为“（None）”，即选中该属性后，按Delete键。

②在程序代码中通过LoadPicture函数随时加载或清除图片。例如：

```
Image1.Picture=LoadPicture("c:\windows\p1.bmp")
```

表示将C盘Windows文件夹中的p1.bmp位图文件加载到图像框中。

```
Image1.Picture=LoadPicture()
```

表示清除图像框中的图片。

③在程序代码中，通过赋值语句加载其他对象已加载的图片。例如：

```
Form1.Picture=Image1.Picture
```

表示把Image1 中的图片加载到窗体上。

（2）Stretch属性。设置加载到该控件的图形是否要调整大小以适应该控件绘制的大小。当Stretch属性为True时，表示图形要调整大小以与控件相适应。此时，调整图像框控件的大小，内部图像也随着放大和缩小。当Stretch属性为False（默认值）时，表示不能调整加载图像的大小，而是调整控件的大小以与图像相适应。此时，改变图像框控件的大小，不能改变内部图片的大小。因此，改变Stretch属性值，即可在放大（缩小）与还原图片间切换。

9.4 图形的方法和事件

9.4.1 PSet方法

PSet方法可以在对象的指定位置（x，y），按给定的像素颜色画点。

语法格式：

```
[<Object>.]PSet [Step] (x,y),[color]
```

说明：

（1）<Object>为可选的对象表达式。如果省略，具有焦点的窗体作为<Object>。

（2）Step为可选的关键字。指定相对于由CurrentX和CurrentY属性提供的当前图形位置的坐标。

（3）（x，y）为必需的Single（单精度浮点数），设置点的水平（x轴）和垂直（y轴）坐标。

（4）Color为可选的长整型数，设置点的颜色。如果它被省略，则使用当前的ForeColor属性值。可用RGB函数或QBColor函数指定颜色。

实例9.4 在窗体Form1 中的Click事件中写入如下代码，就可以绘制一个放大的正弦函数曲线。

编序代码如下：

```
Private Sub Form_Click()
    Dim x As Integer
    Dim y As Integer
    Line (0, 1300)-(3600, 1300)
    For x = 0 To 3600
```

```
        PSet (x, 1200 * Sin(x * 3.1415926 / 1800) + 1300)
    Next x
End Sub
```

其运行结果如图 9-6 所示。

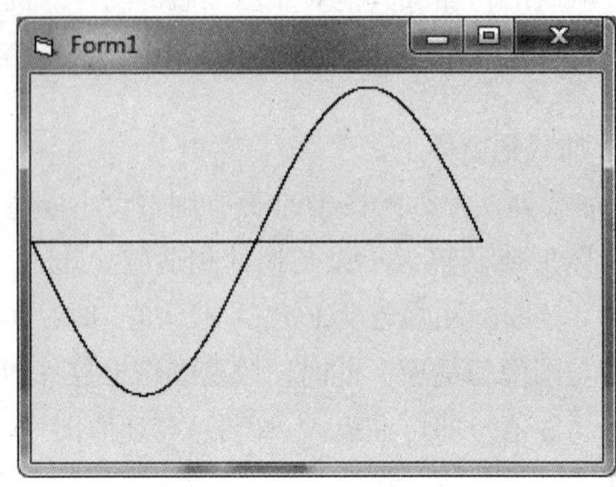

图 9-6　放大的正弦函数曲线

说明：

（1）所画点的尺寸取决于当前容器（窗体或控件）的 DrawWidth 属性值，像素点的真正颜色取决于 DrawMode 和 DrawStyle 的属性值。

（2）执行 PSet 时，CurrentX 和 CurrentY 属性被设置为语句指定的坐标位置。

（3）要清除某个坐标上的像素，只需在该坐标点上画一个背景色的像素程序代码如下：

```
PSet(x,y),Backcolor
```

想用 PSet 方法清除单一像素，只要将该像素坐标上的点设为背景色即可，也就是用 BackColor 属性设置作为 Color 参数，即 PSet（x，y），BackColor。

9.4.2　Point 方法

Point 方法用于返回指定像素点的 RGB 颜色值，其语法格式如下：

```
Object.Point(x,y)
```

（x,y）为像素点的坐标。Point 方法返回一个整数的颜色值。例如，窗体上坐标为（20,20）的点的颜色为红色，那么 Point（20，20）语句执行的结果为 255。

9.4.3　Line 方法

Line 方法可以在两个坐标之间绘制直线和长方形。对于直线而言，第一个坐标是起点，第二个坐标是终点。对于长方形而言，第一个坐标指定左上角，第二个坐标指定右下角。Line 方法的使用格式如下：

```
Line[[Step](x1,y1)]-[Step](x2,y2) [,color] [,B[F]]
```

说明：

（1）Step：指定起点坐标，它们相对于由CurrentX和CurrentY属性提供的当前图形位置。

（2）（x1，y1）为线段的起点坐标或矩形的左上角坐标，（x2，y2）为线段的终点坐标或矩形的右下角坐标。

（3）color：可选的。Long（长整型数），画线时用的RGB颜色。如果它被省略，则使用ForeColor属性值。可用RGB函数或QBColor函数指定颜色。

（4）“B”表示画矩形，“F”表示用画矩形的颜色来填充矩形。缺省F，则矩形的颜色由FillColor和FillStyle属性决定。

实例9.5 设计一个程序，当在程序中单击“绘制矩形”按钮时，图片框中绘制出类型不同的矩形。

代码如下：

```
Private Sub Command1_Click()
For i = 0 To 7
   Picture1.FillStyle = i
   n = i + 1
   Picture1.Line (300 * n, 400 * n)-(200 * n, 300 * n), QBColor
(12), B
Next i
End Sub

Private Sub Command2_Click()
   End
End Sub
```

运行结果如图9-7所示。

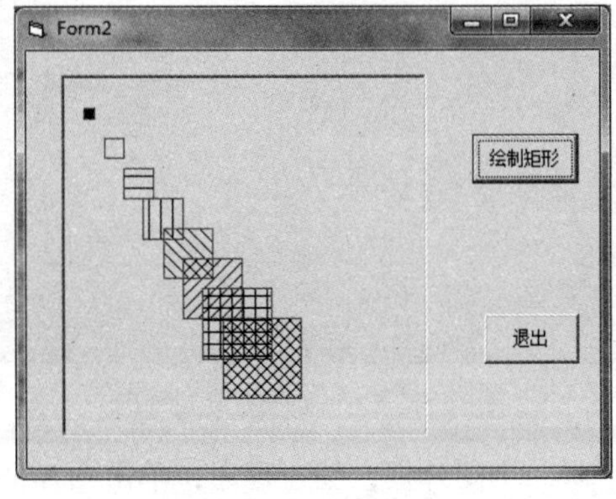

图9-7 Line方法绘制矩形

9.4.4 Circle方法

Circle方法可画出圆形和椭圆形的各种形状。另外，Circle方法还可以画出圆弧。使用Circle方法，可画出多种曲线。格式如下：

```
[<object>.]circle[Step](x,y),<半径>,[color,start,end,aspect]
```

说明：

（1）（x，y）：指定圆、椭圆或弧的中心坐标。

（2）半径：指定圆、椭圆或弧的半径。

（3）Color：可选项，如果被省略，则使用ForeColor属性值。可用颜色函数指定颜色。

（4）Start和End：指定（以弧度为单位）弧或扇形的起点及终点位置。其范围从-2π~2π。起点的默认值是0，终点的默认值是2π。正数画弧，负数画扇形。

（5）aspect：垂直半径与水平半径之比，不能为负数。aspect > 1时，椭圆沿垂直方向拉长：当aspect < 1时，椭圆沿水平方向拉长。aspect的默认值为1.0，在屏幕上产生一个标准圆。

（6）可以省略语法中间某个参数，不能省略分隔参数的逗号，但指定的最后一个参数后面的逗号是可以省略的。

（7）Circle执行后，CurrentX和CurrentY属性被参数设置为中心点。

实例9.6 设计一个应用程序，利用Circle方法再窗体上绘制10个红色同心圆。

程序代码如下：

```
Private Sub Command1_Click()
Dim r As Integer
For r = 100 To 1000 Step 100
    Circle (1500, 1500), r, RGB(255, 0, 0)
Next r
End Sub
```

程序运行结果如图9-8所示。

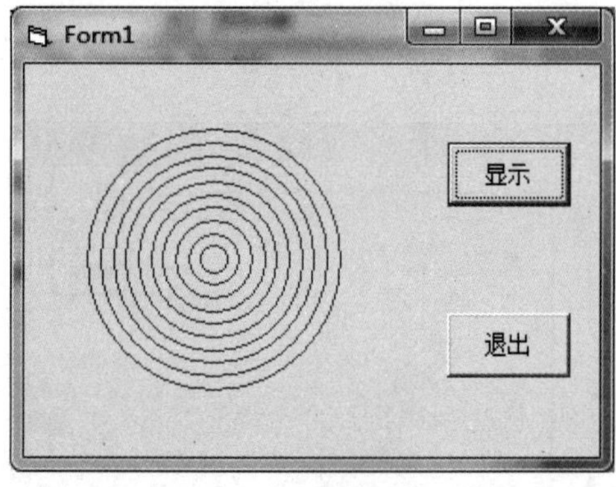

图9-8 Circle方法绘制圆形

实例9.7 在窗体上画一个图片框，编写程序，单击图片框后在其上画出若干形状和颜色各异的椭圆。

程序代码如下：

```
Private Sub Picture1_Click()
x = Picture1.Width
y = Picture1.Height
Picture1.FillStyle = 0
Picture1.FillColor = QBColor(2)
```

```
For i = 1 To 6
    r = (x * 0.2) * Rnd
    b = i * 0.3
    Picture1.Circle (x * Rnd, y * Rnd), r, QBColor(i), , , b
Next i
End Sub
```

程序运行结果如图 9-9 所示。

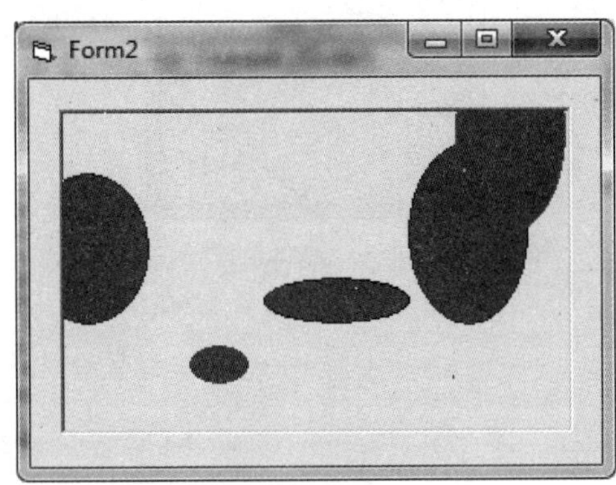

图 9-9　Circle方法绘制椭圆

9.4.5　Paint事件

如果在程序代码中有图形方法的绘图语句，使用Paint事件将很有用，最有效的方法是将所有的绘图方法都放在Paint事件中，否则，可能会发生一些不希望发生的情况，例如，图形控件会被重叠、丢失或以错误的顺序排列。

窗体和PictureBox控件都有Paint事件，通过使用Paint事件过程，可以保证必要的图形都得以重现（如窗体最小化后，恢复到正常大小时，窗体内所有图形都得到重画）。

当AutoRedraw属性为True时，将自动重画，Paint事件不起作用。

在Resize事件过程中使用Refresh方法，可在每次调整窗体大小时强制对所有对象Paint事件进行重画。

实例 9.8　设计一个应用程序，当程序运行时将画出一个与窗体各边的中点相交的菱形，当随意调整窗体的大小时，窗体中的菱形也随着自动调整。

程序代码如下：

```
Private Sub Form_Paint()
 Dim x, y
 x = ScaleLeft + ScaleWidth / 2
 y = ScaleTop + ScaleHeight / 2
 Line (ScaleLeft, y)-(x, ScaleTop)
 Line -(ScaleWidth + ScaleLeft, y)
 Line -(x, ScaleHeight + ScaleTop)
 Line -(ScaleLeft, y)
End Sub
```

```
Private Sub Form_Resize()
 Refresh
End Sub
```

程序运行结果如图 9-10 所示。

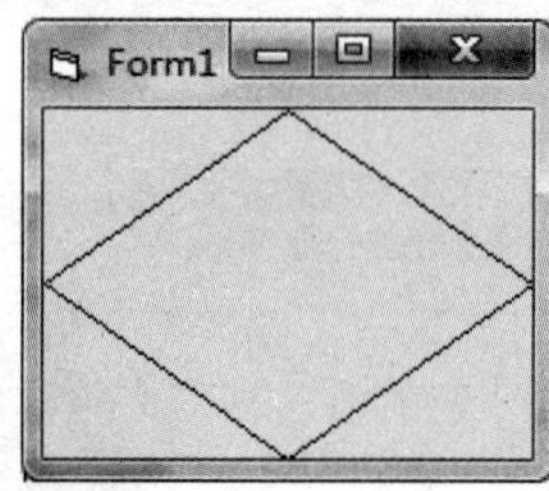

图 9-10　Paint事件程序运行结果

第10章 文件

由应用程序产生或处理过的信息，往往在应用程序停止运行之后仍然需要保留下来。由各种渠道收集到的信息通常也需要用一种方便的使用方式保存起来，以便日后处理使用。各种计算机应用系统通常将一些相关信息组织起来保存在外部介质中，这些组织起来的信息即为文件，并用一个名字（文件名）加以标识。文件可以从多种角度加以分类，例如可以根据文件的内容分为程序文件、数据文件；根据文件存储的介质分为磁盘文件、磁带文件；根据文件的存取方式分为顺序文件、随机文件；根据数据的流向分为输入文件、输出文件；根据对文件内容的编码方式分为文本文件、二进制文件。如无特殊说明，本章讨论的是VB中的数据文件。

前面章节中编写的应用程序，其数据都是通过文本框或InputBox对话框输入的，程序的运行结果也是打印到窗体或其他可用于显示的控件上。如果要再次查看结果，就必须重新运行程序，并重新输入数据。如果退出应用程序或关闭计算机，相应的数据就会丢失，也不能重复使用这些数据。因此，为了保存这些数据以便修改和供其他程序使用，就必须将数据以文件的形式存放在外部介质（如磁盘）中。

VB具有较强的文件处理能力，为用户提供了多种处理方法。它既可以直接读写文件，同时又提供了用于制作文件系统的控件和大量的与文件管理有关的语句、函数。

VB对文件的操作分为3个步骤：首先打开文件，然后进行读或写的操作，最后关闭文件。

10.1 文件的概念

在计算机中，文件是存储在外部介质上的一组数据集合。通常使用的程序、数据、图片、声音等都是以文件的形式存在的。我们把存储在磁盘上的文件称磁盘文件，与计算机相连的设备称为设备文件，这些文件都不在计算机内，故称为外部文件。用户要访问数据，必须先按文件名找到指定文件，再从文件中读取数据。反之，要存储数据，必须先建立一个文件（以文件名为标识），才能向它输出数据。

在VB中，文件可分为以下3类：

1. 按内容性质分类

按内容性质可将文件分为程序文件和数据文件。程序文件经编译后是可以执行的；数据文件则是专门存放数据的，它不能单独运行。

2. 按存储格式分类

按存储格式可将文件分为文本文件和二进制文件。

文本文件中每个字符用一个字符编码表示，其中西文字符占用一个字节，中文字符占用两个字节；二进制文件是把内存中的数据按其在内存中的存储形式输出到磁盘上。

文本文件便于对字符进行逐个处理和输出，但占存储空间较多，而且还要花费字符编码与二进制形式间的转换时间；二进制文件可节省空间和转换时间，但不能直接输出字符形式。

3. 按存取方式分类

（1）顺序文件（sequential file）。该类型结构比较简单，文件中的数据是按顺序组织的文本行，即每行为一个数据记录，每行的长度可以不固定，行之间以换行符作为分隔符。顺序文件以ASC Ⅱ码方式存放数据，可以直接用文本编辑软件打开顺序文件。

VB中对顺序文件的访问必须按顺序逐记录存取。如果要在顺序文件中查找某一个记录，必须从第一个记录开始读取，直到找到该记录为止。例如要读取文件中的第100条记录，就必须先读出前99条记录，写入记录也是如此。

（2）随机文件（random access file）。该类型文件又称为记录文件，由一组长度完全相同的记录组成。记录与记录之间不需要分隔符号。随机文件一般以二进制形式存放，每个记录包含一个或多个字段。对于随机文件，可以按任意次序读写。用户可以根据每条记录唯一的记录号直接读取记录。

与顺序文件相比，随机文件可以同时进行读写操作，具有灵活、方便、存取速度快、容易更新的优点，缺点是占用空间大，数据组织复杂，程序设计较为烦琐。

（3）二进制文件（binary file）。该类型是最原始的文件类型，它直接把二进制码存放在文件中，没有固定的格式。二进制访问模式以字节数来定位数据，允许在程序中按任何方式组织和访问数据，占用空间较小，存取灵活。二进制文件不能用普通的字处理软件进行编辑。任何形式的文件都可以使用二进制模式进行访问。

10.2 顺序文件

顺序文件是普通的文本文件，其结构简单、易于操作，适用于有规律、不经常修改的数据。下面介绍有关顺序文件的操作命令。

1. 打开文件

在对文件进行任何操作之前，都必须先打开文件，同时要通知操作系统是要对文件进行读操作还是写操作。

打开顺序文件用Open语句，其格式如下：

```
Open 文件名 For 模式 As [#]文件号 [len=记录长度]
```

说明：

（1）文件名可以是字符串常量，也可以是字符串变量。

（2）“模式”有3种形式：Output、Input、Append。

①Output：向打开的文件进行写操作。若指定打开的文件不存在，则新建该文件，若指定打开的文件已存在，则原有同名文件将会被覆盖，其中的数据将全部丢失。

②Input：从打开的文件进行读操作。此模式要求打开的文件必须存在，否则程序将出错。

③Append：也是用于向打开的文件进行写操作，与Output模式不同的是，指定打开的文件若已存在，在打开后原有内容不会被擦除，新记录将追加在其后面。

（3）文件号是一个介于1~511之间的整数。当打开一个文件并为它指定一个文件号后，该文件号就代表文件，直到文件被关闭后，此文件号可以再被其他文件使用。在复杂的应用程序中，可以利用FreeFile()函数获得可利用的文件号。

（4）Len = 记录长度：可选项，用来指定缓冲区的字符数。

例如，打开C盘TEMP目录下一个文件名为A.txt的文件，向该文件中写入数据。

```
Open  "c:\TEMP\A.txt" For  Output  As  #1  '指定文件号为#1
```

例如，若从上述文件中读取数据，可用如下命令：

```
Open  "c:\TEMP\A.txt" For  Input  As  #1
```

2. 写操作

将数据写入磁盘文件操作可以使用Print语句或write语句来实现。

（1）Print #语句。其格式如下：

```
Print #<文件号>[,<输出列表>]
```

说明：文件号为以写方式打开的文件号，输出列表可用分号或逗号分隔各表达式项，区别在于前者紧凑输出，后者按区输出。

例如，利用Print语句把数据写入文件#1中。

```
Open " testfile " For Output  As  #1      '打开文件供输出
Print  #1, " This is a test "              '输出一行内容
Print  #1,                                 '输出一个空行
Print  #1, " Zone 1 " ;Tab; " Zone 2 "     '在两个打印区输出
Print  #1, " Hello " ; "  " ; " World "    '用空格分隔字符串
Print  #1,Spc(5); " 5 leading spaces "
'先输出5个前导空格，再输出字符串。Print  #1,Tab(10); " hello "
'在第10列上输出字符串。Print  #1,Text1.text
'把整个文本框的内容一次性写入到文件
```

（2）Write #语句。其格式如下：

```
Write #<文件号>[,<输出列表>]
```

说明：

（1）文件号与输出列表的含义与Print#语句相同。区别在于使用Print#语句，数据项之间的输出无分隔符，且字符串不加引号；而使用Write#语句，不管输出列表之间用什么符号分割，数据项之间的输出均以紧凑格式存放，并以“，”自动隔开，且自动给字符串加上双引号‘’

（2）Write#语句在将输出列表中的最后一个字符写入文件后会插入回车换行符。

实例 10.1 用Print#语句和Write#语句把数据写入到指定文件中，比较输出效果。

编写程序代码如下：

```
Private Sub Form_Click()
    Open "e:\temp\Myfile.txt" For Output As #1  '写的方式打开文件
    Print #1, "Print输出:"
    Print #1, "A", "B", 3
    Print #1, "A"; "B"; 3
    Print #1, "*****************"
    Print #1, "Write输出:"
    Write #1, "A", "B", 3
    Write #1, "A"; "B"; 3
    Close #1
End Sub
```

程序运行后，在本机E盘temp根目录下会建立一个Myfile.txt文件，用记事本打开，可见其输出效果，如图10-1所示。

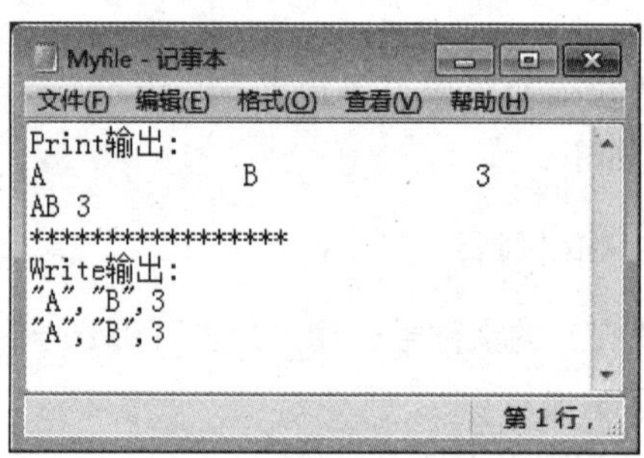

图 10-1 Print与Write的输出比较

3. 读操作

顺序文件读文件的操作方式有3种。

（1）Input #语句。格式如下：

```
Input#<文件号>,<变量列表>
```

说明：

①从已打开的顺序文件中依次读出数据，并分别赋给指定的用逗号分隔的变量列表中的变量，变量的类型与文件中的数据的类型要求对应一致。

例如，从#1文件中读出3个数据存入变量中。

```
Input#1,a,b,c
```

②Input语句可以读取Print语句和Write语句写入的数据，但建议使用Write#语句而不要使用Print#语句；因为Write#语句自动地将各个数据域自动地分隔开来，确保了每个数据域的完整性。

(2) Line Input #语句。格式如下：

```
Line  Input#<文件号>,<字符串变>
```

说明：从已打开的顺序文件中读出一行数据，并赋给字符串变量。读取数据时以回车或回车换行作为结束标志，读出的数据不包括回车符及换行符。

(3) Input( )函数。格式如下：

```
变量名=Input$(<读取的字符数>,#<文件号>)
```

说明：调用该函数可以读取指定数目的字符，以字符串形式返回。

例如：从#1 文件中读出 16 个字符存入变量a中。

```
a=Input(16,#1)
```

实例 10.2 将E盘temp目录下文本文件Myfile1.txt中的内容通过 2 种方法读入文本框Text1 中，如图 10-2 所示。

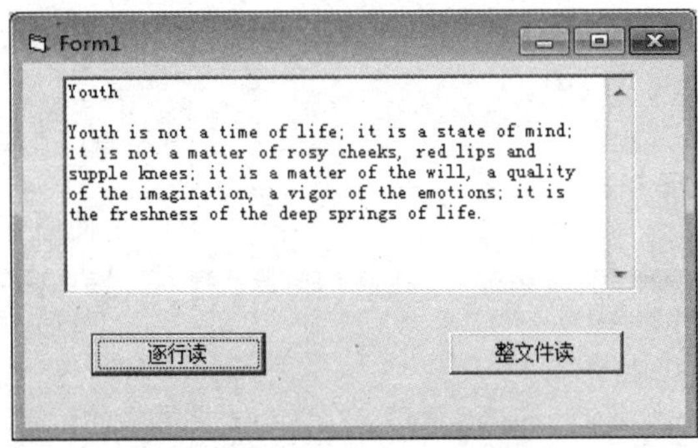

图 10-2 读输出文件语句比较

方法 1：逐行读。

程序如下：

```
Private Sub Command1_Click()
Dim data As String
Text1.Text = ""
Open "e:\temp\Myfile1.txt" For Input As #1
Do While Not EOF(1)
   Line Input #1, data
   Text1.Text = Text1.Text + data + vbCrLf 'vbcrlf表示回车换行的系
                                            统常量
Loop
Close #1
End Sub
```

方法 2: 整个文件一次性读入。

程序如下:

```
Private Sub Command1_Click()
 Text1.Text = ""
 Open "e:\temp\Myfile1.txt" For Input As #1
 Text1.Text = Input(LOF(1), 1)
 Close #1
End Sub
```

由于可能不明确究竟文件有多少行，因此该程序用循环的方法来遍历文件中的所有行，通过循环条件控制读取文件的全部数据。VB的EOF( )函数能够返回是否达到文件尾的信息，当遍历文件达到文件末尾时，返回真值，退出循环。

实例 10.3 将E盘temp目录下文本文件aaa.txt合并到bbb.txt中。

分析: 合并两个顺序文件，只需简单地将一个文件接在另一个文件的后面，题目要求将文件aaa.txt合并到bbb.txt中，就是说，合并后的bbb.txt文件应包含原来两个文件内的所有记录。因此原来bbb.txt文件必须以Append(追加记录)方式打开，以保留原记录，使aaa.txt中的记录加在后面。

编写程序代码如下:

```
Private Sub Form_Click()
Dim char$
   Open "e:\temp\bbb.txt" For Append As 1 '对文件采用追加方式打开，
                                           使原有记录保留
   Open "e:\temp\aaa.txt" For Input As 2  'aaa.txt文件中的记录加在
                                           其后
   Do While Not EOF(2)
      Line Input #2, char '读aaa. txt文件中的记录
      Print #1, char    '写入bbb. txt文件中
   Loop
   Close #1, #2
End Sub
```

4. 文件的关闭

文件读写结束后，应及时将文件关闭，否则文件中的数据可能丢失。关闭数据文件具有两方面的作用: 首先，把文件缓冲区中的所有数据写到文件中; 其次，释放与该文件相联系的文件号及其占用的缓冲区，以供其他Open语句使用。

关闭文件用语句Close，其格式如下:

```
Close [[#]文件号][,[#]文件号]…
```

5. 顺序文件的应用

实例 10.4 通过键盘输入 3 个学生的学号、姓名和总分，建立数据文件datafile.txt。然

后从该文件将数据读出，显示数据并计算平均成绩，运行界面如图 10-3 所示。

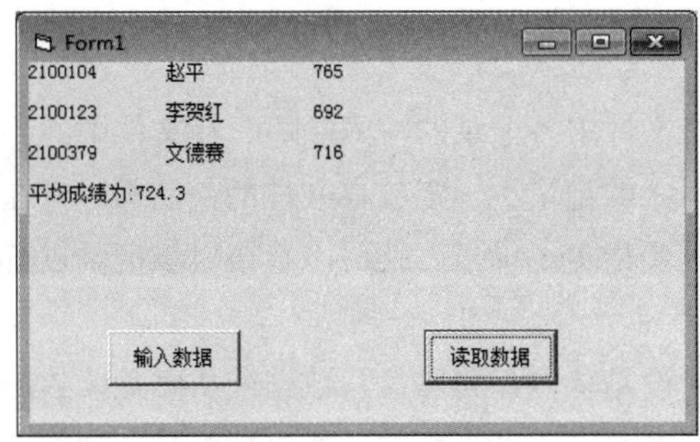

图 10-3 运行结果

编写程序代码如下：

```
Dim xh As String, xm As String, zf As Integer
Private Sub Command1_Click()          '建立数据文件
Dim i As Integer
Open "e:\temp\datafile.txt" For Output As #1
For i = 1 To 3
    xh = InputBox("请输入学号:")
    xm = InputBox("请输入姓名:")
    zf = InputBox("请输入总分:")
    Print #1, xh; ","; xm; ","; zf
Next
Close #1
End Sub

Private Sub Command2_Click()        '读取数据文件
Dim i As Integer, sum As Long
Open "e:\temp\datafile.txt" For Input As #2
Do While Not EOF(2)
    Input #2, xh, xm, zf
    sum = sum + zf
    Print xh, xm, zf
      Print
Loop
Close #2
Print "平均成绩为:" & Format(sum / 3, "###.#")
End Sub
```

"思考与讨论"

建立数据文件时，语句print#1，xh;"，";xm;"，";zf中，为什么数据项之间要将使用分界符"，"？如果使用Write语句该如何实现？

10.3 随机文件

与顺序文件不同，随机文件中各记录的写入顺序、在文件中的存放顺序及从文件中读出的顺序三者可以不一致。先写入的记录不一定放在文件的最前面，排在前面的记录也不一定最早被读出。在读写数据时，只要指定记录号，就可以直接对该记录进行读写。因此，随机文件具有“直接存取”的特点。

在随机访问模式中，无论是从内存向磁盘写数据或从磁盘读数据，都需要事先定义内存空间，而内存空间的分配是靠变量说明来进行的，所以不管是读操作还是写操作，都必须事先在程序中定义变量。将变量定义成随机文件中的一条记录，而一条记录又是由多个数据项组成的，每个数据项有不同的类型和长度。因此在程序的变量说明部分采用用户自定义的类型说明语句，首先定义记录的类型结构，然后再将变量说明成该类型，这样就为这个变量申请了内存空间用于存放随机文件中的记录。

10.3.1 用户自定义类型

VB不仅具有丰富的标准数据类型，还提供了用户自定义数据类型。通常使用VB的标准类型的数据来组合一个新的数据类型。例如，对于一个学生的“学号”“姓名”“性别”“年龄”“入学成绩”等数据，为了处理方便，常常需要把这些数据定义成一个新的数据类型（如Student类型），这种结构的数据类型也称为“记录”类型。

1. 创建自定义数据类型

自定义数据类型通过Type命令来定义，格式如下：

```
Type  <自定义数据类型名>
   <元素名1  As <类型名>
   <元素名2>  As <类型名>
...
   <元素名n>  As <类型名>
End Type
```

说明：

（1）元素名表示自定义数据类型中的一个成员，可以是变量或数组；类型名为标准数据类型。

例如：以下程序代码定义了一个有关学生信息的自定义数据类型。

```
Private  Type  student
   xh  As  Integer              '学号
   xm  As  String *20           '姓名
   xb  As  String *1            '性别
   mark(1 to 4)  As  Single     '4门课程成绩
   total  As  Single            '总分
End Type
```

（2）自定义数据类型一般在标准模块（.bas）中定义，默认为public。若在窗体模块中定义，必须是Private。

（3）自定义数据类型中的元素类型可以是字符串，但应是定长字符串。

（4）不要将自定义类型名和该类型的变量名混淆，前者表示了如同Integer、Single等的类型名，后者VB根据变量的类型分配所需的内存空间存储记录数据。

2. 声明自定义类型的变量

自定义数据类型可用于声明变量和数组，格式与基本数据类型一样。

```
Dim  <变量名>  As  <自定义类型名>
```

例如，可在窗体的某处将变量s声明为student类型，格式为：

```
Dim  s  As  student
```

3. 自定义类型数据的存储

用自定义类型声明的变量，其成员在内存中占用连续的存储空间，所占空间大小为自定义类型所有成员的长度之和。例如：上述变量s所占内存空间为自定义类型student所有成员长度之和，即 2B + 20B + 1B + 4 * 4B + 4B = 43B。

4. 自定义类型变量的使用

变量用自定义数据类型声明后，就拥有该自定义类型的全部成员元素。表示其中的某个成员元素，可使用如下形式：

```
<变量名>.<元素名>
```

例如：要给自定义类型变量s中的姓名、第4门课程成绩赋值，可以表示如下。

```
s. xm="王建波" : s.mark(4)=80
```

若要表示每个变量s中的每个元素，这样书写则太烦琐了，可利用With语句进行简化。例如，对s变量的各个元素赋值，计算总分，并显示结果，有关语句如下：

```
With  s
    .xh=7001
    .xm="张勇"
   .xb="男"
.total=0
For i=1 To 4
      .mark(i)=Int(Rnd*101)       '随机产生 0-100 之间的分数
      .total=.total+.mark(i)      '总分累加
Next i
Print  .xh ,.total                '显示学号和总分
End With
```

10.3.2 随机文件操作

随机文件的存取以记录为单位。因此在访问随机文件时，应事先声明一个用户自定义的数据类型，该类型对应于该文件的记录。

1. 打开文件

打开随机文件仍然使用Open语句，格式如下：

```
Open <文件名>  For  Random  As  #<文件号> [len=记录长度]
```

说明：

(1)文件名可以是字符串常量，也可以是字符串变量。

(2)Random：是隐含的存取方式，默认的访问类型。

(3)文件以随机访问模式打开后，可以同时进行读或写的操作。在Open语句中要指明记录的长度，记录长度的默认值是128个字节。

例如，用随机方式打开E盘根目录下temp文件夹中的Myfile2.txt文件，记录长度为100个字节：

```
Open " e:\temp\Myfile2.txt " For  Random  As  #1  Len=100
```

2. 写操作

随机文件的写操作可以使用Put语句实现。格式如下：

```
Put <文件号>,[<记录号>],<表达式>
```

说明：

(1)将表达式的值写入由记录号指定的记录位置处，同时覆盖原记录内容。随机文件的操作不受当前文件中的记录数的限制。

(2)<记录号>：指定写到文件中的几个记录上，如果省略，则表示在当前记录后插入一条记录，记录号应为大于1的整数。

(3)<表达式>：是要写入文件的数据，可以是变量。

3. 读操作

随机文件的读操作使用Get命令。格式如下：

```
Get  #<文件号>,[<记录号>],<变量名>
```

说明：将指定的记录内容存放到变量中。记录号为大于1的整数。如果省略记录号，则表示读取当前记录。

例如：从#1文件的3号记录读取数据，并将数据送入到变量st中，语句为。

```
Get #1,3,st
```

4. 文件关闭

与关闭顺序文件相同，仍用Close语句。

实例 10.5 单击“写入数据”按钮，将 3 个文本框中输入的数据（学号、姓名、总分）保存到MyFile.dat中；单击“读取数据”按钮，能够将MyFile.dat文件中的 1 号记录读到内存，并在窗体上显示，运行界面如图 10-4 所示。

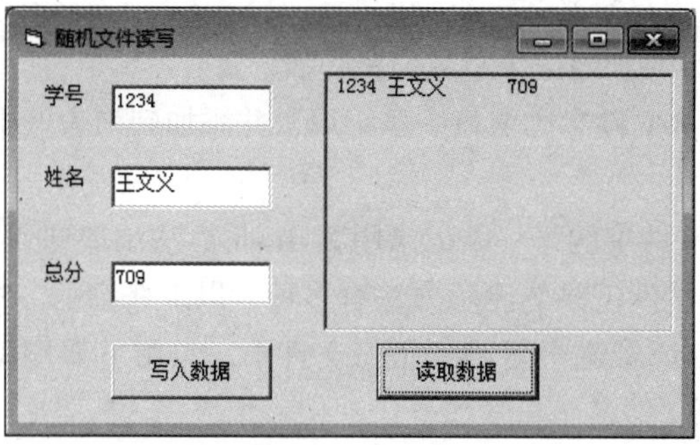

图 10-4　运行结果

编写程序代码如下：

```
Private Type student
  xh As Integer
  xm As String * 8
  zf As Integer
End Type
```

用户自定义数据类型，可以在窗体模块的“通用”部分用Private声明，也可以添加一个新的模块，用“工程”菜单的“添加模块”命令。

```
Dim s As student  '声明s为自定义类型变量
Private Sub Command1_Click()   '向随机文件写数据
s. xh = Text1.Text
s. xm = Text2.Text
s. zf = Text3.Text
   Open "e:\temp\myfile.dat" For Random As #1 Len = 12
   Put #1, 1, s
   Close #1
End Sub

Private Sub Command2_Click()   '从随机文件读数据
   Open "e:\temp\myfile.dat" For Random As #1 Len = 14
   Get #1, 1, s
   Picture1.Print s.xh; s.xm; s.zf
   Close #1
End Sub
```

5. 记录操作

数据文件建立后，由于实际问题的需要，经常要对文件中的数据进行增加、删除和修改的操作。随机文件能够针对记录进行操作，因此对文件内容的各种处理比较方便。

（1）添加记录。随机文件可以直接访问其内部的任何一条记录，与数据在随机文件中的物理位置无关。因此增加记录时，只要将记录写到文件的末尾即可。步骤如下：

①计算出随机文件的记录总数。

②将输入的新数据放入自定义数据类型的变量中。

③用Put语句将记录写入到原记录总数+l的位置。

（2）读取记录。依次从文件中读取每一条记录，并添加到列表框中显示，步骤如下：

①清除列表框。

②用For循环结构把文件中的每一条记录用AddItem方法添加到列表框中。

（3）删除记录。随机文件记录的删除方法有多种，以下介绍的方法是，利用两个结构相同的文件，将当前文件中的记录逐个复制到备份文件中，只留下要删除的记录。然后删除原文件，将备份文件更名为原文件名。步骤如下：

①创建一个新的随机文件作为备份文件，同时打开原文件。

②复制原文件的记录到新文件中，用Get语句从原文件中读取一条记录。然后用Put语句写入新文件中，如此重复。

③用Close语句关闭这两个文件。

④用Kill语句删除原文件。

⑤用Name语句将备份文件名改为原文件名。

（4）修改记录。修改记录实际上是替换记录，步骤如下：

①获取被替换的记录号，如果已经知道要修改的记录号，则直接给出被替换的记录号。否则要逐条记录用get语句读出查看，确定被替换的记录号。

②输入新记录，将新数据放入自定义数据类型的变量中。

③用Put语句将新数据写入文件中确定的记录位置。

实例 10.6 设计如图10-5所示的程序界面，实现对随机文件stu.dat的增加、显示浏览、删除操作。

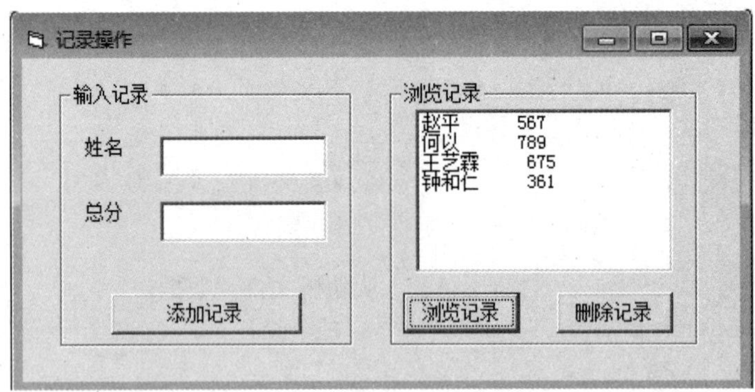

图 10-5 运行结果

主要控件属性见表10-1所列。

表 10-1 设置主要控件属性

对象	属性	属性值
窗体	Caption	" 记录操作 "

续表

对象	属性	属性值
框架1	Caption	"输入记录"
框架2	Caption	"浏览记录"
文本框1		输入姓名
文本框2		输入总分
列表框1		
命令按钮1	Caption	"添加数据"
命令按钮2	Caption	"删除记录"
命令按钮3	Caption	"浏览记录"

在窗体通用模块中定义用户自定义类型student作为记录类型，并定义student类型的记录变量s，表示文件中记录数的变量lastrecord和要查找的记录号变量find。

```
Private  Type  student                    '定义自定义数据类型
    xm  As  String * 8
    cj  As  Integer
End Type
Dim  s  As  student                       's为自定义类型的变量
Dim  lastrecord  As  Integer              '表示文件中记录数的变量
Dim  find  As  Integer                    '表示要查找到的记录号变量
```

采用窗体load事件过程打开随机文件,并计算文件中所存储的记录数。

```
Private  Sub  Form_Load()
    Open  "e:\temp\stu.dat"  For  Random  As  #1  Len = Len(s)
    lastrecord = LOF(1) / Len(s)  '计算出随机文件的记录数
End Sub
```

各事件过程如下:

```
Private  Sub  cmdadd_Click()          '添加记录
            lastrecord = lastrecord + 1          '计算添加记录的记录号
s. xm = Text1.Text
s. cj = Text2.Text
            Put  #1,  lastrecord, s'将输入的数据记录写入到文件尾
            Text1.Text = "" :  Text2.Text = ""   '清空当前数据
            Text1.SetFocus
End Sub

Private  Sub  cmdbrowse_Click()          '浏览记录
            Dim  str1  As  String
            List1.Clear                  '清除列表框中原来的内容
```

```
          For  i = 1  To  lastrecord '从文件中读取记录添加到列表框中
             Get  #1,  i,  s
s. xm = Left(s.xm,  5)
s. cj = Str(s.cj)
             str1 = s.xm  &  s.cj
             List1.AddItem  str1
          Next
End Sub

Private  Sub  cmddelete_Click()       '删除记录
Dim  sname  As  String * 8
sname = InputBox("请输入要删除的学生姓名:")    '输入要删除学生的姓名
find = 0        '表示没有找到
          For  i = 1  To  lastrecord          '在文件中查找该学生
             Get  #1,  i,  s
             If  Trim(s.xm) = Trim(sname)  Then
                find = i       '查找到该学生的记录号
                Exit  For
             End If
Next
If  find <> 0  Then '根据找到的记录号进行删除
             Open  "e:\temp\temp.dat"  For  Random  As  #2  Len
= Len(s)
                       '创建一个新的随机文件作为备份文件
             For  i = 1  To  lastrecord
                Get #1,  i,  s
                If  i <> find  Then  Put  #2, , s
                       '不删除的记录写到临时备份文件中
             Next
             Close  '关闭两个文件
             Kill  "e:\temp\stu.dat"  '删除原文件
             Name  "e:\temp\temp.dat"  As  "e:\temp\stu.dat"
                       '将备份文件改为原文件
             Call  Form_Load
          Else
             MsgBox  "删除的学生不存在！"
          End If
       End Sub
```

讨论与思考：

本例是一个对随机文件进行读写操作的程序，虽然程序代码比较长，但是读者只要按功能模块去分析阅读，其实并不难，读者可自行完成记录修改的程序。

10.4 常用的文件操作语句和函数

VB提供了许多与文件操作的语句和函数，因而用户可以方便地对文件和目录进行复制、删除等维护工作。

10.4.1 文件操作语句

1. FileCopy语句

格式：FileCopy 源文件名，目标文件名

功能：复制一个文件。

例如，将D盘MyFile文件夹中的ABC.doc文件复制到E盘ABC.doc文件中，格式如下：

```
FileCopy  "d:\MyFile\ABC.doc" , "E:\ABC.doc"
```

注意：FileCopy语句不能复制一个已打开的文件，否则，将会产生一个错误。

2. Kill语句

格式：Kill 文件名

功能：从磁盘中删除指定的文件。允许使用通配符“*”和“?”，删除多个文件。

例如，将当前目录下所有扩展名为TXT的文件删除，格式如下：

```
  Kill "*.TXT"
```

注意：因为在使用Kill语句删除文件时不会出现任何提示，所以应在程序中加上适当的代码以提示用户确认后再删除。

3. Name语句

格式：Name 旧文件名 As 新文件名

功能：重新命名一个文件、目录或文件夹。

例如，将D盘Myfne文件夹中的ABC.doc文件移到C盘New文件夹中并更名为XYZ.doc，格式如下：

```
Name "D:\Myfile\ABC.doc"  As  "c:\New\XYZ.doc"
```

说明：

(1)该语句应指定已存在的新、旧文件名和位置，不能使用通配符“*”和“?”。

(2)该语句不能创建新文件、目录或文件夹。

(3)该语句不能重新命名一个已打开的文件，否则，将会产生一个错误。

4. ChDrive语句

格式：ChDrive 驱动器名

功能：改变当前的驱动器的位置。

例如：ChDrive "D"与ChDrive "D:\"都是将当前的驱动器设为D盘。

注意：驱动器名如果是一个空字符串""，则当前的驱动器将不会改变；如果驱动器名中有多个字符，则只会使用首字母。

5. ChDir语句

格式：ChDir路径

功能：改变当前的目录或文件夹。

例如，改变当前的目录为D盘的MyFile文件夹，格式为：

```
ChDir  "d:\MyFile"
```

注意：ChDir语句改变默认的目录位置，但不会改变默认驱动器的位置。如果默认的驱动器是C盘，那么上面的语句改变的只是驱动器D上的默认目录，而C盘仍是默认的驱动器。

6. MkDir语句

格式：MKDir路径

功能：创建一个新的目录或文件夹。

例如，在D盘的Myfile文件目录中名为ABC的子目录，格式为：

```
MkDir "D:\Myfile\ABC"
```

注意：如果没有指定驱动器，则MkDir会在当前的驱动器上创建新的目录或文件夹。

7. RmDir语句

格式：RmDir路径

功能：用于删除一个存在的空的目录或文件夹。

例如，删除D盘的Myfile文件目录中名为ABC的空子目录，格式为：

```
RmDir  "D:\Myfile\ABC"
```

注意：RmDir只能删除空子目录，否则，将会产生一个错误。在试图删除目录或文件夹之前，可先用Kill语句删除所有的文件，再用RmDir语句删除它的上一级目录。

8. SetAttr语句

格式：SetAttr文件名，属性

功能：给一个文件设置属性，属性参数见表10-2所列。

例如，将D盘的Myfile目录下的ABC.doc文件设置为只读属性，格式为：

```
SetAttr "D:\Myfile\ABC.doc", vbreadonly
```

注意：SetAttr语句不能用于一个已打开的文件的属性设置，否则，将会产生一个错误。

表 10-2 属性参数设置

内部常数	值	描述	内部参数	值	描述
vbnormal	0	常规（默认）	vbsystem	4	系统文件
vbreadonly	1	只读	vbarchive	32	上次备份后，文件已改变
vbhidden	2	隐藏			

10.4.2 文件操作函数

1. 与文件读写操作有关的重要函数

（1）LOF（文件号）函数。

功能：返回指定文件号的文件占有的字节总数。

例如，LOF（1）返回#1 文件的长度，如果返回 0，则表示该文件是一个空文件。

（2）EOF（文件号）函数。

功能：测试文件指针是否达到文件末尾的值。

说明：当到文件末尾时，EOF（ ）函数返回True，否则返回False。对于顺序文件用EOF（ ）函数可以测试是否到文件末尾。对于随机文件和二进制文件，当最近一个执行的Get语句无法读到一个完整记录时返回True，否则返回到False。

（3）LOC（文件号）函数。

功能：返回在一个打开文件中读写的记录号；顺序文件返回当前字节位置除以 128 的值，对于二进制文件，它将返回最近读写的字节位置。

（4）Len（变量）函数。

功能：返回指定变量的长度。

说明：变量是字符串或用户自定义类型。

2. CurDir函数

格式：CurDir（文件名）

功能：获得当前目录。

说明：返回一个Variant（String），用来表示当前路径。

3. GetAttr函数

格式：GetAttr（文件名）

功能：获得文件属性。

4. FileDateTime函数

格式：FileDateTime（文件名）

功能：获得文件的日期和时间。

说明：返回一个Variant（Date），是文件最初创建或最后修改的日期和时间。

5. FileLen函数

格式：FileLen（文件名）

功能：获得文件的长度，单位是字节。

注意：返回一个Long，文件打开时调用Filelen函数，则返回的值是文件打开之前的长度。

6. Shell函数和Shell语句

调用格式如下：

```
ID=Shell(FileName [,WindowType])        '返回程序ID
或 Shell FileName [,WindowType]          '过程调用形式
```

功能：运行应用程序。

说明：返回一个Variant（Double）。如果成功，返回这个程序ID，不成功，返回0。FileName是要执行的应用程序名字符串，包括盘符、路径，它必须是可执行的文件。WindowType为整型值，表示执行应用程序打开的窗口类型，其取值见表10-3所列。

表10-3 窗口类型设置

内部常数	值	描述
vbhide	0	窗口被隐藏，且焦点会移到隐式窗口
VbNormalFocus	1	窗口具有焦点，且会还原到它原来的大小和位置
VbMinimizedFocus	2	（缺省）窗口会以一个具有焦点的图标来显示（最小化）
VbMaximizedFocus	3	窗口是一个具有焦点的最大化窗口
VbNormalNoFocus	4	窗口会被还原到最近使用的大小和位置
VbMinimizedNoFocus	6	窗口会以一个图标来显示。而当前活动的的窗口仍然保持活动

例如：调用执行Windows下的记事本可以用以下代码。

```
i=Shell(" C:\WINDOWS\NOTEPAD.EXE ")
```

也可以按过程形式调用：

```
Shell  " C:\WINDOWS\NOTEPAD.EXE "
```

7. Seek（ ）函数和Seek语句

Seek（ ）函数用来返回一个长整型数，在Open语句打开的文件中指定当前的读、写位置。Seek语句设置下一个读、写位置。

格式：Seek #文件号，记录号

10.5 文件系统控件

VB提供了两种用于文件操作的方式：一种是利用“打开/保存”通用对话框。另一种是使用可直接浏览系统目录结构和文件的3个文件系统控件，即驱动器列表框（DriVeListBox）、目录列表框（DirListBox）和文件列表框（FileListBox）。这3个控件封装了大量的方法和属性，用户可以利用它们便捷地进行各种文件操作。

10.5.1 驱动器列表框

驱动器列表框（DriveListBox）是下拉式列表框，默认时显示当前驱动器（磁盘）。当该控件获得焦点时，用户可以输入任何有效的驱动器标识符，或单击右侧箭头，以下拉列表框形式列出所有的有效驱动器，如图10-6所示。若用户选定某个驱动器，该驱动器将出现在驱动器列表框的顶端。

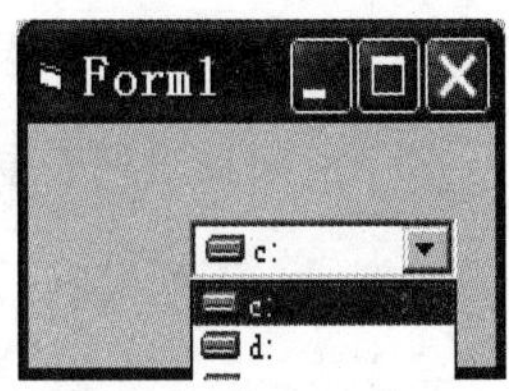

图10-6 驱动器列表框

1. 重要属性

驱动器列表框最重要和最常用的属性是Drive属性，用于返回或设置运行时选择的驱动器。该属性在设计时不可用。格式如下：

```
<驱动器列表框对象名>.Drive [=<字符串>]
```

例如下列代码：

```
Drivel.Drive="c: "
```

2. 重要事件

当选择一个新的驱动器或通过代码改变Drive属性的设置时都会触发驱动器列表框的Change事件发生。

例如：下列代码可以实现驱动器列表框Drivel与目录列表框Dirl的同步。

```
Private  Sub  Drivel_Channge()  '当用户选择新的驱动器时触发
    Dirl.Path=Drivel.Drive
End Sub
```

10.5.2 目录列表框

目录列表框（DirListBox）用来显示当前驱动器，当前目录（文件夹）下的目录结构，可以分层显示目录列表。用户可以双击任一目录（文件夹）来显示该目录的所有子目录，并使该目录成为当前目录，如图10-7所示。

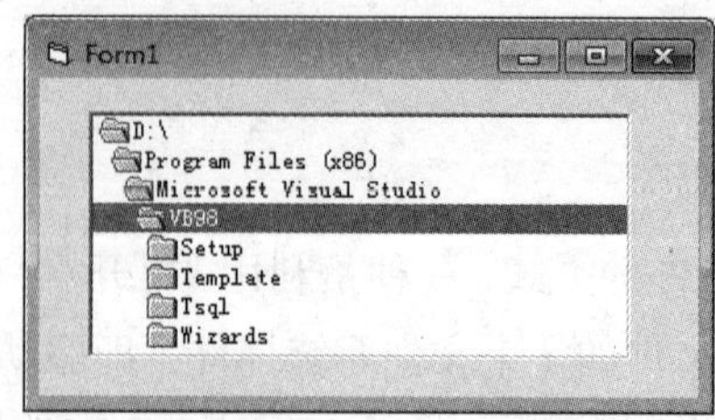

图 10-7　目录列表框

1. 重要属性

目录列表框最重要和最常用的属性是Path属性，用于返回或设置当前路径。该属性在设计时不可用。其使用格式如下：

```
<目录列表框对象名>.Path [=<字符串>]
```

例如，下列代码：

```
Dirl.Path="F:\VB98"
```

2. 重要事件

当选择一个新的目录或改变当前目录，即改变目录列表框的Path属性的设置时，都会触发目录列表框的Change事件发生。

例如，下列代码可以实现目录列表框Dirl与文件列表框Filel的同步。

```
Private Sub Dirl_Change()      '当用户选择新的目录时触发目录列表框发生
    Filel.Path=Dirl.Path
End Sub
```

10.5.3　文件列表框

文件列表框（FileListBox）能够在应用程序运行时，显示当前目录中的所有文件或指定类型的文件。用户在列表框中单击某个文件时，该文件即被选中。

1. 常用属性

文件列表框的常用属性有Path、FileName和Pattern属性，见表10-4所列。

表 10-4　文件列表框的常用属性

控件	常用属性	使用格式	作用	示例
文件列表框	Path属性	Object.Path[=字符串>]	返回或设置文件列表框当前目录	Filel.Path=Dirl.Path
	FileName属性	Object.FileName	返回或设置被选定的文件名	MsgBox Filel.FileName
	Pattern属性	Object.Pattern[value] value是可以包含通配符*和?的字符串	返回或设置文件列表框中显示的文件类型	Filel.Pattern="*.txt"

> 注意：
> FileName属性不包括路径名，这一点与通用对话框中的FileName属性不同。如果要在程序中浏览文件或做进一步的操作，如打开、复制等，就必须获得全路径的文件名。

通常可以采用文件列表框的Path属性值和File属性值字符串连接的方法来获取带全路径的文件名。但必须首先判断Path属性值的最后一个字符是否是目录分隔符“\”，如果不是，应添加一个分隔符“\”，以保证目录分隔正确，例如可以编写如下代码来获取全路径的文件名。

```
If  Right(Filel.Path,1)= "\" Then
    fname$=Filel.Path  &  file.FileName
Else
    fname$=Filel.Path  & "\" &  Filel.FileName
End If
```

2. 主要事件

文件列表框的主要事件和触发时机，见表10-5所列。

表10-5 文件列表框的主要事件

控件	主要事件	事件发生的时机
文件列表框	PathChange事件	当文件列表框的路径被代码中的FileName或Path属性的设置所改变时，PathChange发生
	PatternChange事件	当文件列表框的Pattern属性值发生改变时，PatternChange事件发生
	Click事件	用鼠标单击时发生
	DblClick事件	用鼠标双击时发生

10.5.4 文件系统控件的联动应用

实际上，3个文件系统控件之间是彼此独立、没有关联的，必须通过编写代码来实现三者之间的联动，即形成一种“驱动器列表框中的当前驱动器改变—触发目录列表框的Change事件—文件列表框目录发生变化”的联系。我们可以将之理解为是一种“树”型的文件定位，即文件列表框中的文件来源于目录列表框中的当前目录，而目录列表框中的目录来源于驱动器列表框中的当前驱动器，形成一种“磁盘—文件夹—文件”的系统结构。

实例10.7 设计一个如图10-8所示的文件浏览程序，实现以下功能：

(1)3个文件系统控件是同步的，即选择驱动器时，目录列表框中显示当前驱动器下的文件夹，在文件列表框中显示目录列表框的当前文件夹中的文件。

(2)用组合框控件限定文件列表框显示的文件类型。

(3)当单击文件名时，用信息框输出文件名。

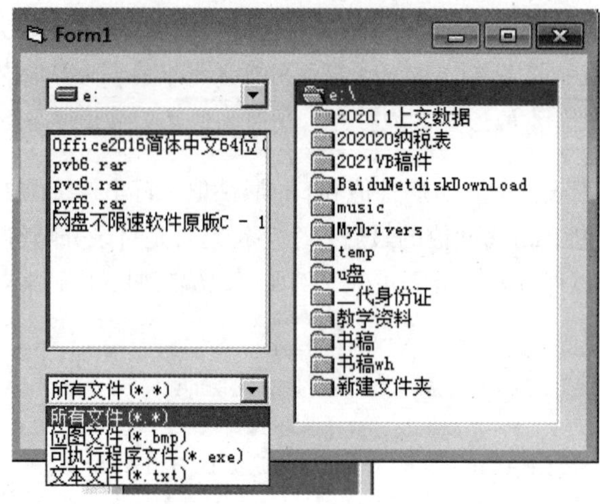

图 10-8 运行界面

思路：在窗体上分别创建驱动器列表框Drive1、目录列表框Dir1、文件列表框File1和用来显示文件类型的组合框Combol1，设置Combol2的Style属性为2。

程序代码如下：

```
Private Sub Dir1_Change()  '用户选择新的驱动器时触发Change事件发生
    File1.Path = Dir1.Path       '目录列表框的路径改变
End Sub

Private Sub Drive1_Change()      '目录列表框的Path属性改变时触发
                                  Change事件发生
    Dir1.Path = Drive1.Drive     '文件列表框的路径改变
End Sub

Private Sub File1_Click()        '用户在文件列表框中单击某个文件名时,
                                  使用信息框输出文件名
    MsgBox "您选择的文件是" & File1.FileName
End Sub

Private Sub Combo1_click()       '选择文件类型
    Select Case Combo1.Text
        Case "所有文件(*.*)"
            File1.Pattern = "*.*"
        Case "位图文件(*.bmp)"
            File1.Pattern = "*.bmp"
        Case "可执行程序文件(*.exe)"
            File1.Pattern = "*.exe"
        Case "文本文件(*.txt)"
        File1.Pattern = "*.txt"
    End Select
End Sub
```

```
Private Sub Form_Load()     '组合框的选项在窗体的Load过程中装入
        Combo1.AddItem "所有文件(*.*)"
        Combo1.AddItem "位图文件(*.bmp)"
        Combo1.AddItem "可执行程序文件(*.exe)"
        Combo1.AddItem "文本文件(*.txt)"
        Combo1.Text = "所有文件(*.*)"
End Sub
```

第11章 数据库应用基础

11.1 数据库概述

随着信息技术的发展，数据库技术已经成为计算机应用技术中的一个重要组成部分，使用数据库来存储管理大量数据，比通过文件来存储管理有更高的效率。VB作为应用程序的开发“利器”也表现在数据库应用程序的开发上，其良好的界面和强大的控件功能使数据库编程变得简单，它可以非常灵活的创建和访问内外部数据库，完成对数据库应用中涉及的诸如创建数据库、查询及更新等操作。

11.1.1 数据库的基本概念

1. 数据库

数据库（DataBase简称DB）是指存储在计算机内、有组织的、可共享的相关数据的集合。数据库中的数据按一定的数据模型组织、描述和存储，具有较小的冗余度、较高的数据独立性和扩展性，并可为多用户共享。

数据库中的数据是高度结构化的，可以存储大量的数据，并且能够方便地进行数据的查询，另外，数据库还具有较好的保护数据安全、维护数据一致性的措施，并能方便地实现数据的共享。

2. 数据库管理系统

数据库管理系统（DataBase Management System，简称DBMS）是数据库系统的核心软件，其主要任务是支持用户对数据库的基本操作，对数据库的建立、运行和维护进行统一管理、统一控制。

注意：用户不能直接接触数据库，而只能通过DBMS来操作数据库。

数据库管理系统作为数据库系统的核心软件，其主要目标是使数据成为方便用户使用的资源，易于为各种用户所共享，并增强数据的安全性、完整性和可用性。

DBMS保证了数据和操纵数据的应用程序之间的物理独立性和逻辑独立性。

物理独立性是指当数据的存储结构改变时，由系统提供数据的物理结构与逻辑结构之间的映射或转换功能，保持数据的逻辑结构不变，从而不必修改应用程序。

逻辑独立性是指由系统提供数据的总体逻辑结构和面向某个具体应用的局部逻辑之间的映射或转换功能，当数据的总体逻辑结构改变时，能够通过映射来保持局部逻辑结构不变，从而应用程序也不需要进行修改。

（1）DBMS组成。

①数据定义语言（data definition language，DDL）及其翻译处理程序。数据定义语言用于定义数据库的模式、存储模式、外模式，以及各级模式间的映射、有关的约束条件等。

用DDL定义的外模式、模式和存储模式分别称为源外模式、源模式和源存储模式，各种模式翻译程序负责将它们翻译成相应的内部表示，即生成目标外模式、目标模式和目标存储模式。

②数据操纵语言（data manipulation language，DML）及其编译程序。数据操纵语言用于执行对数据库数据的存取、检索、修改、添加和删除等基本操作。

数据操纵语言一般有两种类型。

a. 宿主型语言：嵌入高级语言（如C语言）中而不单独使用的数据操纵语言。

b. 自含型语言：是查询语言，语法简单，可以进行检索、更新等操作。它通常由一组命令组成，以便用户提取数据库中的数据。

③数据库运行控制程序。数据库运行控制程序负责数据库运行过程中的控制与管理，包括系统初启程序、文件读写与维护程序、存取路径管理程序、缓冲区管理程序、安全性控制程序、完整性检查程序、并发控制程序、事务管理程序、运行日志管理程序等。它们在数据库运行过程中负责监视数据库的所有操作，控制管理数据库资源，处理多用户的并发操作等。

④实用程序。实用程序包括数据初始装入程序、数据转储程序、数据库恢复程序、性能监测程序、数据库再组织程序、数据转换程序、通信程序等。利用这些实用程序可以完成数据库的创建与维护及数据格式的转换与通信等任务。

（2）DBMS功能。

①数据库定义功能。数据库定义也称为数据库描述，包括定义构成数据库系统的模式、存储模式和外模式，定义外模式与模式之间、模式与存储模式之间的映射，定义有关的约束条件。（如：为保证数据库中数据具有正确语义而定义的完整性规则，为保证数据库安全而定义的用户口令和存取权限等。）

②数据库操纵功能。数据库操纵是DBMS面向用户的功能。DBMS接收、分析和执行用户对数据库提出的各种操作要求，并完成数据库数据的检索、插入、删除和更新等各种数据处理任务。

③数据库运行控制功能。DBMS运行时的核心工作是对数据库的运行进行管理，包括执行访问数据库时的安全性检查、完整性约束条件的检查和执行、数据共享的并发控制，以及数据库的内部维护（如索引、数据字典的自动维护）等。所有访问数据库的操作都要在这些控制程

序的统一管理下进行，其目的是保证数据库的可用性和可靠性。

DBMS提供以下四方面的数据控制功能：

a. 数据安全性控制功能。这是对数据库的一种保护措施，是防止因非授权用户存取数据而造成数据泄密或破坏。

b. 数据完整性控制功能。完整性是数据的准确性和一致性的测度。在将数据添加到数据库时，对数据的合法性和一致性的检验将会提高数据的完整性。这是DBMS对数据库提供保护的另一个方面。

c. 并发控制功能。数据库是提供给多个用户共享的，用户对数据的存取可能是并发的，即多个用户可能同时使用同一个数据库，DBMS应能对多用户的并发操作加以控制、协调。DBMS对要修改的记录采取一定的措施。如：可以加锁而暂时拒绝其他用户的访问，等修改完成存盘后再开锁。

d. 数据库恢复功能。在数据库运行过程中，可能会出现各种故障，如停电、软件或硬件错误、操作错误、人为破坏等。因此系统应提供恢复数据库的功能，如定期转储、恢复备份等，使系统有能力将数据库恢复到损坏之前的某个状态。

（3）数据字典。数据字典（data dictionary DD）中存放着对实际数据库各级模式所做的定义，即对数据库结构的描述。这些数据是数据库中有关数据的数据，称之为元数据。对数据库的使用和操作都要通过查阅数据字典来进行。在有些系统中，把数据字典单独抽出自成系统，使之成为一个软件工具，能够提供一个比DBMS更高级的用户和数据库之间的接口。

3. 数据库应用系统

数据库应用系统是在数据库管理系统（DBMS）支持下建立的计算机应用系统，简写为DBAS。

数据库应用系统是由数据库系统、应用程序系统、用户组成的，具体包括：数据库、数据库管理系统、数据库管理员、硬件平台、软件平台、应用软件、应用界面 7 个部分。 数据库应用系统的 7 个部分以一定的逻辑层次结构方式组成一个有机的整体，它们的结构关系是：应用系统、应用开发工具软件、数据库管理系统、操作系统、硬件。例如，以数据库为基础的财务管理系统、人事管理系统、图书管理系统等。无论是面向内部业务和管理的管理信息系统，还是面向外部，提供信息服务的开放式信息系统，从实现技术角度而言，都是以数据库为基础和核心的计算机应用系统。

4. 数据库系统

数据库系统（DataBase System，简称 DBS）是指引入数据库技术后的计算机系统。数据库系统实际上是一个集合体，通常包括如下 5 个部分：

（1）数据库（DB）。

（2）数据库管理系统（DBMS）及其相关的软件。

（3）计算机硬件系统。

（4）数据库管理员（DadaBase Administrator，简称DBA）。全面负责建立、维护、管理和控制数据库系统。

（5）用户。

11.1.2 关系数据库

1. 数据模型的分类

数据库的类型是根据数据模型来划分的，而任何一个DBMS也是根据数据模型有针对性地设计出来的，这就意味着必须把数据库组织成符合DBMS规定的数据模型。目前成熟地应用在数据库系统中的数据模型有：层次模型、网状模型和关系模型。3个模型之间的根本区别在于数据之间联系的表示方式不同（记录型之间的联系方式不同），即：层次模型以“树结构”表示数据之间的联系；网状模型是以“图结构”来表示数据之间的联系；关系模型是用“二维表”（或称为关系）来表示数据之间的联系的。

（1）层次模型。层次数据模型（简称层次模型）采用树型结构来表示实体和实体间的联系。如图11-1所示是层次模型的一个例子，在该例子中树型反映出整个系统的数据结构和它们之间的关系。在层次模型中，只有一个根结点，其余结点只有一个父结点，每个结点是一个记录，每个记录由若干数据项组成。记录之间使用带箭头的连线连接以反映它们之间的关系。

（2）网状数据模型。网状数据模型（简称网状模型）可以看成是层次模型的一种扩展。一般来说，满足如下基本条件的基本层次联系的集合称为网状模型，其特点为：

①可以有一个以上的结点无父结点；

②允许结点有多个父结点；

③结点之间允许有两种或两种以上的联系。

如图11-2所示是网状模型的一个例子。

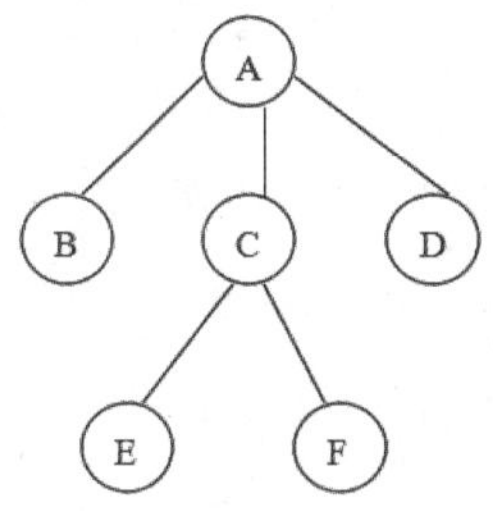

图11-1　层次模型

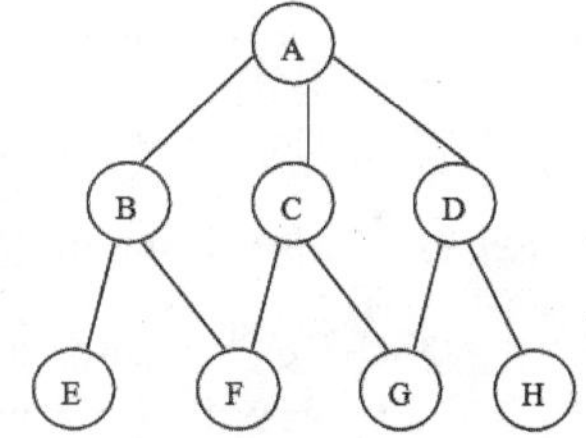

图11-2　网状模型

（3）关系模型（Relational Model）。关系模型是用二维表格数据来表示实体之间的联系模型。一个二维表对应一个关系。关系模型建立在严格的数学概念基础之上。20世纪80年代以来，几乎所有的数据库系统都是建立在关系模型之上。基于关系模型建立的数据库系统则称为关系数据库系统。

关系模型以记录组或数据表的形式组织数据，以便于利用各种地理实体与属性之间的关系进行存储和变换，不分层也无指针，是建立空间数据和属性数据之间关系的一种非常有效的数据组织方法。它的优点包括：结构特别灵活，概念单一，满足所有布尔逻辑运算和数学运算规则形成的查询要求；能搜索、组合和比较不同类型的数据；增加和删除数据非常方便；具有更高的数据独立性、更好的安全保密性。它的缺点是数据库大时，查找满足特定关系的数据费时，并且对空间关系无法满足。

（4）面向对象数据模型。面向对象数据模型（简称面向对象模型）是用面向对象的观点来描述现实世界实体的逻辑组织、实体之间的限制和联系等的模型。

2. 关系数据库

关系数据库以关系模型为基础。自 20 世纪 80 年代以来，计算机厂商推出的数据库管理系统几乎都是基于关系模型的关系数据库。关系模型建立在严格的数学概念的基础上，结构简单、功能强大、易于用户理解和使用，所以关系模型提出后，关系数据库得到了迅速发展，并得到了广泛的应用。

（1）关系数据库的分类。关系数据库分为 2 类：一类是桌面数据库（例如 Access、FoxPro 等）；另一类是客户/服务器数据库（例如 Microsoft SQL Server、Oracle 和 Sybase 等）。一般而言，桌面数据库用于小型的、单机的应用程序，它不需要网络和服务器，实现起来比较简单，但是它只提供数据的存取功能。而客户/服务器数据库主要适用于大型的、多用户的数据库管理系统，应用程序包括 2 部分：一部分驻留在客户机上，用于向用户显示信息及实现与用户的交互；另一部分驻留在服务器中，主要用来实现对数据库的操作和数据的计算处理。

（2）关系数据库的基本概念。关系数据库是根据表、记录和字段之间的关系进行组织和访问的，以行和列组织的二维表的形式存储数据，并通过关系将这些表联系在一起。

①数据表（Table）。数据表简称表，它采用二维表格来存储数据，是一种按行与列排列的具有相关信息的逻辑组。一个数据库可以包含多个数据表，每个数据表均有一个表的名称。表 11-1 为一张数据表。

表 11-1　用户信息基本信息表

编号	姓名	性别	出生年月	所在单位	所学专业	消费额度/万元
2021001	张少清	女	98-09-28	江西省科学院	计算机	9
2021002	王立信	男	87-12-12	南昌立信科技公司	土木建筑	7
2021003	魏大海	男	92-01-13	南昌为民律师事务所	法律	12
2021004	李应晴	女	80-02-09	江西省轨道研究院	自动化	12.5
2021005	肖中原	男	90-03-03	南昌人人食品有限公司	化学	10
2021006	刘星星	男	00-11-19	华东交通大学	信息工程	8
2021007	彭小丽	女	89-10-01	江西省交通厅	电子电器	8

②字段（Field）。数据表中的每一列称为一个字段，它对应于表格中的数据项，每个数据项的名称称为字段名（如表 11-1 中的“编号”“姓名”“性别”“出生年月”“所在单位”“所学专业”“消费额度”）。每个字段描述了它所含有的数据的意义，字段的取值范围称为域。

③记录（Record）。数据表的字段名下面的每一行称为记录，它是字段值的集合。记录中的每个字段的取值，称为字段值或分量。一般来说，数据表中的任意两行是不能相同的。

④关键字（Key）。关键字也称为主关键字，或称为主键。它主要用来确保表中记录的唯一性，它可以使一个字段或多个字段的组合（如表 11-1 中的字段“编号”可以作为表的主键，因为每个用户的编号是不同的，具有唯一性）。

⑤索引(Index)。索引是表中单列或多列数据按照特定的顺序进行的排序列表。每个索引指向其相关数据表的某一行(例如用户可能想要自己的数据按照“编号”的顺序保存，这样的话，可以将表 11-1 按照字段“编号”创建索引，通过这个索引，数据库引擎就能非常迅速地查找到某个特定的记录)。

在关系数据库中，通常使用索引来提高数据的检索速度。表中的数据往往是动态的增减的，记录在表中是按照输入的物理顺序存放的。当为主关键字或其他字段建立索引时，数据库管理系统将索引字段的内容以特定的顺序记录在一个索引文件上。检索数据时，数据库管理系统先从索引文件上找到信息的位置，然后再从表中读取数据。这种方法如同图书馆中的索引卡片，可以大大提高检索速度。

索引对小的表来说，也许并不十分必要，但是对于大的表来说，如果不以易于访问的逻辑顺序来组织，则将很难加以管理。

每个索引都有一个索引表达式来确定索引的顺序，索引表达式既可以是一个字段，也可以是多个字段的组合。可以为一个表生成多个索引，每个索引均代表一种处理数据的顺序。

⑥表间关系(Relations)。通常情况下，一个数据库往往包含多个数据表，不同类别的数据存放在不同的数据表中。表间关系可以将各个表连接起来，将来自不同表的数据组合在一起。表与表之间的关系是通过关键字来相互关联的。

11.1.3 VB数据库应用系统

一个完整的数据库系统除了包括可以共享的数据库外，还包括用于处理数据的数据库应用系统。习惯上，数据库本身被称之为后台，后台的数据库通常是一个表的集合；而数据库应用系统则被称之为前台，它是一个计算机应用程序，通过该程序可以选择数据库中的数据项，并将所选择的数据项按照用户的要求显示出来。

VB数据库应用系统由用户界面、数据库引擎和数据库 3 部分组成。

1. 用户界面

这是数据库与用户直接交互的部分，用户可以实现浏览、增加、删除或查询等操作。驱动用户界面窗体的是用VB编写的代码，这些代码使用户的操作能反映到数据库中。

2. 数据库引擎

数据库引擎(DataBase Engine)负责数据库的管理和维护工作。VB默认的数据库引擎是Microsoft Jet，Jet并不是一个可执行文件，而是由一群动态链接库(dynamic Linking Library，DLL)所构成。运行时，这些动态链接库被链接到VB程序，它的作用是将应用程序翻译成对数据库的物理操作。

3. 数据库

数据库是实际存储数据的地方。数据库就是包含一个或多个数据表的地方。VB可以访问的数据库有以下 3 种：

(1)Jet数据库。数据库由Jet引擎直接生成和操作，不仅灵活而且速度快，Microsoft Access和VB使用相同的Jet数据库引擎。

（2）ISAM数据库。索引顺序访问方法（ISAM）数据库有几种不同的形式，如Dbase、FoxPro、Text Files和Paradox。在VB中可以生成和操作这些数据库。

（3）ODBC数据库。开放数据库连接，这类数据库包括遵守ODBC标准的客户/服务器数据库，如Microsoft SQL Server、Oracle、Sybase等，VB可以使用任何支持ODBC标准的数据库。

11.2 数据管理器的使用

VB提供了一个非常实用的工具，即可视化数据管理器（Visual DataBase Manager），使用它可以非常方便地建立数据库、数据表和数据查询。可以说，凡是有关VB数据库的操作，都能使用它来完成，并且由于它提供了可视化的操作界面，很容易被使用者所掌握。

启动数据管理器有2种方法。

（1）在VB集成开发环境中启动数据管理器：单击“外接程序”菜单下的“可视化数据管理器”命令，即可打开可视化数据管理器“VisData”窗口，如图11-3所示。

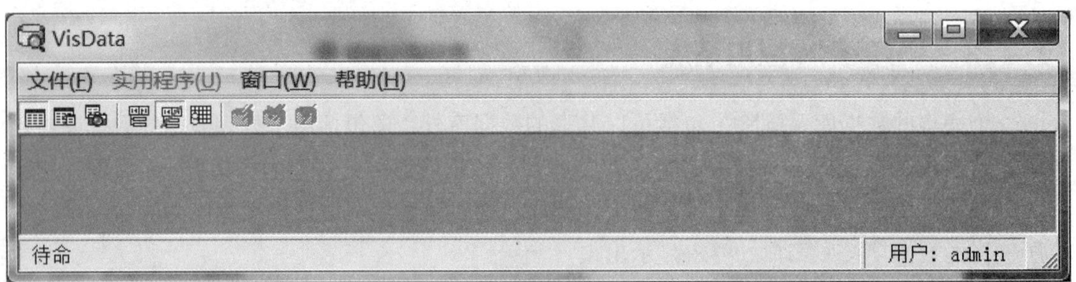

图11-3 可视化数据管理器窗口

（2）直接执行VisData程序：可以不进入VB环境，直接运行安装目录下的VisData.exe程序文件来启动可视化数据管理器。

11.2.1 创建数据库

创建数据库的步骤如下：

（1）选择“可视化数据管理器”中“文件”菜单中的“新建”菜单项用于创建数据库，若选择“打开数据库”，则用于打开一个已经建立好的数据库。

（2）选择“Microsoft Access”菜单项，单击该菜单项下的“Version 7.0 MDB”菜单项，打开对话框，如图11-4所示。

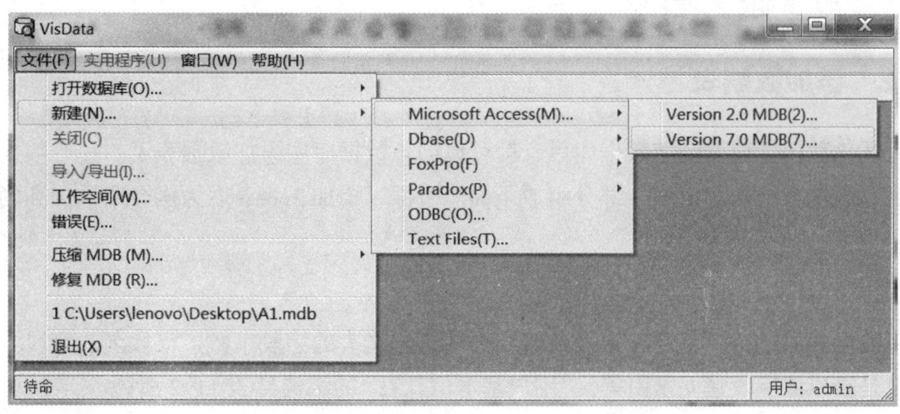

图 11-4 “文件”菜单中的“新建”子菜单

（3）选择新建数据库要保存的目录后，在“文件名”文本框中输入数据库的名称“示例 1”，如图 11-5 所示，也就是数据库的文件名称。

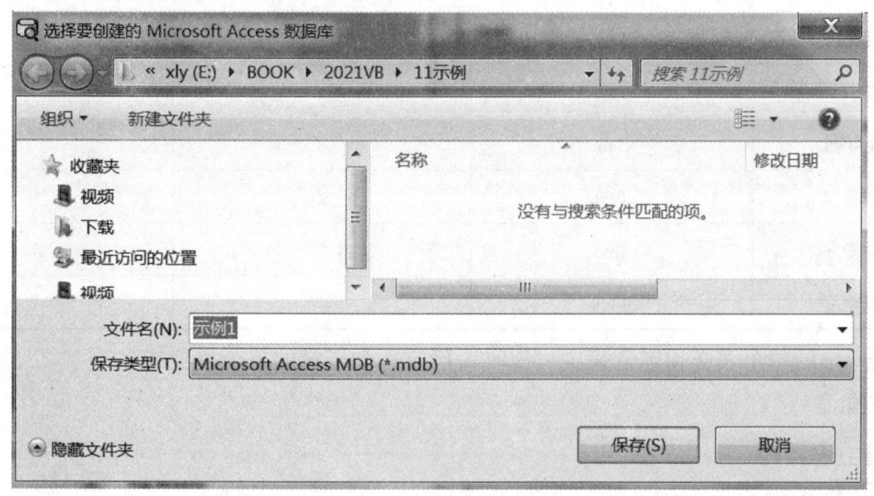

图 11-5 数据库的保存

（4）单击“确定”按钮关闭对话框，“可视化数据管理器”开始在指定的目录下创建以指定名称命名的 Microsoft Access 数据库，如图 11-6 所示，完成数据库创建工作。

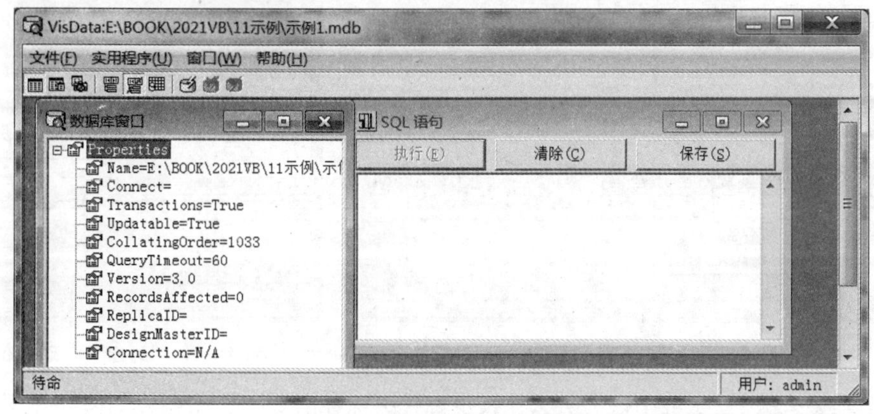

图 11-6 VisData 多文档窗口

11.2.2 添加数据表

用可视化数据管理器创建数据库后，就可以向该数据库中添加数据表了。一个数据表是由数据表名、数据表结构和记录 3 部分组成下面。下面以添加 Access 表为例介绍添加和创建表的方法。

1. 定义数据表的结构

定义数据表的结构，就是确定表的组织形式，定义表的字段个数、字段名、字段类型、字段宽度及是否以该字段建立索引等。“用户基本信息表”的结构见表 11-2 所列。

表 11-2 “用户基本信息表”结构

字段名	类型	宽度	索引
编号	Text	10	主索引
姓名	Text	8	
性别	Text	2	
出生年月	Date	8	
所在单位	Text	30	
所学专业	Text	8	
消费额度	Single	4	

数据库中的每个表必须包含表中可以唯一确定每个记录的单个字段或多个字段，也就是确定索引字段。

2. 建立表结构

数据表结构的建立步骤如下：

（1）在“数据库窗口”中右击鼠标，如图 11-7 所示系统弹出一快捷菜单，单击其中的“新建表”菜单项，系统将打开“表结构”对话框，如图 11-8 所示。

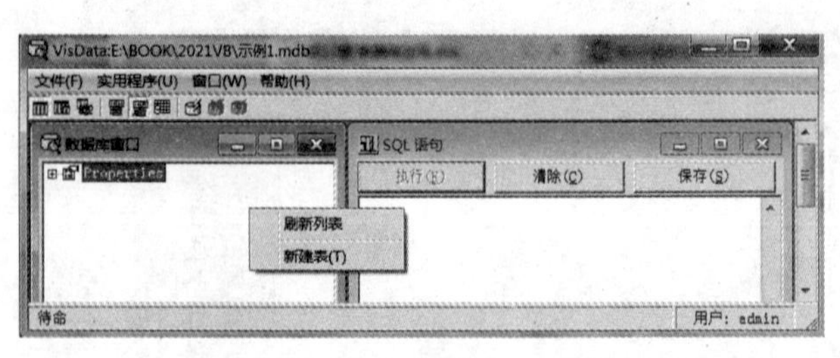

图 11-7 “新建表”菜单项

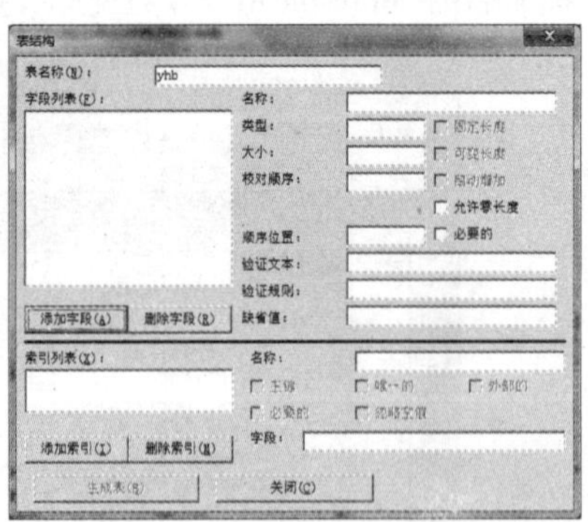

图 11-8 “表结构”对话框

（2）在“表名称”文本框中键入表名，这里键入名称 yhb。

（3）单击“添加字段”按钮，系统显示“添加字段”对话框，如图 11-9 所示，在这个对话框中定义表的字段，对话框中各选项功能见表 11-3 所列。在“名称”文本框中输入字段名称，这里输入第一个字段“编号”；单击“类型”下拉列表框，从中选择字段类型“text”；“大小”文本框用于指定Text类型字段的宽度“10”，该长度限制了输入到这个字段的文本字符的最大长度，选择Text之外的数据类型时，不需要指定宽度。单击“确定”按钮，这样我们就定义了yhb表的第一个字段。

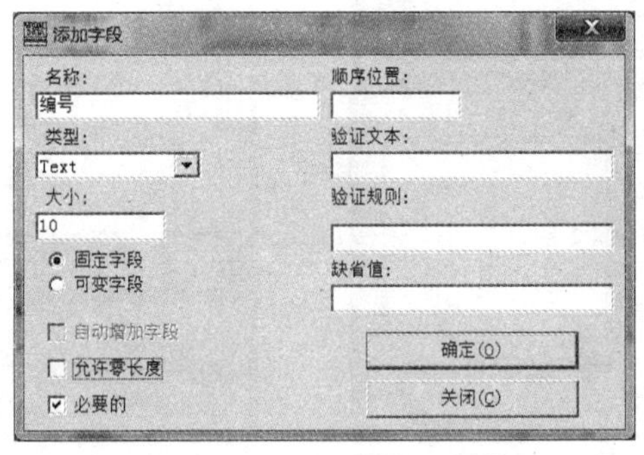

图 11-9 “添加字段”对话框

表 11-3 “添加字段”对话框的各选项功能

选项名称	功能描述
名称	字段名称
类型	指定字段类型
大小	字段宽度
固定字段	字段宽度固定不变
可变字段	字段宽度可变
允许零长度	表示空字符串可作为有效地字段值
必要的	表示该字段值不可缺少
顺序位置	字段在表中的顺序位置
验证文本	当向表中输入无效值时所显示的提示
验证规则	验证输入字段值的简单规则
缺省值	在输入时设置的字段初始值

向表中加入指定的字段后，该对话框中的内容变为空白，可继续添加该表中的其余字段。当所有的字段都添加完毕后，单击该对话框的“关闭”按钮，将返回到“表结构”对话框。

11.2.3 修改数据表结构

在可视化数据管理器中可以修改已经创建好的数据表的结构，其步骤如下：

（1）打开需要修改的数据表的数据库“示例 1.mdb”，在数据库窗口中鼠标右单击需要修改的数据表的表名“yhb”，弹出快捷菜单，如图 11-10 所示。

（2）在快捷菜单中选择“设计”选项，将打开“表结构”对话框，如图 11-11 所示。此时的“表结构”对话框与建立表时的对话框不完全相同。在该对话框中可以做的修改工作包括：表名称、字段名、添加与删除字段、修改索引、添加与删除索引、修改验证及缺省值等。单击“打印结构”可打印表结构，单击“关闭”按钮完成修改。

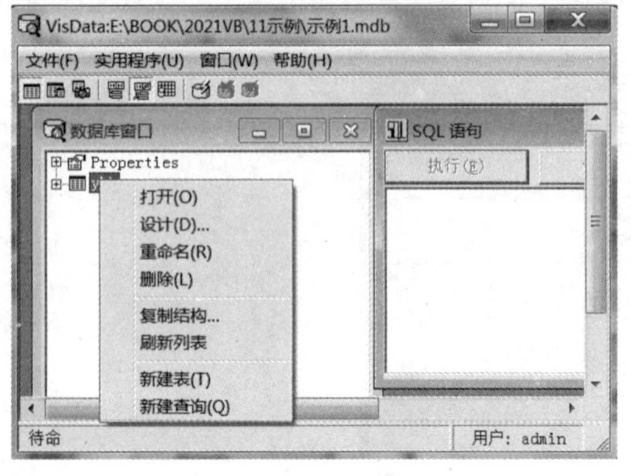

图 11-10　数据表的快捷菜单

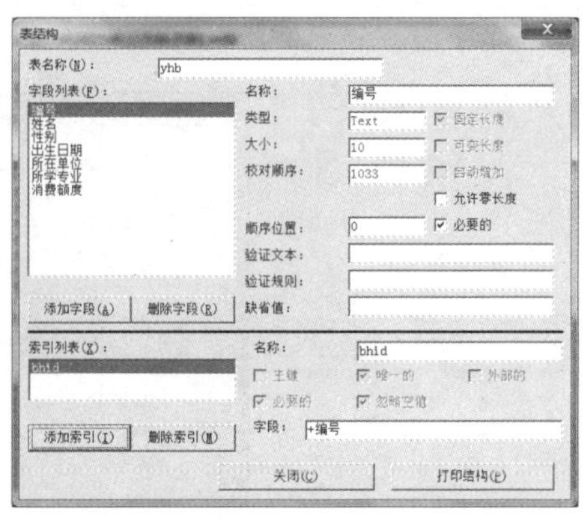

图 11-11　“修改表结构”对话框

11.2.4　用户数据的修改

1. 数据记录的输入、修改与删除

数据表的结构建立好之后，我们就可以对该表进行添加、编辑、删除记录等操作。

在数据库窗口中，双击或及鼠标右击需要操作的数据表，在快捷菜单中选择“打开”命令，即可打开数据表记录处理窗口。如图 11-12 所示，在这里我们可以看到，表中没有记录。

（1）添加记录。单击“添加”按钮，打开记录添加窗口，如图 11-13 所示。在该窗口中根据字段类型输入一个记录的值，单击“更新”按钮返回数据表记录处理窗口，我们依次输入表中所有记录。界面如图 11-14 所示，在这里我们可以看到共输入了 8 条记录，当前我们看到的是第一条记录，我们可以通过滚动条的三角处或滑块查看记录。

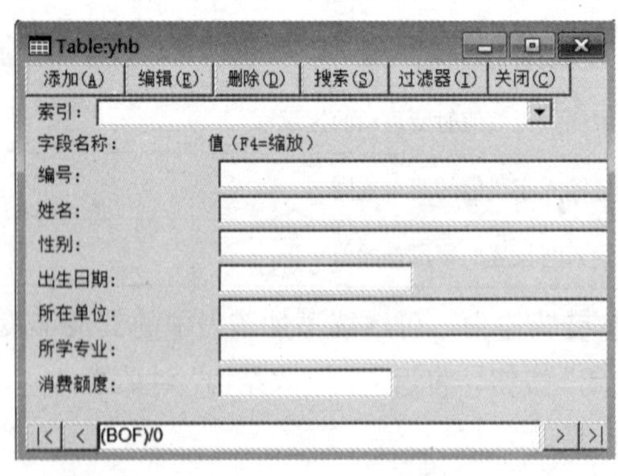

图 11-12　数据记录处理初始窗口

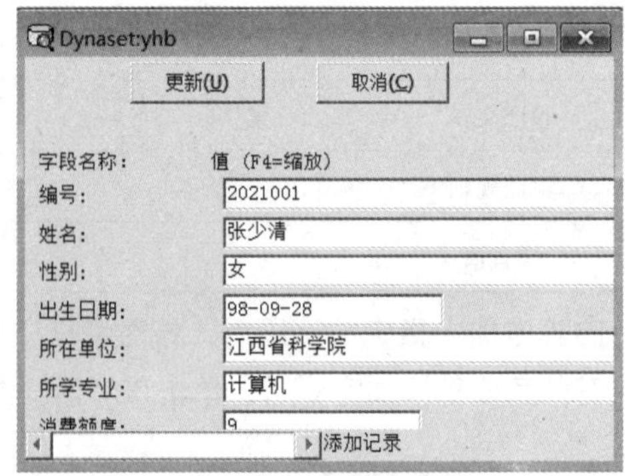

图 11-13　数据记录添加窗口

（2）编辑记录。选择好要修改的记录，单击“编辑”，进入修改的当前记录窗口，如图 11-15 所示，修改完后，单击“更新”。

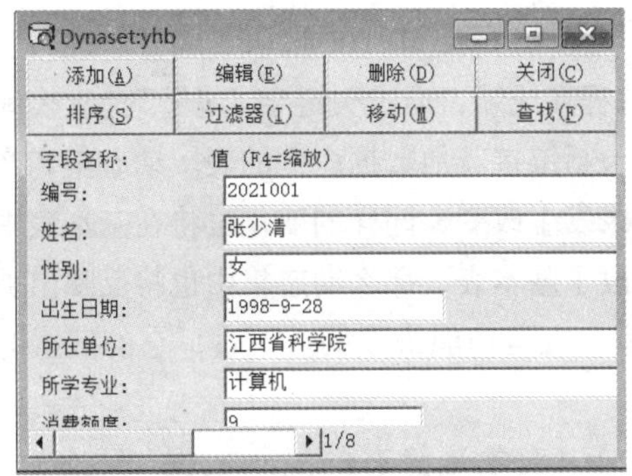

图 11-14　数据处理界面

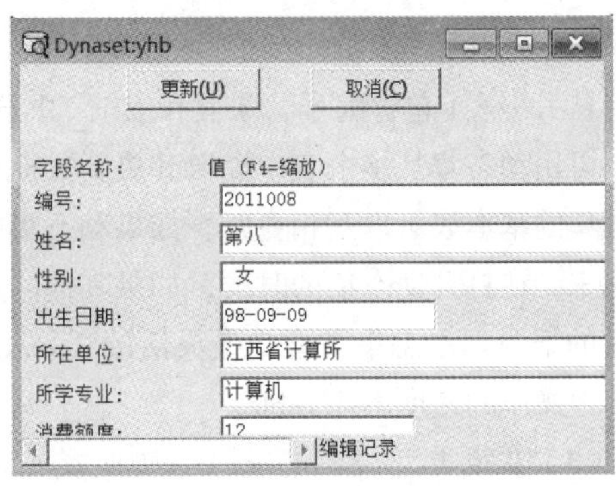

图 11-15　数据编辑界面

（3）删除。选中要删除的记录，单击“删除”，用于删除不需要的记录，系统会有一个提示询问“删除当前记录吗？”，选择“是”，如图 11-16 所示。

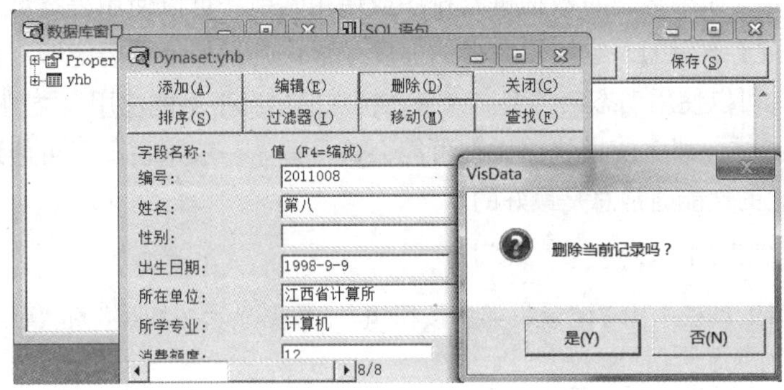

图 11-16　删除记录

（4）其他操作。在记录处理窗口中共有 8 个按钮用于记录操作，除了上述的 3 个，其他的作用分别为：

①“排序”按钮：按指定字段对表中记录进行排序。

②“过滤器”按钮：指定过滤条件，只显示满足条件的记录。

③“移动”按钮：根据指定的行数移动记录的位置。

④“查找”按钮：根据指定条件查找满足条件的记录。

⑤“关闭”按钮：关闭标处理窗口。

2. 记录集类型

在 VB 中由于数据库内的表不允许直接访问，而只能通过记录集对象进行记录的操作和浏览。因此，记录集是一种浏览数据库的工具。用户可根据需要，通过使用记录集对象选择数据。记录集对象提供了 24 种方法和 26 种属性，利用他们可以对数据库中的记录进行各种处理。记录集有 3 种类型：表、动态集和快照。他们之间存在明显的区别。

（1）表类型（Table）。表类型的 Recordset 对象是可直接显示数据，但只能对单个的表打开表类型的记录集，而不能对联接或联合查询打开。如果使用基本表创建索引，就可以对表类型的 Recordset 对象进行索引。Table 比其他记录集类型处理速度都快，但它需要大量的内存资源。

（2）动态集类型（DynaSet）。动态集类型的 Recordset 对象可以修改和显示数据。它实际上是对一个或几个表中的记录的一系列引用，如果该记录集从表 11-1 中选取了编号、姓名、专业，从另一表（包含编号、课程和成绩）中选取了课程和成绩，通过关键字“编号”建立表间关系。可用动态集从多个表中提取和更新数据，其中包括链接其他数据库中的表。动态集和产生动态集的基本表可以互相更新。如果动态集中的记录发生改变，同样的变化也将在基本表中反映出来。在打开动态集的时候，如果其他的用户修改了基本表，那么动态集中也将反映出被修改过的记录。动态集类型是最灵活的Recordset类型，也是功能最强的。不过，它的搜索速度与其他操作的速度不如Table。

（3）快照类型（SnapShot）。快照类型的Recordset对象是静态的显示数据（只读）。它包含的数据是固定的，记录集为只读状态，它反映了在产生快照的一瞬间的数据库的状态。SnapShot是最缺少灵活性的记录集，但它所需要的内存开销最少。如果只是浏览记录，可以用SnapShot类型。具体使用什么记录集，取决于需要完成的任务，即要更改数据，还是简单地查看数据。另外，如果必须对数据进行排序或使用索引，可以使用表类型。因为表类型的Recordset对象是做了索引的，它定位数据的速度是最快的。如果希望能够对查询选定的一系列记录进行更新，可以使用动态集类型。如果在特殊的情况下不能使用表类型的记录集，而且只需对记录进行扫描，那么使用快照类型可能会快一些。一般来说，尽可能地使用表类型的Recordset对象，它的性能通常总是最好的。

3. “数据管理器”的工具栏

在数据管理器工具栏中由“记录集类型按钮组”“数据显示按钮组”和“事物方式按钮组”3部分组成：

（1）记录集类型按钮组见表 11-4 所列。

表 11-4　记录集类型按钮组

按钮组	说明
表类型记录集	在以这种方式打开数据表中的数据时，所进行的增、删、改等操作都直接更新数据表中的数据
动态集类型记录集	以这种方式可以打开数据表或由查询返回的数据，所进行的增、删、改及查询等操作都先在内存中进行，速度快
快照类型记录集	以这种方式打开的数据表或由查询返回的数据仅供读取而不能更改，适用于进行查询工作

（2）数据显示按钮组见表 11-5 所列。

表 11-5　数据显示按钮组

按钮组	说明
在窗体上使用Data控件	在显示数据表的窗口中使用Data控件来控制记录的滚动
在窗体上不使用Data控件	在显示数据表的窗口中不使用Data控件，而是使用水平滚动条来控制记录的滚动
在窗体上使用DBGrid控件	在显示数据表的窗口中使用DBGrid控件

（3）事物方式按钮组。事物方式按钮组（当打开数据表使用时才有效，否则会出错），见表 11-6 所列。

表 11-6　事物方式按钮组

按钮组	说明
开始事务	开始将数据写入内存数据表中
回滚当前事务	取消由“开始事务”的写入操作
提交当前事务	确认数据写入的操作，将数据表数据更新，原有数据将不能回复

11.2.5　数据窗体设计器

在 VB 的数据管理器中自带有数据窗体设计器，使用它可以快速设计出符合要求的数据库应用程序。使用数据窗体设计器创建数据操作窗体的步骤如下：

首先我们打开使用可视化数据管理器中建立的“示例 1. MDB”数据库，这时在“实用程序”菜单中的“数据窗体设计器”菜单项变为可用的。

执行“实用程序”菜单中的“数据窗体设计器”菜单项，出现“数据窗体设计器”对话框，如图 11-17 所示。在“窗体名称（不带扩展名）”框中输入“用户信息”，在“记录源”组合框中选择“yhb”，这时“可用的字段”列表框中列出用户表的所有字段，单击“>”按钮将该字段移到“包括的字段”中，也可单击“>>”按钮，将“可用的字段”框中列出的所有字段全部移到“包括的字段”框中。单击对话框右侧的上、下箭头按钮，可以重新排列字段在窗体中出现的顺序。

单击“生成窗体”按钮，当所有字段消失后，数据窗体被加到当前的工程中。

单击“关闭”按钮，关闭“数据窗体设计器”对话框，此时在工程中生成的数据窗体如图 11-18 所示。以“frm用户信息”文件名保存该窗体。

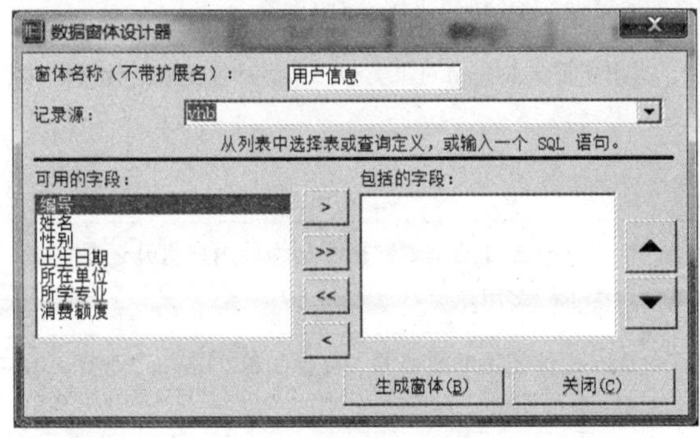

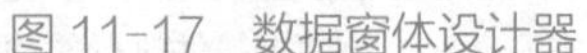

图 11-17　数据窗体设计器

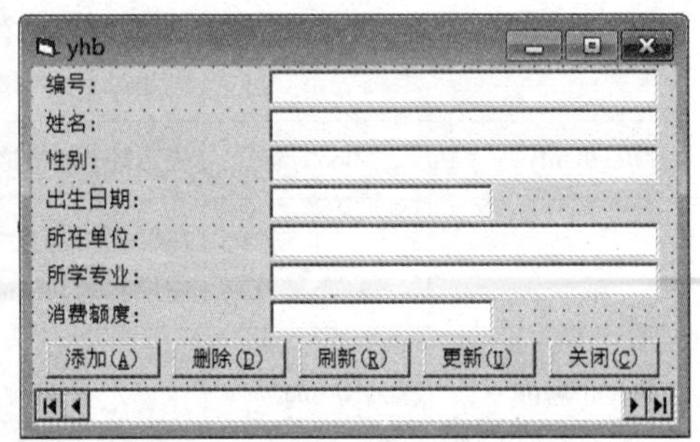

图 11-18　创建的数据窗体

使用窗体设计器可以非常快捷的创建一个数据库应用程序，将该数据窗体设置为启动窗体，运行程序后可以通过文本框浏览到数据库中表的记录，也可以实现添加、删除、更新等操作。

11.3 数据库控件

数据库引擎Microsoft JET（Joint Engineering Technologe）是应用程序和数据库之间的一种接口。它把与数据库相关的内存管理、游标管理和错误处理等具体而复杂的细节问题抽象为一个既高度一致又简化的编程接口。对所支持的不同类型的数据库提供统一的外部接口，将对记录集的操作转化成对数据库的物理操作。

在VB6.0中主要提供了数据(Data)控件、数据访问对象(DAO)控件、远程数据对象(RDO)控件和ActiveX数据对象(ADO)控件这几种部件作为数据库引擎的接口。

11.3.1 数据控件

数据(Data)控件是VB访问数据库的一种工具，它通过Microsoft JET数据库引擎接口实现数据访问。数据控件能够利用3种Recordset对象来访问数据库中的数据，数据控件提供有限的不需编程而能访问现存数据库的功能，允许将VB的窗体与数据库方便地进行连接。要利用数据控件返回数据库中记录的集合，应该先在窗体上添加控件，再通过它的3个基本属性Connect、DatabaseName和RecordSource的设置，才能访问数据资源。

1. 数据控件的常用属性、方法和事件

(1)数据控件的常用属性见表11-7所列。

表11-7 Data控件的常用属性

属性名	类型	用途
Connect	String	设置连接的数据库的类型
DatabaseName	String	返回户设置Data控件的数据源的名称及位置
RecordSource	String	设置一个数据控件的底层表、SQL语句或QueryDef对象
RecordsetType	Integer	返回/设置一个值，指出所需的Record对象类型，这些对象类型由数据控件创建
ReadOnly	Boolean	决定控件中的数据是否可编辑
Exclusive	Integer	返回或设置一个值，指出Data控件的基本数据库是为单用户打开还是为多用户打开(True-单用户/False-多用户)
DefaultType	String	设置一个值，决定由Data控件使用的数据源(Jet或ODBC Direct)类型。用DAO WorkspaceTypeEnum值
BOFAction	Integer	当Recordset的BOF属性值设置为True时，该数据控件执行的动作
EOFAction	Integer	当Recordset的EOF属性值设置为True时，该数据库见执行的动作
Recordset	Boolean	返回/设置一个Record对象，这个对象是由一个数据控件的属性或一个已存在的Recordset定义的

续表

属性名	类型	用途
Visible	Boolean	设置一个值，决定对象是否可见

①Connect属性。该属性指定数据控件所要连接的数据库类型，VB可识别的数据库类型如下：

a. Microsoft Access 的MDB文件（缺省值）。

b. Borland dBASE、Microsoft FoxPro的DBF文件（文件内只包含一张表）。

c. Borland Paradox的DB文件（文件内只包含一张表）。

d. Novell Btrieve的DDF文件。

e. Miscrosoft Excel的XLS文件。

f. Lotus的WKS文件。

g. Open DataBase Connectivity（ODBC）数据库。

②DatabaseName属性。该属性指定具体使用的数据库文件名，包括所有的路径名。如果连接的是单表数据库，则DatabaseName属性应设置为数据库文件所在的子目录名，而具体文件名放在RecordSource属性中。Access数据库的所有表都包含在一个MDB文件中。

例如，如果要连接一个Microsoft Access的数据库，D：\VB1\示例 1.mdb，则设置：

```
DatabaseName="D:\VB1\示例 1.mdb"
```

例如，如果要连接一个FoxPro数据库（数据库名为“教工.DBC”，表名为“ZGDA.DBF”），位置在D：\VFP1 文件夹下，则设置：

```
DatabaseName="D:\VFP1\教工.DBC",RecordSource="zgda.dbf"
```

③RecordSource属性。该属性确定具体可访问的数据表，这些数据构成记录集对象Recordset。该属性值可以是数据库中的单个表名，或者是一个存储查询，也可以是使用SQL查询语言的一个查询字符串。

例如，如果要指定示例 1.mdb数据库中的用户基本情况表yhb，则：设置

```
RecordSource="yhb"
```

例如，如果要访问“用户基本情况表”中所有计算机学生的数据，则：设置

```
RecordSource="Select*From  yhb  Where 专业='计算机' "
```

④RecordsetType属性。该属性确定记录集类型。如果使用Microsoft Access的MDB数据库，则应选择Table类型；如果正在使用其他任何一种类型的数据库，则RecordsetType属性的记录类型应选择Dynaset类型；如果只需要读数据而不更新它，则应选择SnapShot类型。

⑤ReadOnly属性。该属性用于控制能否对记录集进行写操作。当ReadOnly属性设置为True时，不能对记录集进行写操作。

⑥Exclusive 属性。该属性用于控制被打开的数据库是否允许被其他应用程序共享。如果Exclusive属性设置为True，表示该数据库被独占，其他应用程序将不能再打开该数据库。

⑦BofAction和EofAction属性。当记录指针指向Recordset对象的开始（第一个记录前）或结束（最后一个记录后）时，数据控件的EofAction和BofAction属性的设置或返回值决定了数据控件要采取的操作。其属性的取值见表11-8所列。

表11-8 BOFAction属性和EOFAction属性的设置值

属性	常熟	值	描述
BOFAction	vbBOFActionMoveFirst	0	控件重定位到第一条记录
	vbBOFActionBOF	1	移动记录集的开始位，在第一条记录上触发DataBase控件的Validate事件
EOFAction	vbEOFActionMoveLast	0	控件重定位到最后一条记录
	vbEOFActionEOF	1	移动记录集的结束位，在最后一条记录上触发DataBase控件的Validate事件
	vbEOFActionAddNew	2	项记录集添加新的记录，可以对新记录进行编辑，移动记录指针，新记录自动添加到Recordset中

（2）数据控件的方法。

①Refresh方法。Refresh方法激活数据控件。如果在设计状态没有为打开数据库控件的有关属性全部赋值，或当RecordSource属性在运行时被改变后，必须使用激活数据控件的Refresh方法激活这些变化。在多用户环境下，当其他用户同时访问同一数据库和表时，Refresh方法将使各用户对数据库的操作有效。例如可将数据控件的设计参数改用代码实现：

```
Private Sub Form_Load()
Data1.DatabaseName=D:\VB1\示例 1.mdb      '连接数据库
Data1.RecordSource="yhb"                  '绑定记录集对象
```

②UpdateControls方法。UpdateControls方法可以将数据从数据库中重新读到被数据控件绑定的控件内。因而可使用UpdateControls方法终止用户对绑定控件内数据的修改。

例如可将代码Data1.UpdateControls放在一个命令按钮的Click事件中，就可实现放弃对记录修改的功能。

③UpdateRecord方法。使用UpdateRecord方法可强制数据控件将绑定控件内的数据写入到数据库中而不再触发Validate事件。当对绑定控件内的数据修改后，数据控件需要移动记录集的指针才能保存修改。在代码中可以用该方法来确认修改。

（3）数据控件的事件见表11-9所列。

表11-9 数据控件的事件

事件名称	功能
Reposition	当用户激活了一个新记录时被触发
Validate	当激活另一个记录时启动某些动作
DragDrop	当用户拖动和放置另一个对象在本控件上时被触发

续表

事件名称	功能
DragOver	当用户拖动一个对象经过本对象时被触发
Error	当用户读取数据中的错误时被触发
MouseDown	当用户按下任一鼠标键时被触发
MouseUp	当用户松开任一鼠标键时被触发

①Reposition事件。Reposition事件发生在一条记录成为当前记录后。只要改变记录集的指针使其从一条记录移到另一条记录，会产生Repostion事件。通常，可以在这个事件中显示当前指针的位置。例如，在Data1_Reposition事件中加入如下代码：

```
Private Sub Data1_Reposition()
Data1.Caption=Data1.Recordset.AbsolutePosition+1
End Sub
```

这里，Recordset为记录集对象，AbsolutePosition属性指示当前指针值（从0开始）。当单击数据控件对象上的箭头时，数据控件的标题区会显示记录的序号。

②Validate事件。当要移动记录指针前、修改与删除记录前或卸载含有数据控件的窗体时触发Validate事件。Validate事件检查被数据控件绑定的控件内的数据是否发生变化。在Validate事件过程中有2个参数：Action参数和Save参数。它通过Save参数（True或False）判断是否有数据发生变化，Action参数判断哪一种操作触发了Validate事件。

Action参数是一个整型数据（具体设置见表11-10所列），用以判断是何种操作触发的该事件，也可以在Validate事件过程中重新给Action参数赋值，从而使得在事件结束后执行新的操作。

表 11-10　数据控件的常用方法

值	系统常量	作用
0	vbDataActionCancel	取消对数据控件的操作
1	vbDataActionMoveFirst	MoveFirst方法
2	vbDataActionMovePrevious	MovePrevious方法
3	vbDataActionMoveNext	MoveNext方法
4	vbDataActionMoveLast	MoveLast方法
5	vbDataActionAddNew	AddNew方法
6	vbDataActionUpdate	Update方法
7	vbDataActionDelete	Delete方法
8	vbDataActionFind	Find方法
9	vbDataActionBookMask	设置BookMask属性

续表

值	系统常量	作用
10	vbDataActionClose	Close方法
11	vbDataActionUnload	卸载窗体

Save参数是一个逻辑值，用以判断是否有约束控件的内容被修改。如果Validate事件过程结束时，Save参数为True，则保存修改；为False时则忽略所做的修改。

例如，不允许用户在数据浏览时清空性别数据，可使用下列代码：

```
Private Sub Data1_Validate(Action As Integer,_ Save As Integer)
  If Save And Len(Trim(Text3.Text)) = 0 Then
    Action = 0
    MsgBox "性别不能为空! "
  End If
End Sub
```

检查被数据控件绑定的控件Text3内的数据是否被清空。如果Text3内的数据发生变化，则Save参数返回True，若性别对应的文本框Text3被置空，则通过Action=0取消对数据控件的操作。

11.3.2　数据绑定控件

在VB中，数据控件本身不能直接显示记录集中的数据，必须通过能与它绑定的控件来实现。可与数据控件绑定的控件对象有文本框、标签、图像框、图形框、列表框、组合框、复选框、网络、DB列表框、DB组合框、DB网格、DataReport控件和OLE容器等控件。

要使绑定控件能被数据库约束，必须在设计或运行时对这些控件的两个属性进行设置。

(1)DataSource属性。该属性通过指定一个有效的数据控件连接到一个数据库上。

(2)DataField属性。该属性设置数据库有效的字段与绑定控件建立联系。

当上述控件与数据控件绑定后，VB将当前记录的字段值赋给控件。如果修改了绑定控件内的数据，只要移动记录指针，修改后的数据会自动写入数据库的表中。数据控件在装入数据库时，它把记录集的第一个记录作为当前记录。当数据控件的BofAction属性值设置为2时，记录指针移过记录集末尾，数据控件会自动向记录集加入新的空记录。

在内部控件和ActiveX控件中有些控件具有DataSource属性，用于指定数据控件名，这些控件均可绑定到数据空间上。

数据绑定的过程如下：

(1)向窗体添加控件。

(2)设置各控件的属性。在设置数据绑定之前必须设置Data控件的DatabaseName属性和RecordSource属性，将数据控件的DatabaseName属性通过单击右边的“…”按钮，然后从打开的对话框中选择数据库文件，将RecordSource属性的值设置为该数据库中的某个数据表。最后设置各控件的DataField属性的值

实例 11.1　设计一个窗体，用文本框来实现对相关教学资源中的示例1.mdb库中“用户

基本情况表”数据的浏览。

①设计界面：新建一个工程，在窗体上添加 1 个 Data1 控件、7 个标签控件和 7 个文本框控件。

②设置对象属性：将 7 个标签控件的 Caption 属性依次设置为“编号”“姓名”“性别”“出生年月”“所在单位”“所学专业”“消费额度”，Data1 控件的 DatabaseName、Connect、RecordSource 属性分别设置为“D：\vb\示例 1.mdb”“Access”“yhb”；Text1、Text2、Text3、Text4、Text5、Text6、Text7 的 DataSource 属性设置为“Data1”，DataField 属性分别设置为“编号”“姓名”“性别”“出生年月”“所在单位”“所学专业”“消费额度”，其余对象的属性设置如图 11-19 所示。

③不需要编写代码，运行该窗体，即可出现如图 11-20 所示的效果。

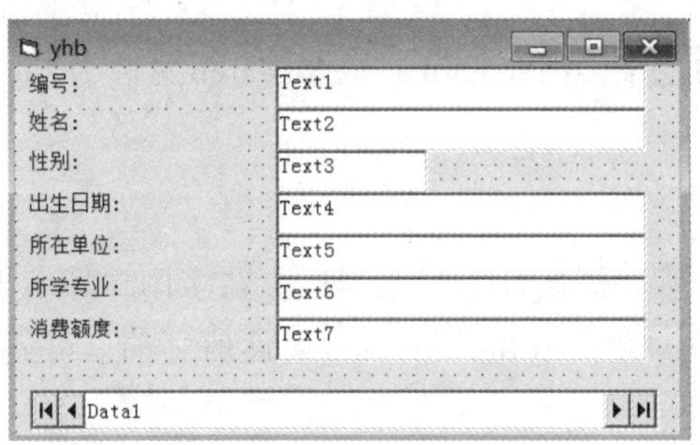

图 11-19　设计界面

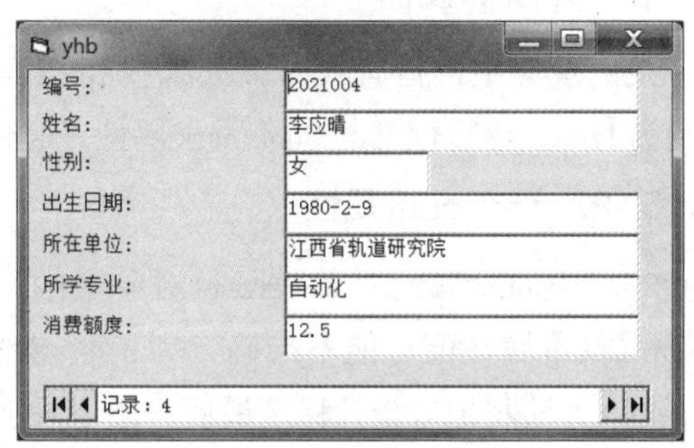

图 11-20 程序运行结果

11.3.3　记录集 Recordset 对象

VB 的数据库中的表是不允许直接访问的，只能通过记录集对象对其进行浏览和操作。记录集对象表示一个和多个数据库表中字段对象的集合，是来自表或执行一次查询所得结果的记录的集合。一个记录集是由行和列所构成的，与数据库中的表类似，但是它可以包含多个表中的数据。

由 RecordSource 属性确定的具体可访问的数据构成的记录集也是一个对象。因此，它和其他对象一样具有属性和方法。下面我们介绍记录集常用的属性和方法。

1. AbsolutePostion 属性

AbsolutePostion 返回当前指针值，使用 AbsolutePosition 属性可根据其在 Recordset 中的序号位置移动到记录，或确定当前记录的序号位置。AbsolutePosition 从 1 开始，并在当前记录是 Recordset 对象的第一个记录时设置 AbsolutePosition 等于 1（从 RecordCount 属性可获得 Recordset 对象的总记录数）。该属性为只读属性。

2. Bof 和 Eof 的属性

Bof 判定是否在首记录之前，若 Bof 为 True，则当前位置位于记录集的第 1 条记录之前。与此类似，Eof 判定是否在末记录之后。Bof 和 Eof 属性具有以下特点：

Bof 和 Eof 属性具有以下特点：

（1）如果记录集中没有记录，则 Bof 和 Eof 的值都是 True。

（2）当Bof或Eof的值成为True之后，只有将记录指针移动到实际存在的记录上，Bof或Eof属性值才会变为False。

（3）若Bof或Eof为False，而且记录集中惟一的记录被删除掉，那么属性将保持False，直到试图移到另一个记录为止，这时Bof和Eof属性都将变为True。

（4）当创建或打开至少含有一个记录的记录集时，第1条记录将成为当前记录，而且Bof和Eof属性均为False。

3. Bookmark属性

Bookmark属性的值采用字符串类型，用于设置或返回当前指针的标签。在程序中可以使用Bookmark属性重定位记录集的指针，但不能使用AbsolutePostion属性。

4. Nomarch属性

在记录集中进行查找时，如果找到相匹配的记录，则Recordset的NoMarch属性为False，否则为True。该属性常与Bookmark属性一起使用。

5. RecordCount属性

RecordCount属性对Recordset对象中的记录计数，该属性为只读属性。在多用户环境下，RecordCount属性值可能不准确，为了获得准确值，在读取RecordCount属性值之前，可使用MoveLast方法将记录指针移至最后一条记录上。

6. Move方法

使用Move方法可代替对数据控件对象的4个箭头的操作，可以浏览整个记录集中的记录。5种Move方法包括：

（1）MoveFirst方法：移至第1条记录。

（2）MoveLast方法：移至最后一条记录。

（3）MoveNext方法：移至下一条记录。

（4）MovePrevious方法：移至上一条记录。

（5）Move[n]方法：向前或向后移n条记录，n为指定的数值。

对于表类型、动态集类型和快照类型的Recordset对象，可以使用上述所有的方法。对于仅向前类型的记录集，只能使用MoveNext和Move方法。若要对仅向前类型的记录集使用Move方法，那么指定移动行数的参数必须为正整数。

7. Find方法

使用Find方法可在指定的Dynaset或SnapShot类型的Recordset对象中查找与指定条件相符的一条记录，并使之成为当前记录。4种Find方法是：

（1）FindFirst方法：从记录集中查找满足条件的第1条记录。

（2）FindLast方法：从记录集中查找满足条件的最后一条记录。

（3）FindNext方法：从当前记录开始查找满足条件的下一条记录。

（4）FrindPrevious方法：从当前记录开始查找满足条件的上一条记录。

4种Find方法的语法格式相同。

格式：数据集合.Find 方法条件

功能：从记录集中查找满足条件的记录。

说明：

如果Find方法找到相匹配的记录，则记录定位到该记录，Recordset的NoMatch属性为False，如果Find方法找不到相匹配的记录，NoMatch属性为True，并且当前记录还保持在Find方法使用前的那条记录上。

若Recordset包括多条与条件相匹配的记录，FindFirst定位于满足条件记录中的第 1 条记录，FindNext定位于下一条满足条件的记录，以此类推。可以在Find操作后跟Move操作，例如MoveNext，它将移到下一条记录，而不管是否满足匹配条件。

搜索条件是指定字段值与常量关系的字符串表达式，除了可用普通的关系运算符构成外，还可以用Like运算符构成。查找条件常有以下几种形式：

（1）如果在由Data1 数据控件所连接的数据库示例 1.mdb的记录集内查找专业为“计算机”的第 1 条记录。“所学专业”为数据库示例 1 记录集中的字段名。可用下面的语句：

```
Data1.Recordset.FindFirst "所学专业='计算机'"
```

（2）查查找下一条符合条件的记录，可用下面的语句：

```
Data1.Recordset.FindNext "所学专业='计算机'"
```

（3）条件部分也可以用已赋值的字符型变量，可用下面的语句：

```
A1="所学专业='计算机'"
Datal.Recordset.FindNext A1
```

如果条件部分的常数来自变量，例如，A2="计算机"，则条件表达式必须写成如下形式：

```
A1="所学专业=" & " ' " & A2 & " ' "
```

这里，符号&为字符串连接运算符，它的两侧必须加空格。

（4）如果在数据库示例 1.mdb的记录集内查找姓名中带有“刘”字的，则条件表达式必须写成如下形式：

```
Data1.Recordset.FindFirst "姓名 Like   '刘*' "
```

（5）Find方法进行的查找在缺省情况下是与大小写无关的。要改变缺省查找方法，可以在窗体的专用声明部分或声明模块中使有下列语句：

```
Option Compare Test                    '与大小写无关
```

8. Seek方法

格式：数据表对象.Seek 比较运算符 ,key1,key2…

功能：在索引文件中查找记录。在Table表中查找与指定索引规则相符的第 1 条记录，并使之成为当前记录。

说明：

（1）使用Seek方法必须打开表的索引。

（2）比较运算符确定比较的类型。

（3）keyn参数可以是一个或多个值，分别对应于记录集当前索引中的字段值。Microsoft Jet用这些值与Recordset对象的记录进行比较。

（4）在使用Seek方法定位记录时，必须通过Index属性设置索引。若在同一个记录集中多次使用同样的Seek方法（参数相同），那么找到的总是同一条记录。

例如，假设数据库示例1内“用户基本情况表”的索引字段为编号，索引名称bhid，则查找表中满足编号字段值大于2021001的第1条记录可使用以下代码：

```
Data1.RecordsetType=0                 '设置记录集类型为Table
Data1.RecordSource="yhb"              '打开基本情况表
Data1.Refresh                         '激活数据控件
Data1.Recordse.Index="bhid"           '打开名为bhid的索引
Data1.Recordset.Seek ">","2021001"    '设置记录集类型为Table
```

见表11-11所列，列出了Seek方法中可用的比较运算符。当比较运算符为=、>=、>、<>时，Seek方法从索引开始处出发向后查找。当比较运算符为<、<=时，Seek方法从索引尾部出发向前查找。

表11-11　Seek方法中可用的运算符

运算符	描述
=	等于指定的键值
>=	大于或等于指定的键值
>	大于指定的键值
<>	不等于指定的键值
<=	小于或等于指定的键值
<	小于指定的键

9. 数据库记录的增删改操作

Data控件只是浏览表和编辑表。记录的增加、删除或修改操作，必须使用AddNew,Delete、Edit、Update、Refresh方法。

格式：数据控件.记录集.方法名

功能：引用数据控件中记录集的记录的AddNew、Delete、Edit、Update、Refresh方法。例如：

```
Data1.Recordset.AddNew         '引用追加记录方法
Data1.Recordset.Delete         '引用删除记录方法
Data1.Recordset.Edit           '引用编辑记录方法
Data1.Recordset.Update         '引用更新记录方法
Data1.Recordset.Refresh        '引用刷新记录集方法
```

（1）增加记录。AddNew方法将记录添加到数据表中，添加记录的操作分为3步：

①调用AddNew方法。

②给各字段赋值。

格式：Recordset.Fields("字段名")=值

③调用Update方法，确定所做的操作，将缓冲区内的数据写入数据库表中。

如果使用AddNew方法添加新的记录，但是没有使用Update方法而移动到其他记录，或者关闭了记录集，那么所做的输入将全部丢失，而且没有任何警告。

(2)删除记录。从记录集中删除记录的操作分为3步：

①定位被删除的记录使之成为当前记录。

②调用Delete方法。

③移动记录指针。

在使用Delete方法时，当前记录立即删除，不加任何的警告或提示。删除一条记录后，它还是当前记录，被数据库所约束的控件仍旧显示该记录的字段。因此，必须移至记录集的另一记录上，一般移至下一记录。如果被删除的记录为最后一条记录，应该检查Eof属性。

(3)编辑记录。数据控件自动提供了修改现有记录的能力，在直接改变被数据库所约束控件的内容后，需要单击数据控件对象的任一箭头来改变当前记录，确定所做的修改。也可通过程序代码来修改记录，使用程序代码来修改记录集中当前记录的操作分为四步：

①定位要修改的记录使之成为当前记录。

②调用Edit方法。

③给各字段赋值。

④调用Update方法，确定所做的修改。

如果要放弃对数据的所有修改，可用Refresh方法，重读数据库表，刷新记录集。由于没有调用Update方法，修改的数据没有写入数据库表中，所以这样的记录会在刷新记录集时丢失。

(4)输入照片。数据表中的照片输入的方法较为简单，在窗体中添加一个图像框、一个通用对话框和一个命令按钮。命令按钮的单击事件过程代码如下：

```
Private Sub ComPicture_Click()
   CMDialog1.Action=1
   Image1.Picture=LoadPicture(CMDialog1.FileName)
End Sub
```

10. Update和CancelUpdate方法

Update方法保存对Recordset对象的当前记录所做的更改。使用Update方法可以保存自从调用AddNew方法，或自从现有记录的任何字段值发生更改(使用Edit方法)之后，对Recordset对象的当前记录所作的所有更改。调用Update方法后当前记录仍为当前状态。

如果希望取消对当前记录所做的所有更改或放弃新添加的记录，则必须调用CancelUpdate方法。调用CancelUpdate时，更改缓存被重置为空，并使用原来的数据对被绑定的数据感知控件进行刷新。

11. Close方法

使用Close方法可以关闭Recordset对象以便释放所有关联的系统资源。关闭对象并非将它从内存中删除，可以更改它的属性设置并且在此之后再次打开。

实例 11.2 在实例 11.1 的基础上增加 4 个命令按钮，通过对 4 个命令按钮的代码编程代替数据控件对象的 4 个箭头按钮的操作。

程序代码如下：

```
Private Sub CmdFirst_Click()
    Data1.Recordset.MoveFirst              '移到第一条
End Sub
Private Sub CmdLast_Click()
    Data1.Recordset.MoveLast               '移到最后一条
End Sub
Private Sub CmdNext_Click()
    Data1.Recordset.MoveNext               '移到下一条
    If Data1.Recordset.EOF Then            '用EOF属性判断是否到了记录集对象
                                           的最后
        Data1.Recordset.MoveLast           '是，则定位于最后一条记录
    End If
End Sub
Private Sub CmdPre_Click()
    Data1.Recordset.MovePrevious           '移到上一条记录
    If Data1.Recordset.BOF Then            '用BOF属性判断是否到了记录集对象
                                           的首部
        Data1.Recordset.MoveFirst          '是，则定位于第一条记录
    End If
End Sub
```

运行该窗体，即可出现如图 11-21 所示的效果。

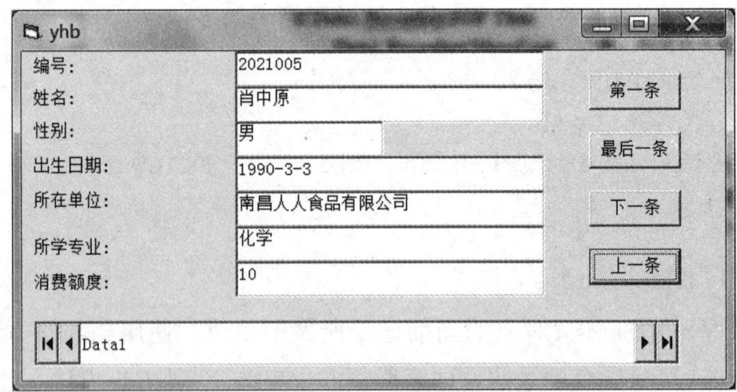

图 11-21　运行界面

11.4 ADO数据访问对象

ADO是ActiveX Data Object的缩写。ADO是微软公司数据库应用程序开发的新接口，是微软公司新的数据访问技术，是建立在OLE DB之上的高层数据库访问技术。OLE DB是一个低层的数据访问接口，用它可以访问各种数据源，包括传统的关系数据库等。ADO技术已成为ASP技术用来访问Web数据库应用程序的核心。采用OLE DB的数据访问模式，是数据访问对象DAO、远程数据对象RDO和开放数据库互连ODBC三种方式的扩展。ADO是DAO/RDO的后继产物，它扩展了DAO和RDO所使用的对象模型，具有更加简单，更加灵活的操作性能。ADO在Internet方案中使用最少的网络流量，并在前端和数据源之间使用最少的层数，提供了轻量、高性能的数据访问接口，可通过ADO Data控件非编程和利用ADO对象编程来访问各种数据库。

11.4.1 ADO控件使用基础

ADO对象模型定义了一个可编程的分层对象集合，主要由三个对象成员Connection、Command和Recordset对象及几个集合对象Errors、Parameters和Fields等所组成，见表11-12所列。

表11-12 ADO对象描述

对象名	描述
Connection	连接数据来源
Command	从数据源获取所需数据的命令信息
Recordset	所获取的一组记录组成的记录集
Error	在访问数据时，由数据源所返回的错误信息
Parameter	与命令对象相关的参数
Field	包含了记录集中某个字段的信息

ADO控件常用的编程步骤如下：

（1）添加ADO控件到工具箱。

（2）在窗体上添加ADO控件，并设置ADO控件的ConnectionString属性。

（3）设置ADO控件的RecordSource属性。

（4）添加数据绑定控件，并将其与ADO控件的绑定关联。

（5）根据需要使用ADO控件的方法和事件。

11.4.2 创建ADO控件

要想在程序中使用ADO对象，必须先为当前工程引用ADO的对象库。引用方法是执行工程菜单的引用命令，启动引用对话框，如图11-22所示，清单中选取“Microsoft ActiveX Data

Object 2.0 Library”项目。

在使用ADO数据控件前，必须先通过“工程/部件”菜单命令选择“Microsoft ADO Data Control 6.0(OLE DB)”选项，如图11-23所示，将ADO数据控件添加到工具箱，它的图标是。

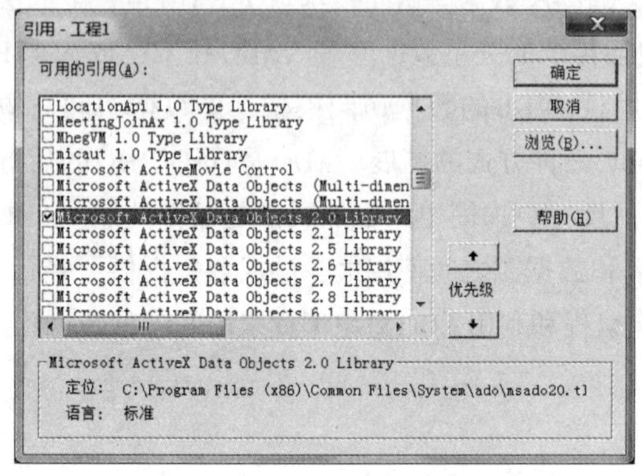

图 11-22 引用ADO的对象库

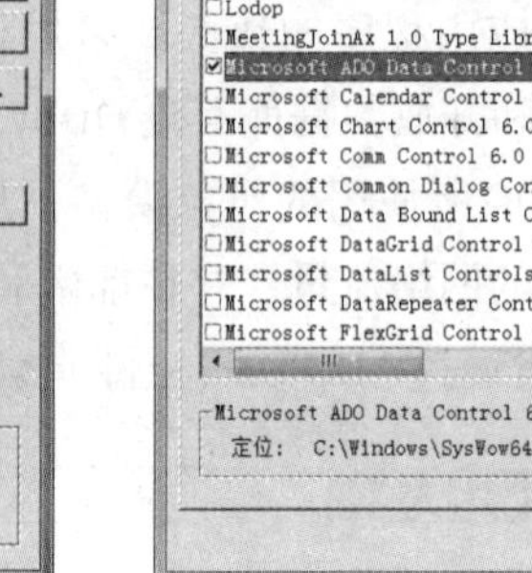

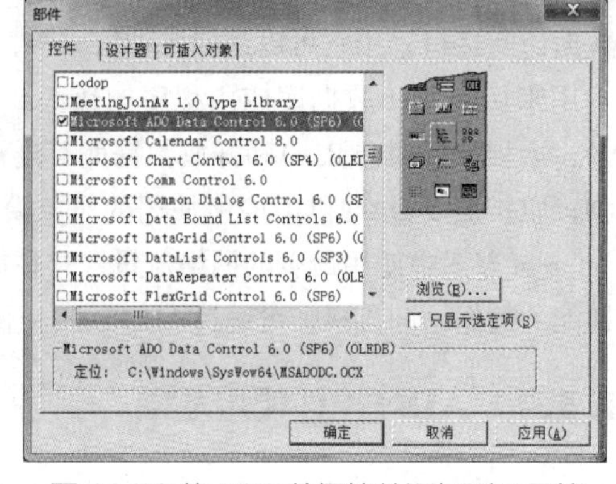

图 11-23 将ADO数据控件添加到工具箱

使用ADO控件是需要将其添加到窗体上，其在窗体上的外观与DATA控件非常相似，默认名称为Adodc1，它的图标是Adodc1。

11.4.3 ADO控件的常用属性、方法与事件

ADO数据控件与VB的内部数据控件很相似，它允许使用ADO数据控件的基本属性快速地创建与数据库的连接。

1. ConnectionString属性

ConnectionString属性包含了用于与数据源建立连接的相关信息。ConnectionString属性带有4个参数见表11-13所列。

表 11-13 ConnectionString属性参数

参数	功能
Provide	指定数据源的名称
FileName	指定数据源所对应的文件名
RemoteProvide	在远程数据服务器打开一个客户端时所用的数据源名称
RemoteServer	在远程数据服务器打开一个主机端时所用的数据源名称

2. CommandType属性

该属性用于指定RecordSource属性的取值类型，其值可为4种，见表11-14所列。

表 11-14 CommandType属性

类型名	说明
AdCmdUnknown	默认值，CommandText属性中的命令类型未知

续表

类型名	说明
AdCmdTable	将CommandText作为其列表全部由内部生成的SQL查询返回的表格的名称进行计算
AdCmdText	将CommandText作为命令或存储过程调用的文本定义进行计算
AdCmdStoreProc	将CommandText作为存储过程名进行计算

3. RecordSource属性

RecordSource确定具体可访问的数据，这些数据构成记录集对象Recordset。该属性值可以是数据库中的表名，一个存储查询，也可以是使用SQL查询语言的一个查询字符串。

4. ConnectionTimeout属性

用于数据连接的超时设定，若在指定时间内连接不成功显示超时信息。

5. MaxRecords属性

定义从一个查询中最多能返回的记录数。

实例 11.3 使用ADO数据控件连接示例.mdb，说明ADO数据控件的使用。

具体操作如下：

（1）首先我们在窗体上添加一个ADO数据控件，控件名采用默认名“Adodc1”

（2）选择“Adodc1”控件，单击属性窗口中的ConnectionString属性右边的“…”按钮，屏幕弹出“属性页”对话框，如图11-24所示。

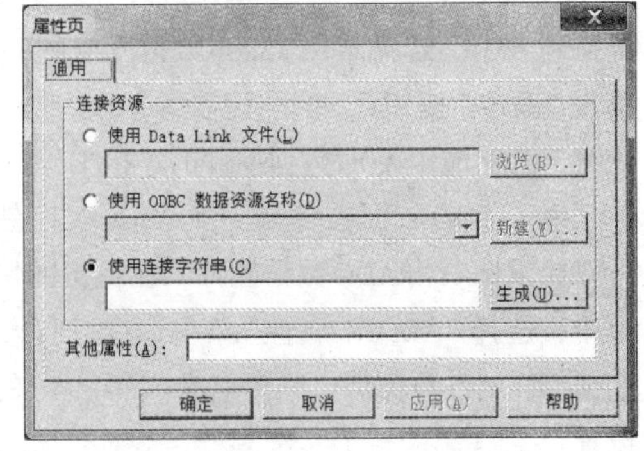

图 11-24　Adodc1 控件属性页

“Adodc1”控件页面中有以下几个选项：

①“使用Data Link文件”：表示通过一个连接文件来完成。

在Windows桌面上创建数据连接文件的过程为：a.用鼠标右击桌面，在弹出的快捷菜单中，选择“新建”子菜单的“Microsoft数据链接”命令。b.桌面上产生一个数据链接文件图标，命名链接文件名。c.用鼠标右击图标，执行快捷菜单中的“属性”命令。d.在打开的属性对话框中，通过提供者与链接选项卡链接指定的数据库。

②“使用ODBC数据资源名称”：可以通过下拉菜单选择某个创建好的数据源名称（DSN）作为数据来源。

③“使用链接字符串”：只需要单击“生成”按钮，通过选项设置自动产生连接字符串的内容。

（3）我们采用“使用链接字符串”方式连接数据源。单击“生成”按钮，打开数据连接属性窗体，如图11-25所示。在“提供者”选项卡内，选择一个合适的OLE DB数据源，由于用示例1.mdb是Access数据库，故选择Microsoft Jet 3.51 OLE DB Provider。然后单击“下一步”，屏幕显示“连接”选项卡，如图11-26所示，在“选择或输入数据库名称”框下，选择或输入数据库文件名，这里选择示例1.mdb。为保证连接有效，可单击右下方的“测试连接”按钮，如果测试成功，单击“确定”按钮，则关闭ConnectionString属性页对话框。

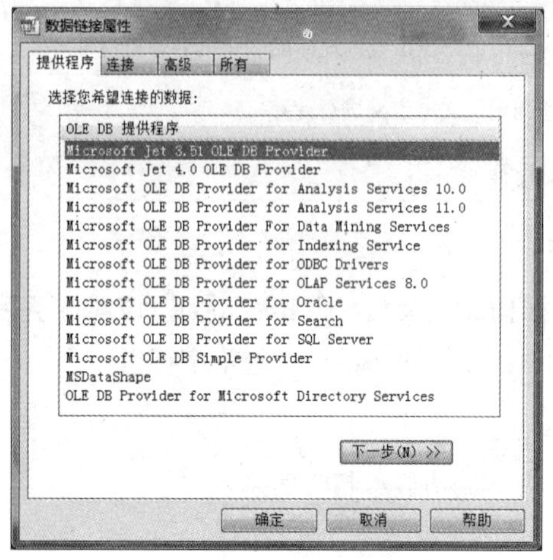

图 11-25　数据连接属性窗体

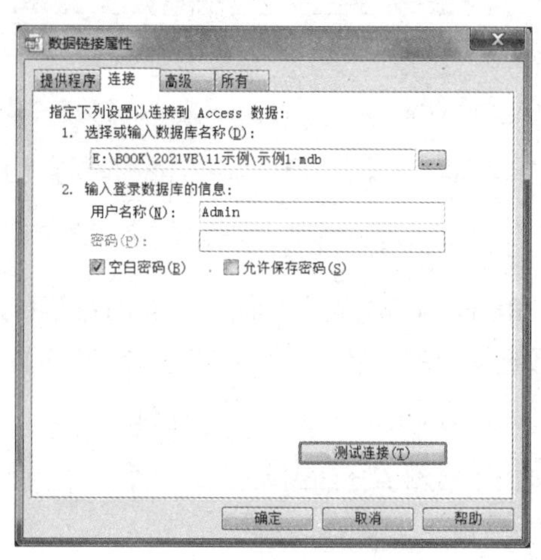

图 11-26　数据连接选项卡

（4）单击属性窗口的RecordSource属性右边的“…”按钮，屏幕弹出“属性页”对话框，如图11-27所示。在“命令类型”下拉列表中，选择“2-adCmdTable”选项，在“表或存储过程名称”下拉列表中，选择示例1.mdb数据库中的“yhb”，单击“确定”按钮，关闭“记录源”的“属性页”。此时，已完成了ADO数据控件的连接工作。

图 11-27　属性页对话框

由于ADO数据控件是一个ActiveX控件，也可以用鼠标右击ADO数据控件，在弹出的快捷菜单中，选择“ADODC属性”菜单命令，打开ADO数据控件属性页窗口，一次完成（1）~（4）的全部设置。

11.4.4　ADO数据绑定控件

随着ADO对象模型的引入，VB 6.0除了保留以往的一些数据连接控件外，又提供了一些新的成员来连接不同数据类型的数据。这些新成员主要有数据网络控件（DataGrid）、数据组合框控件（DataCombo）、数据列表框控件（DataList）、DataReport、MSHFlexGrid和MonthView等控件。

在绑定控件上不仅对DataSource和DataField属性在连接功能上作了改进，又增加了DataMember与DataFormat属性使数据访问的队形更加完整。DataMember属性允许处理多个数据集，DataFormat属性用于指定数据内容的显示格式。

实例 11.4 用ADO数据控件，显示用户生数据库示例1的用户基本情况表“yhb”的内容。

（1）设计界面，在窗体上添加一个ADO控件Adodc1，设置7个标签Label、Label2、Label3、Label4、Label5、Label6、Label7用于显示标题信息，设置7个文本框Text 、Text2、Text3、Text4、Text5、Text6、Text7用于显示用户的编号、姓名、性别、出生年月、所在单位、所学专业、消费额度，设置3个命令按钮Command1、Command2、Command3用于添加、修改、删除记录。

（2）设置对象属性。见表11-15所列。

表11-15 属性设置

对象名	属性名	属性值
Adodc1	ConnectionString	D：\vb\示例1.mdb
	CommandType	2-adCmdTable
	RecordSource	“yhb”
Text1、Text2、Text3、Text4、Text5、Text6、Text7	DataSource	Adodc1
	DataField	编号、姓名、性别、出生年月、所在单位、所学专业、消费额度
Label、Label2、Label3、Label4、Label5、Label6、Label7	Caption	编号、姓名、性别、出生年月、所在单位、所学专业、消费额度
frame	Caption	表操作
Command1、Command2、Command3	Caption	添加记录、修改记录、删除记录
Form1	Caption	用户信息管理

设计程序代码如下：

```
Private Sub Command1_Click()              '在记录集末尾添加一条新记录
    Adodc1.Recordset.MoveLast
    Adodc1.Recordset.AddNew
End Sub
Private Sub Command2_Click()              '保存新记录或修改后的数据
    Adodc1.Recordset.Update
End Sub
Private Sub Command3_Click()              '删除当前记录
    Adodc1.Recordset.Delete
    Adodc1.Recordset.MoveNext
End Sub
```

运行程序，结果如图11-28所示。

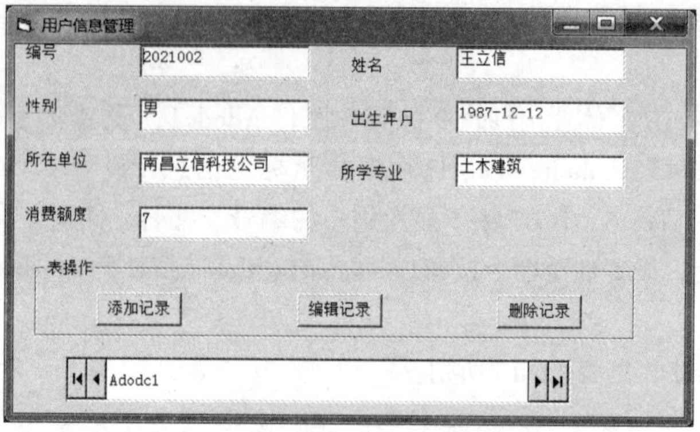

图 11-28 程序运行结果

实例 11.5 用ADO数据控件和网格控件DataGrid和数据组合框控件（DataCombo），显示用户数据库示例1的用户基本情况表“yhb”的内容，并能按编号进行查询。

在该例中我们要用到数据网络控件（DataGrid）和数据组合框控件（DataCombo）。

DataGrid控件是一种类似于表格的数据绑定控件，主要用于浏览和编辑完整的数据表或查询；DataList控件和DataCombo控件分别与列表框（ListBox）和组合框（ComboBox）相似，所不同的是这两个控件不是用AddItem方法来填充列表项，而是由这两个控件所绑定字段自动填充。

DataGrid控件可以绑定到整个记录集，而DataList控件与DataCombo控件只能绑定到记录集的某个字段。

DataGrid 控件不是VB常用控件，正常新建的VB工程的工具箱中并不具有该控件，要使用该控件可进行如下操作，选择“工程”菜单中的“部件”菜单项，在出现的对话框中选中“Microsoft ADO Data Control 6.0（SP6）（OLE DB）”和“Microsoft Dategrid Control6.0（SP6）（OLE DB）”、Microsoft Datelist Control6.0（SP3）（OLE DB）”按“确定”按钮，如图 11-29 所示。在工具箱中便可添加了DataGrid 和控件DataCombo。

（1）设计界面，如图11-30所示。除了要用标签和文本框显示数据外（实例11.4已经介绍），在窗体上还要添加 2 个ADO控件Adodc1 和Adodc2 控件、1 个DataGrid控件、1 个DataCombo控件、2 个命令按钮Command1（0）、Command1（1）、1 个标签Label1。

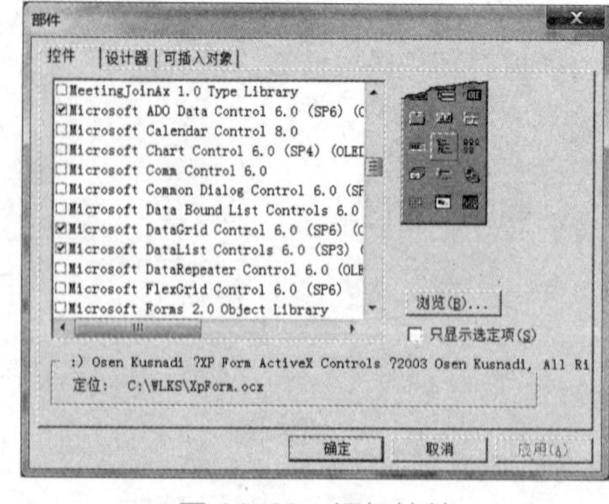

图 11-29 添加控件

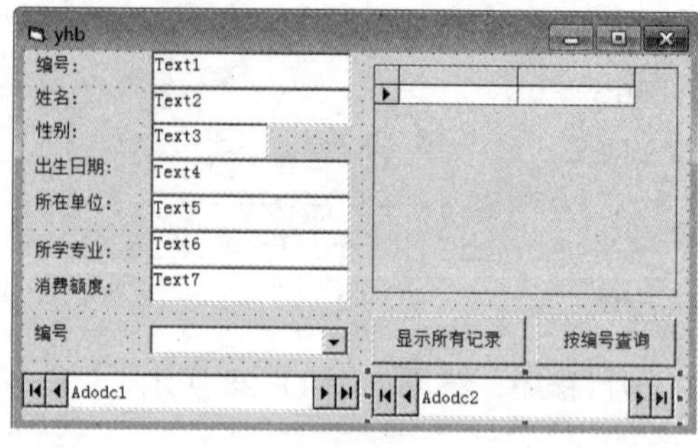

图 11-30 设计界面

（2）设置对象属性，见表 11-16 所列。

表 11-16　对象属性

控件	属性名	属性值	说明
Adodc1	ConnectionString	…\示例 1.mdb	连接数据库
	CommandType	1-adCmdText	用SQL语句指定数据源
	RecordSource	Select * From yhb	指定记录源
	Visible	False	运行时不可见
Adodc2	ConnectionString	…\示例 1.mdb	连接数据库
	CommandType	2-adCmdTable	设定一个表为记录源
	RecordSource	yhb	指定记录源
	Visible	False	运行时不可见
DataGrid1	DataSource	Adodc1	所绑定的数据控件
DataCombo1	RowSource	Adodc2	填充下拉列表的数据控件
	ListField	编号	填充下拉列表的字段
	Text	“”	组合框的文本框中的文本

(3)编写程序代码。

```
Private Sub Command1_Click(Index As Integer)
    Select Case Index
        Case 0
            Adodc1.RecordSource = "select * from yhb"
        Case 1
            Adodc1.RecordSource =
            "Select * From yhb Where 编号='" & DataCombo1.Text &
"'"
    End Select
    Adodc1.Refresh          '刷新Adodc1控件相连接的记录集
End Sub
```

运行程序，查询编号为 2021003 的信息，结果如图 11-31 所示。

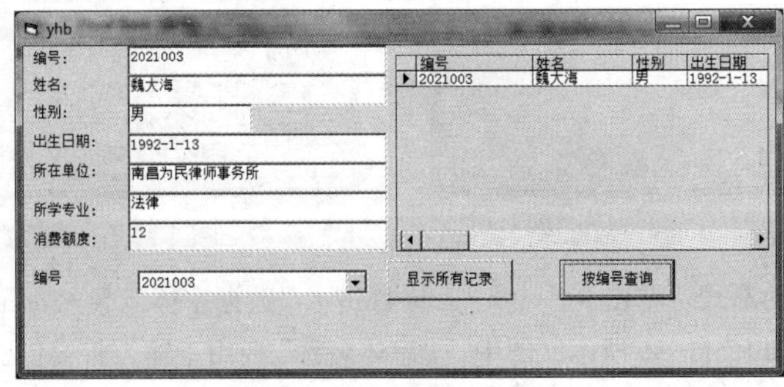

图 11-31　运行结果

实例 11.6 用数据窗体向导创建数据窗体。

VB 6.0 提供了一个功能强大的数据窗体向导，通过几个交互过程，便能建立一个访问数据的窗口。数据窗体向导属于外接程序，在使用前必须执行“外接程序”菜单的“外接程序管理器”命令，如图 11-32 所示的选项，装入“VB6 数据窗体向导”到“外接程序”菜单中。以示例 1.mdb 数据库的用户基本情况表“yhb”作为数据源来说明数据访问窗口建立的过程。

数据访问窗口建立的过程如下：

（1）配置文件。执行“外接程序”菜单中的“数据窗体向导”命令，屏幕进入“数据窗体向导—介绍”窗体，如图 11-33 所示，可以利用先前建立的数据窗体信息配置文件，创建外观相似的数据访问窗体，选择“无”，将不使用现有的配置文件。

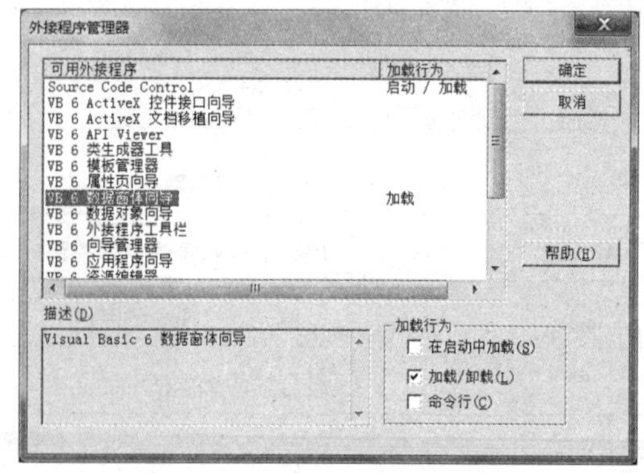

图 11-32 外接程序管理器

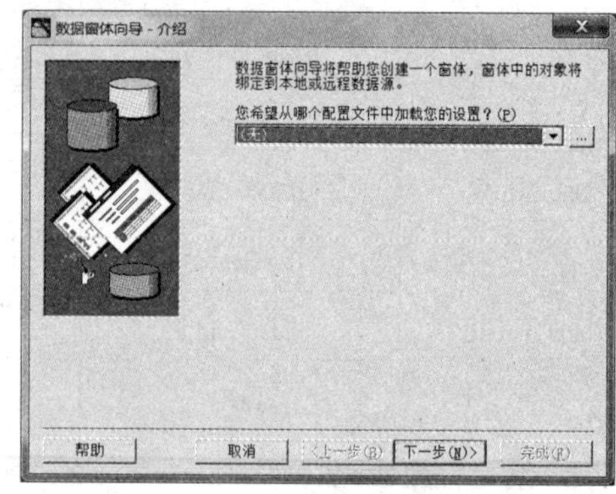

图 11-33 数据窗体向导—介绍

（2）选择数据库类型。单击“下一步”，屏幕进入“数据窗体向导-数据库类型”窗体，可以选择任何版本的 Access（Jet）数据库或任何 ODBC 兼容的数据库（用于远程访问）。本例中选择 Access，如图 11-34 所示。

（3）选择数据库。单击“下一步”，屏幕进入“数据窗体向导-数据库”窗体，选择具体的数据库文件。例如，选择“E：\BOOK\2021VB\11 示例\示例 1.mdb”，如图 11-35 所示。

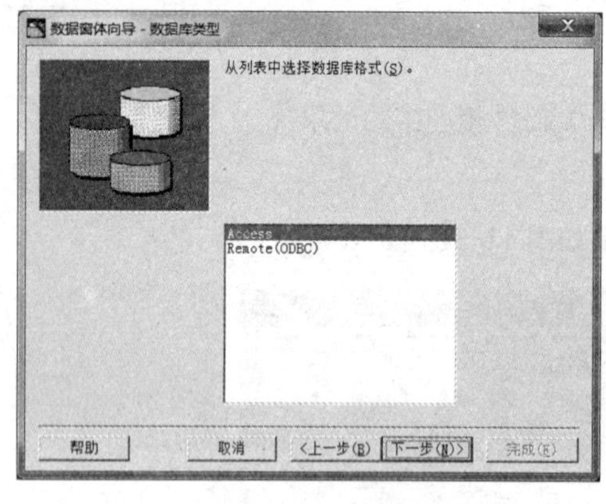

图 11-34 数据窗体向导—数据库类型

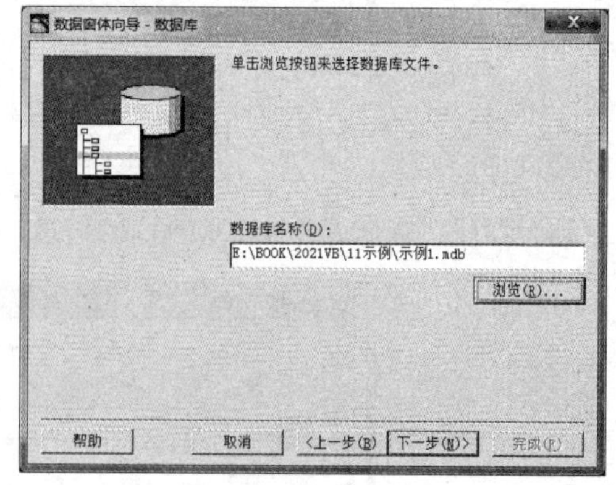

图 11-35 选择数据库

（4）选择窗体的形式。单击“下一步”，屏幕进入“数据窗体向导-Form”窗体，设置应用窗体的工作特性。如图 11-36 所示，图中，“窗体名称”栏用于输入将要创建的窗体名；“窗体布局”栏用于指定窗口内数据显示的类型。窗体布局栏的内容如下：

①“单个记录”：一页显示一个记录。

②“网格(数据表)”：同时显示多条记录。

③“主表/细表”：数据网格形式，显示父子表的记录。

④“MS HFlexGrid”：数据网格形式，同时显示多条记录。

⑤“MS Chart”：以图表形式显示数据。

“绑定类型”框：用于选择连接数据来源的方式，其选项作用如下：

①“ADO 数据控件”：可以使用 ADODC 数据控件访问数据。

②“ADO 代码”：可以使用 ADO 对象程序代码访问数据。

③“类”：可以使用 ADO 对象类访问数据。

我们选择“单条记录”形式，使用“ADO 数据控件”访问数据。

(5)选择数据表和可用字段。单击“下一步”，屏幕进入“数据窗体向导-记录源”窗体，可以选择所需要的数据表和可用字段，如图 11-37 所示。

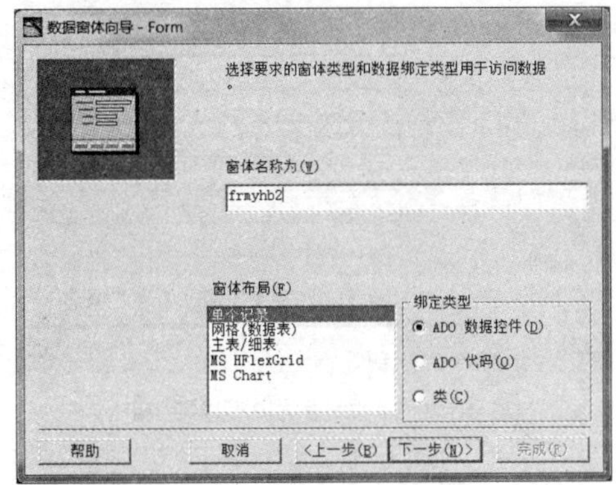

图 11-36　数据窗体向导-Form

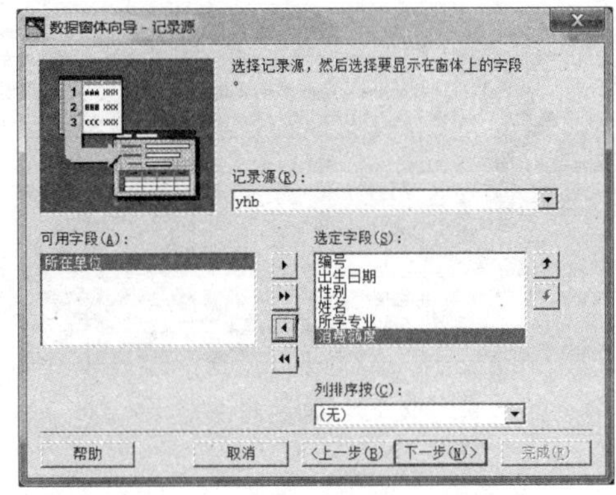

图 11-37　数据窗体向导-记录源

“记录源”栏：选择数据库中的数据表。

“可用字段”栏：选择所需要的字段。可以用窗口中间的 4 个按钮来选定字段。

“列排序按”栏：用于选择排序依据。

(6)选择操作按钮。单击“下一步”，屏幕进入“数据窗体向导-控件选择”窗体，如图 11-38 所示，选择所创建的数据访问窗体需要提供哪些操作按钮。

(7)向导完成。

单击“下一步”，屏幕进入“数据窗体向导-已完成！”窗体，如图 11-39 所示，可以将整个操作过程保存到一个向导配置文件(.rwp)中。

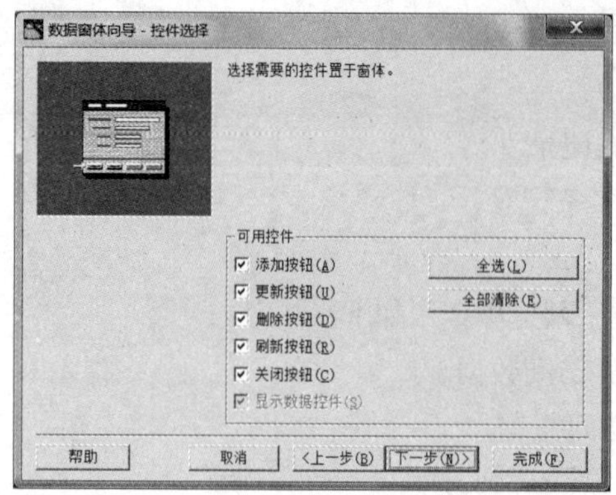

图 13-38　数据窗体向导一控件选择

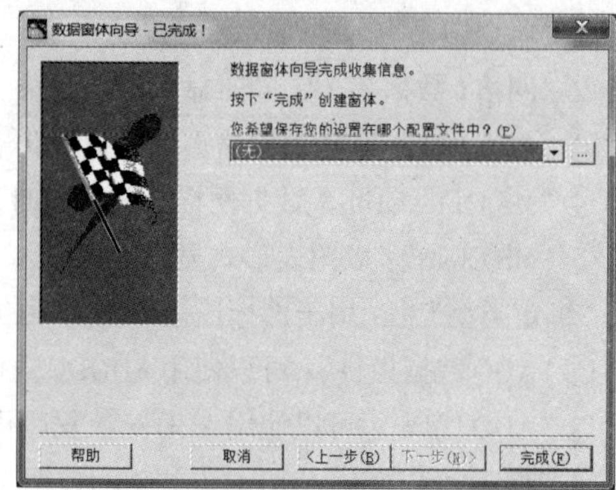

图 11-39　数据窗体向导-已完成

单击"完成"按钮，结束数据窗体向导的交互，出现如图 11-40 所示对话框，单击确定此时向导将自动产生数据访问窗体的画面及代码，如图 11-41 所示。

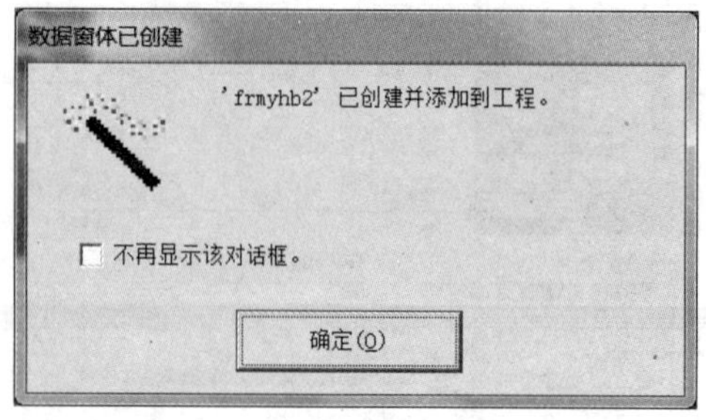

图 11-40　确定对话框

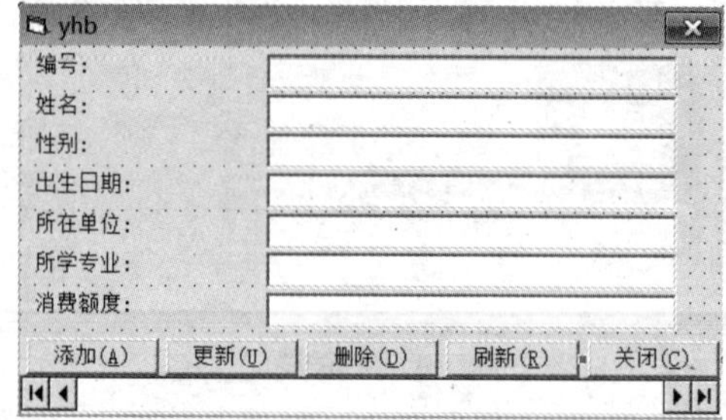

图 11-41　数据访问窗体画面

参考文献

[1] 杨国林.Visual Basic程序设计教程[M].北京：电子工业出版社，2018.

[2] 马铭，任正权.Visual Basic程序设计教程[M].北京：科学出版社，2018.

[3] 周冰,邓娟,刘永真.Visual Basic程序设计教程[M].北京：中国铁道出版社，2016.

[4] 林卓然.VB语言程序设计[M].北京：电子工业出版社，2016.

[5] 龚沛曾.Visual Basic程序设计教程[M].北京：高等教育出版社，2020.